JN116615

航空工学講座

［2］

飛 行 機 構 造

公益社団法人

日 本 航 空 技 術 協 会

ま　え　が　き

航空工学講座シリーズに「飛行機構造」が仲間入りしてから既に40数年ほどが経過し、現在のサイズであるB5版になってからも10数年の月日が経ちました。この間に航空機技術は着実な進歩を続け、技術革新は日々進んでおります。

最近めざましく進歩した技術に、機体の一次構造の複合材化が挙げられます。複合材による航空機製造方法は、これまでの金属材料を主体とした方法とは大きく異なります。

しかしながら、その基本となる航空機構造の設計概念は大差なく、半世紀以上も前に確立された技術の多くが踏襲されていますので、飛行機構造の基本を身につければ長く活用できるものであります。

この講座の編集方針は、航空従事者のための飛行機構造ということに主眼を置き、身につけておくべき知識を網羅するように心がけています。

前回の大改訂では、内容をより理解しやすく、また文章中で呼び出している図なども新しく、また解説されている文章の近くに配置し、視覚的にも読みやすいレイアウトといたしました。

今回の改訂にあたりましては、ご利用いただいております航空専門学校・航空機使用事業会社・エアライン・航空局からなる「講座本の平準化および改訂検討会」各メンバーの皆様からご意見をいただき、より分かりやすくいたしました。なお、改訂箇所には、各ページの端に縦線を付けています。

ご協力をいただきました皆様には、この紙面を借りて厚く御礼を申し上げます。

2020年3月

公益社団法人　日本航空技術協会

目　　　次

※ 改訂箇所については欄外に縦線を入れてあります。

第 1 章　機体構造

1-1　概　要

飛行機は引力に逆らって飛ばなければならないので、第一に軽くなくてはならない。旅客機の場合、軽く作ればそれだけたくさんの人を乗せ、遠くへ飛べることが出来る。軍用機ならば、それだけ兵器を余計に積めるし、敵よりも速く上昇出来ることになる。しかし、利益を追求し過ぎて、飛行中の運動や突風、着陸の衝撃等の荷重に耐えられないような、ひ弱な構造の飛行機に旅客を乗せたり、人家の上空を飛ばしたりする訳にはいかない。いくら速く、高く、遠くへ飛ぶ軍用機でも、飛行中に空中分解するようでは、役に立たないのである。

1-1-1　構造は荷重で決まる

こうした行き過ぎを抑え、目的に沿った飛行機構造を設計製作するために、民間機については、航空機の種類と用途（**表 1-1** 航空機の耐空類別 参照）に応じて、飛行中や地上で耐えなければならない荷重（Load）を耐空性審査要領により規定している（飛行機については**表 5-1** 参照）、軍用機についても、類似の規格（防衛庁規格、MIL スペック等）がある。

飛行機の構造は、これらの基準で規定された荷重には耐えるが、それを超える荷重に対する余分な強度等は持っていない。設計者はこの範囲内で効率の良い構造の設計を行い、操縦者や整備関係者は、この規定された範囲内で飛行機を運用しなければならない。

従って、**飛行機構造を知るには、まず荷重について知らなければならない**。そして飛行機を取り扱うときは、飛行機の構造に余裕の無いことを念頭に置き、無理な荷重をかけないように、注意することが大切である。

1-1-2　構造にかかる荷重と応力

飛行機は、翼、胴体、金具等の各部材にかかる荷重や、それらに用いられる材料の物理的特性について十分考慮し、過度の変形や破断が生じないように設計されている。

設計は航空整備士の仕事ではないが、飛行機構造にかかる荷重と、それに対抗して釣合うように構造部材内に発生する応力や、構造の強度と剛性の関係について理解しておくことは、適切な航空機の取扱いや整備を行うためにも重要なことである。

航空機が受ける荷重には、次の５つの種類がある。

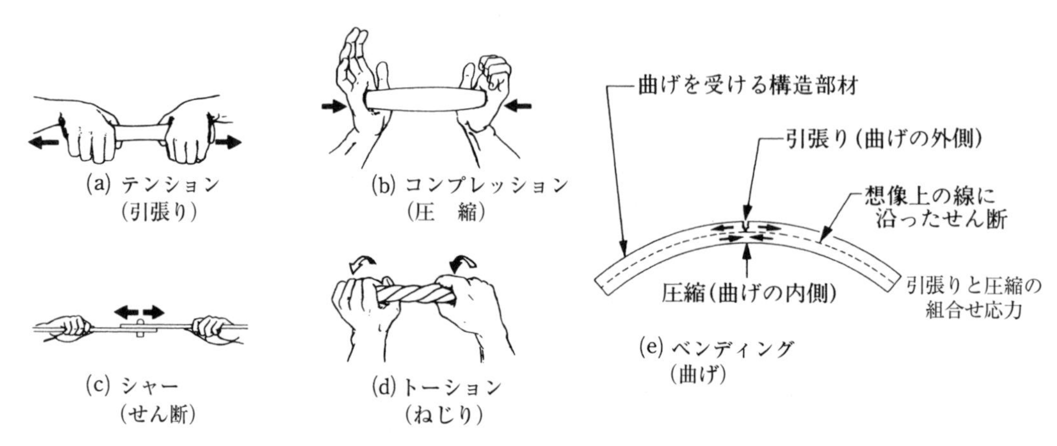

図 1-1　航空機が受ける荷重と内部に発生する応力

⑴　テンション（Tension：引張り）

図 1-1 ⒜は引張りで、引き離そうとする力である。材料の引張り強さは、応力の単位 N/ ㎡(SI:メートル法絶対単位)、kgf/ ㎟（メートル法重力単位）や、psi（ヤード・ポンド法重力単位）で表される。

⑵　コンプレッション（Compression：圧縮）

図 1-1 ⒝は圧縮で、押しつぶそうとする力である。材料の圧縮強さは、引張り強さと同様な応力の単位で示される。

圧縮荷重がかかると部材は変形するが、この圧縮荷重がある値で急に荷重方向とは異なる方向に変形することがある。これを座屈（Buckling）という。

⑶　シャー（Shear：せん断）

図 1-1 ⒞はせん断で、ハサミの様に断面をずらすような力である。引張りを受けている２枚のリベット付けされている板では、リベットはせん断力を受けている。材料のせん断強さは、引張り、圧縮強さと同様の応力の単位で表される。

通常、材料のせん断強さは、その材料の引張り強さ、又は圧縮強さよりやや弱い。航空機部材のうち、特にスクリュー、ボルト、リベットは、主にせん断力を受け持つことが多い。せん断力が材料の構成粒子のズレを生じさせることで塑性変形が発生する。

⑷　トーション（Torsion：ねじり）

図 1-1 ⒟はねじりで、ねじれを生じさせる力のモーメント（トルク）である。材料のねじり強さはせん断強さによって決まり、ねじり（トルク）に対するその材料の抵抗力の強さを表している。

表 1-1 航空機の耐空類別

耐空類別	適 要
飛行機 曲技 A	最大離陸重量5,700kg以下の飛行機であって、飛行機普通Nが適する飛行及び曲技飛行に適するもの
飛行機 実用 U	最大離陸重量5,700kg以下の飛行機であって、飛行機普通Nが適する飛行及び60°バンクをこえる旋回、錐揉(きりもみ)、レージーエイト、シャンデル等の曲技飛行（急激な運動及び背面飛行を除く。）に適するもの
飛行機 普通 N	最大離陸重量5,700kg以下の飛行機であって、普通の飛行〔60°バンクを超えない旋回及び失速（ヒップストールを除く。）を含む。〕に適するもの
飛行機 輸送 C	最大離陸重量8,618kg以下の多発飛行機であって、航空運送事業の用に適するもの（客席数が19以下であるものに限る。）
飛行機 輸送 T	航空運送事業の用に適する飛行機
回転翼航空機普通N	最大離陸重量3,175kg以下の回転翼航空機
回転翼航空機 輸送T A級	航空運送事業の用に適する多発の回転翼航空機であって、臨界発動機が停止しても安全に航行できるもの
回転翼航空機 輸送T B級	最大離陸重量9,080kg以下の回転翼航空機であって、航空運送事業の用に適するもの
滑空機 曲技 A	最大離陸重量750kg以下の滑空機であって、普通の飛行及び曲技飛行に適するもの
滑空機 実用 U	最大離陸重量750kg以下の滑空機であって、普通の飛行又は普通の飛行に加え失速旋回、急旋回、錐揉、レージーエイト、シャンデル、宙返りの曲技飛行に適するもの
動力滑空機 曲技 A	最大離陸重量850kg以下の滑空機であって、動力装置を有し、かつ、普通の飛行及び曲技飛行に適するもの
動力滑空機 実用 U	最大離陸重量850kg以下の滑空機であって、動力装置を有し、かつ、普通の飛行又は普通の飛行に加え失速旋回、急旋回、錐揉、レージーエイト、シャンデル、宙返りの曲技飛行に適するもの
特殊航空機 X	上記の類別に属さないもの

⑸　ベンディング（Bending：曲げ）

図 1-1 ⒠は曲げで、純曲げは圧縮と引張りの組合せである。曲げの内側では圧縮され、曲げの外側では引っ張られる。それにより、想像上の線に沿ったせん断が生ずる。

ビーム（はり）が荷重を受けるとき、ビームの断面には曲げモーメントだけでなく、せん断力も働く。

ねじり荷重によってせん断応力が生じ、曲げ荷重によって引張り・圧縮・せん断の各応力が生じる。従って、応力の種類は**引張応力、圧縮応力、せん断応力**の 3 種類のみであることが分かる。

1-1-3　飛行機の主な構成部分

固定翼航空機（Fixed Wing Aircraft）は飛行機と呼ばれ、通常次の 5 つの構成部分からなる。

⑴　**フューサラージ（Fuselage：胴体）**

⑵　**ウイング（Wing：翼）**

⑶　**スタビライザ（Stabilizer：安定板）**

⑷　**コントロール・サーフェイス（Control Surface：操縦翼面）**

⑸　**ランディング・ギア（Landing Gear：着陸装置）**

図 1-2 ⒜はプロペラ推進単発飛行機の構成部分、**図 1-2 ⒝**はジェット旅客機の構成部分を示す。

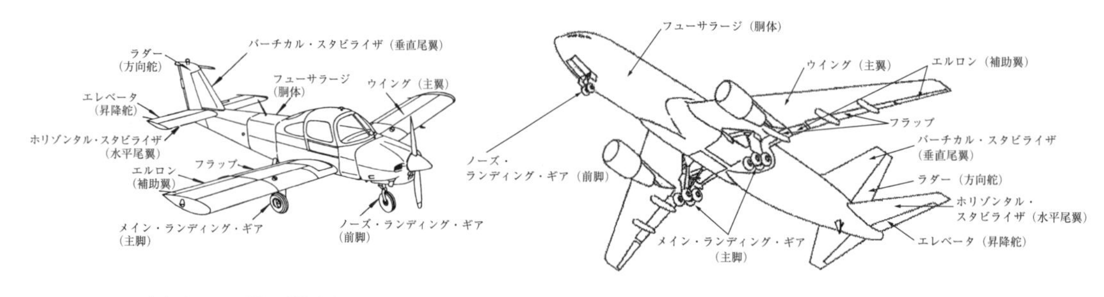

⒜プロペラ機の構成部分　　⒝ジェット旅客機の構成部分

図 1-2　飛行機の構成部分

1-1-4　構成部分の主な構造部材

飛行機の構成部分は、主に次の構造部材により構成され、広範囲な種々の材料から作られている。**図 1-3** は、ジェット旅客機に使用されている主な構造部材を示している。

⑴　**スキン（Skin：外板）**

⑵　**ストリンガ（Stringer：縦通材）**

⑶　**フレーム（Frame：成形材・円きょう・助材）**

⑷　**スパー（Spar：桁）**

⑸　**リブ（Rib：小骨）**

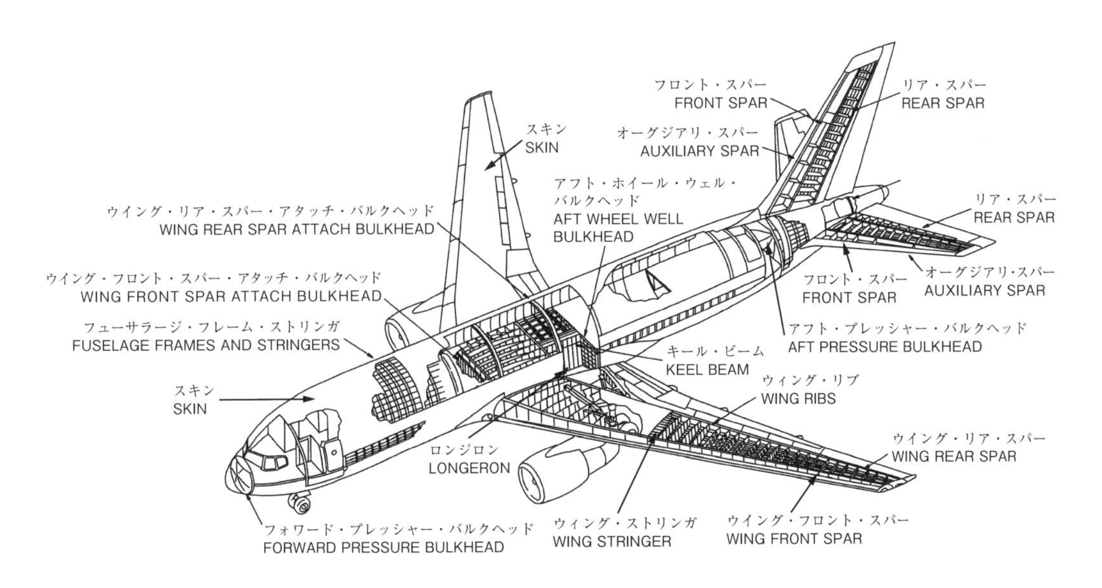

図 1-3　ジェット旅客機の主な構造部材

⑹　**バルクヘッド（Bulkhead：隔壁）**

⑺　**ロンジロン（Longeron：強力縦通材）**

構造部材それぞれは、リベット（Rivet）、ボルト（Bolt）、スクリュー（Screw）、溶接（Weld）、接着（Bond）等によって結合される。

航空機の構造部材は、加わった「荷重」を伝え、その「応力」に耐えられるように設計されている。ひとつの構造部材は、複合された荷重を受け、ほとんどの場合、構造部材には引張りや圧縮のような、端からの「荷重」を長手方向へ伝えるように設計されており、なるべく側方からの「曲げ荷重」を受けないように考慮されている。

1-2　部　材

1-2-1　部材とその形状

図 1-4 は、金属製航空機を組み立てる場合に使用される、**ストリンガ（Stringer：縦通材）**、**ロンジロン（Longeron：強力縦通材）**、**スパー（Spar：桁）**、**スティフナ（Stiffener：補強材）**等の構造部材に通常用いられる板曲げ材の成形断面と、押出し型材の断面を示したものである。

A.　板曲げ材とその形状

希望する特性と強度を持つ材質の板材を、所要の断面になるように曲げて作り、板金組立構造の骨組みに用いるものである。

図 1-4 ⒜に示す断面形状になるように板を曲げるが、コの字形のチャネル（Channel）やZ

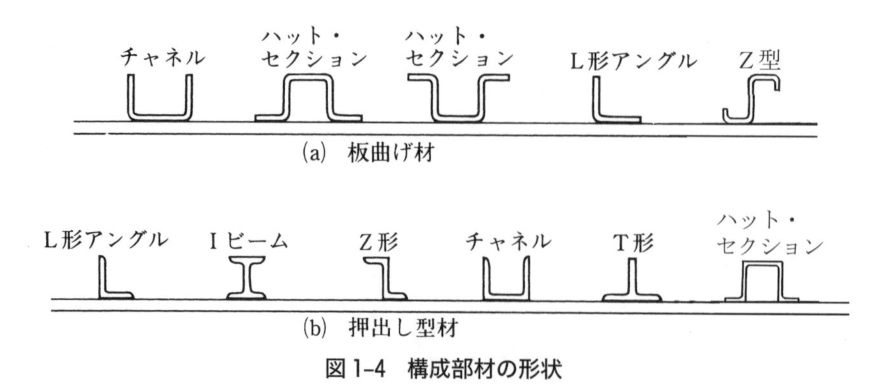

図 1-4　構成部材の形状

形は、胴体の成形材（フレーム：Frame やフォーマ：Former）、バルクヘッド（Bulkhead：隔壁）の構成部材とするために、湾曲した形状に成形されることがある。

強度を必要とする所には、チャネルを背中合わせにリベッティング (Riveting : リベット付け) してＩビーム型にして使用される。

ハット・セクション（Hat Section）は、翼内のストリンガ（Stringer：縦通材）や床板の補強用に使用されることが多く、胴体の特に強度を必要とする所にロンジロン（Longeron：強力縦通材）としても用いられる。

Ｌ字形の成形アングルは、小型機のストリンガや大きな板面のバックリング（Buckling）、オイル・キャニング（Oil Canning）を防ぐための補強材として使われることが多い。

オイル・キャニングとは、金属外板がリベット列間の外側へ膨らんでいることを指す。この膨らんでいるところを指で押して離すと油缶の底のように、最初はへこみ次いではね返るところから、このように名づけられた。オイル・キャニングの原因は、不適切な外板のリベット付けや板材の取り付け、又は局部的に大きな荷重が掛かり、外板に不均一な力が加わっているためである。

B．押出し型材（Extrusion）とその形状

歯磨粉をチューブから絞り出すように、予熱した軟らかいアルミニウム合金を、大型プレスを用いて、所要の断面形をした鋼製の金型の中を押し出し、曲がりを取るために直線ローラの間を通す。押し出された合金の断面形は、金型の型によって決まる。押出し後は合金本来の強度に回復するが、熱処理によって更に強度を増加させることが出来る。曲げなければならない断面のところでは、成形の容易なＬ型アングルを用いる。

図 1-4 (b)に示した断面形状は、航空機構造に共通に使われる標準断面のごく一部で、いずれもストリンガやスティフナに使用出来るが、設計強度や工作の都合上、特定の断面を用いることもある。押出しによって作ることのできる形は無限である。

C．複合材を用いた部材

金属製航空機の構造部材にも、種々の複合材が利用されるようになり、金属材料成形材と同

じ様な形状を持つ複合材のスティフナやストリンガ等が、複合材外板に接着あるいはリベット付けされて用いられてきた。更に新しい飛行機は、ほとんどの構造部材に複合材を用いて高い性能を引き出せるようになっている。スキンとストリンガを一体で作る等の違いはあるが、基本的な構造部材や働きは従来機と同じである。

1-2-2 耐火性材料

航空機は、その構造部材によっては耐火性を要求されることがある。その主な部材と要求される耐火性材料は次のようなものである。これらの詳細については、耐空性審査要領第Ⅰ部定義と、各部の火災防止の項を参照されたい。

A. 第1種耐火性材料（Fire Proof Material）

鋼と同程度またはそれ以上の熱に耐える材料をいう。指定防火区域において火災を隔離または密閉するために用いられる材料の場合は、最も過酷な火災状態において、かつ当該区域で予防される燃焼継続時間において、上記の能力を有する材料をいう。

B. 第2種耐火性材料（Fire Resistant Material）

板または構造材として用いる場合は、アルミニウム合金と同程度またはそれ以上の熱に耐える材料をいい、可燃性流体を送る管、可燃性流体系統、配線、空気ダクト、取付金具または動力装置操縦系統に用いる場合は、当該材料が置かれた周囲条件によって起こることが予想される熱その他の条件下において上記の能力を有する材料をいう。

C. 第3種耐火性材料（Flame Resistant Material）

発火源を取り除いた場合、危険な程度には燃焼しない材料をいう。

現在の規定では、耐空類別N、U、及びA類の飛行機の操縦室および客室の内装材にこの材料を使用してよいことになっている。

D. 第4種耐火性材料（Flash Resistant Material）

点火した場合、激しくは燃焼しない材料をいう。旧形式の飛行機の座席クッションに使用されているが、新しい規定では、この材料の使用は認めていない。

E. 自己消火性材料（Self-Extinguishing Material）

第3種および第4種耐火性材料の規定に代わって、最近用いられるようになったもので、その材料を使用する場所によって耐火性の程度は異なる。この試験方法は耐空性審査要領第Ⅱ部、又は第Ⅲ部付録Fに記述されている。

表1-2は耐火性材料の主な使用個所を表しているが、自己消火性材料の使用個所によっては、各々自己消火性の性能は異なる。

表1-2　耐火性材料

耐火性材料	主な使用箇所
第1種耐火性材料	エンジンおよびAPUの防火壁，防火壁を通る換気空気ダクト，燃焼空気ダクト，発動機室内部の操縦系統，発動機架その他重要な構造
第2種耐火性材料	エンジン・カウリングおよびナセル，使用後のタオルおよび紙くず入れ等
自己消火性材料(15cm/分)	乗務員室および客室の内部(座席下の積載室および新聞，雑誌，地図等の小物の積載室を除く)
自己消火性材料(20cm/分)	床の覆い，織物(掛け布および布張りを含む)，座席のクッション，詰物，装飾および非装飾用の覆い布，皮革，灰皿および調理室用備品，電気導線，断熱用および吸音用の材料およびその覆い，エア・ダクト，結合部および端末部の覆い，荷物室の内張り，断熱ブランケット，貨物覆い等

1-3　構造の種類

1-3-1　トラス構造（Truss Construction：枠組構造）

トラスは、棒（Bar）、ビーム（Beam）、ロッド（Rod）、チューブ（Tube）、ワイヤ（Wire）等から成る固定骨組み（Rigid Framework）を形成する部材の集合体である。

トラス構造は、別名枠組構造と呼ばれ、種類は多数あるが、飛行機に用いられているのは、プラット・トラス（Pratt Truss）と、ワーレン・トラス（Warren Truss）という2種類の構造である。

どちらの構造も基本的な強度部材は、胴体骨組みの前後方向に配置されたストリンガより頑丈な4本のロンジロン(強力縦通材)で、その役目は胴体の場合、胴体の曲げ荷重を受け持つ。

トラス構造の胴体では、横支柱（Lateral Bracing）が一定間隔に配置され、横構造（Lateral Structure）がバルクヘッド（Bulkhead：隔壁）のような役割をしている。

A．プラット・トラス（Pratt Truss）

図1-5は、溶接鋼管によって構成されたプラット・トラス胴体である。本来のプラット・トラスは、ロンジロンに支柱（Strut）と呼ばれる縦と横の固定された部材で連結し、対角線の部材は強力なブレース・ワイヤ（Brace Wire）を張り、基本的に**引張荷重のみ**を伝えるように設計している（この図のプラット・トラスの対角線の部材は、溶接された鋼管であるので、引張りや圧縮のどちらの力も伝えることができる）。

B．ワーレン・トラス（Warren Truss）

図1-6はワーレン・トラスの例で、ロンジロンは斜めの部材のみに接続されている。通常、トラス内のすべての部材は、**引張りと圧縮**の双方の力を伝えることが出来る（荷重が一方向に

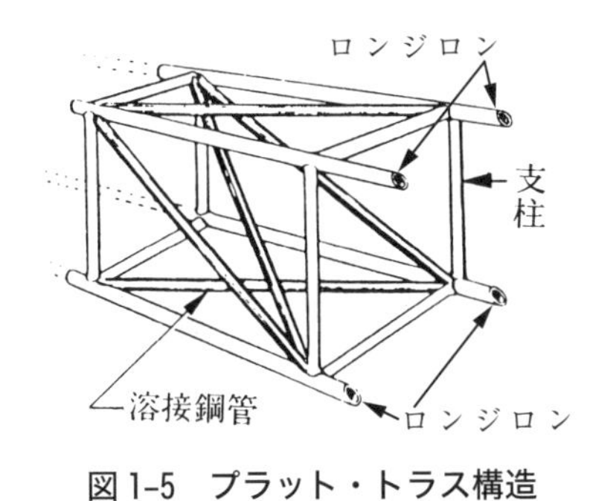

図 1-5　プラット・トラス構造

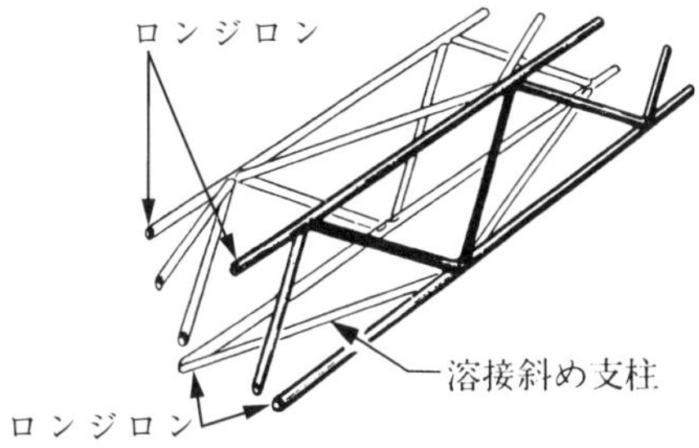

図 1-6　ワーレン・トラス構造

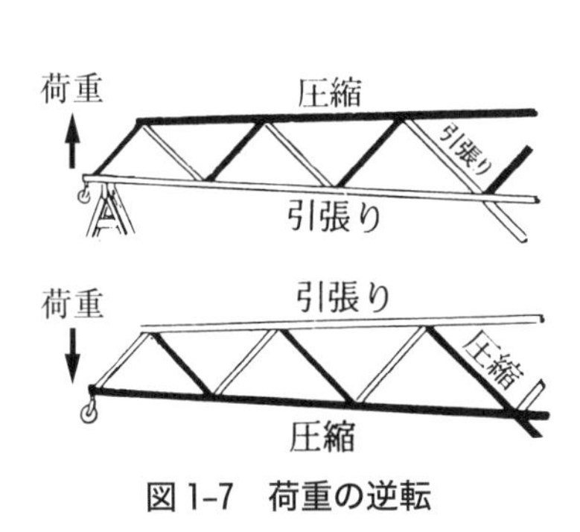

図 1-7　荷重の逆転

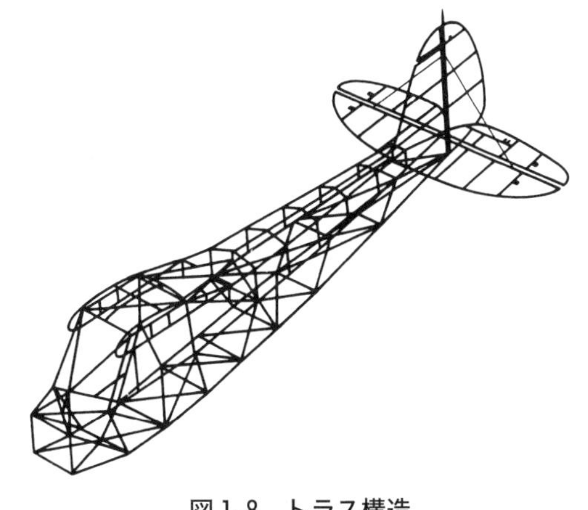

図 1-8　トラス構造

加えられると、一方向の斜めの部材が圧縮荷重を伝え、その他の部材は引張荷重を伝える)。

図 1-7 は、この荷重が逆方向にかかると、前に引張荷重を伝えていた部材は圧縮荷重を伝え、圧縮荷重を伝えていた部材は引張荷重を伝える「荷重の逆転」を示している。

図 1-8 に示す溶接鋼管胴体は縦および横位置に斜めの部材がない部分もあるが、本質的にワーレン・トラスである。この胴体の部材は鋼管製で、溶接によって組み立てられている。この構造のような胴体を、リベット付によるアルミニウム合金部材で作ることも出来る。

翼構造の中には、**図 1-9** に示すように、トラス構造に羽布を張ったものがある。このトラス構造は、曲げ応力を受け持つ 2 本のメイン・スパー（Main Spar：主桁）とウイング・リブ（Wing Rib：翼小骨）を中心にトラスを形成し、翼内をワイヤやタイ・ロッド（Tie Rod）で補強して、必要な曲げ強度、ねじり剛性、せん断応力を持たせてある。羽布は風圧を伝えるのみで、基本的な強度は分担しておらず、ねじり剛性は低いので高速機に使用することは出来ない。

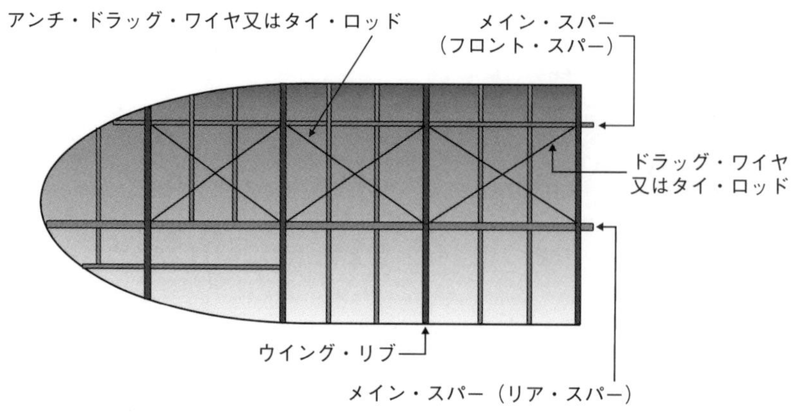

図 1-9　枠組構造の一例

1-3-2　応力外皮構造（Stressed Skin Construction）

スキン (Skin : 外板) にも、荷重を分担するように作られた構造を、応力外皮構造という。

アルミニウム合金の発明にともない、羽布をアルミニウム合金板に変えたことによって、スキン (外板) も応力を分担することから、この構造が用いられるようになった。

この構造には、次に述べる**セミモノコック**と**モノコック**の 2 つがある。

A．セミモノコック構造（Semimonocoque Construction）

図 1-10 は、全金属セミモノコック胴体の構造を示したもので、スキン、ストリンガ、フレームやバルクヘッドで構成されている。外を覆っている構造外皮（Structural Skin）は、ねじれや剪断応力の大部分を受け持ち、前後方向のストリンガは、構造外皮の剛性を増して主に曲げ荷重を受け持つ。上下左右方向にはフレームやバルクヘッド（Bulkhead : 隔壁）が入って外形を保つ。また、フレームを適切な間隔で入れることにより、ストリンガが座屈するのを抑えている。

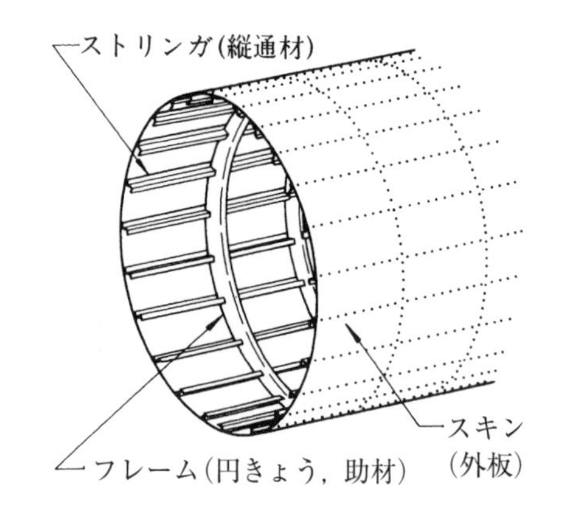

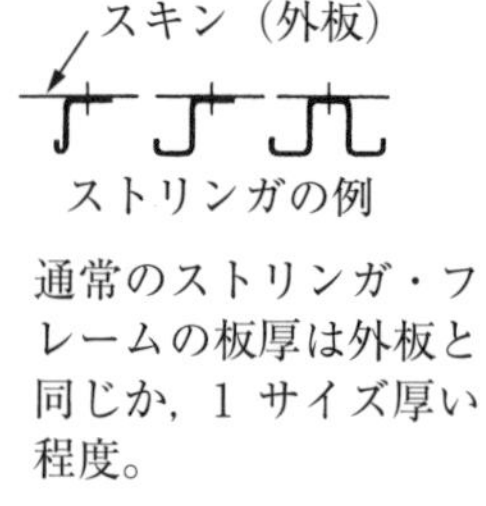

通常のストリンガ・フレームの板厚は外板と同じか，1 サイズ厚い程度。

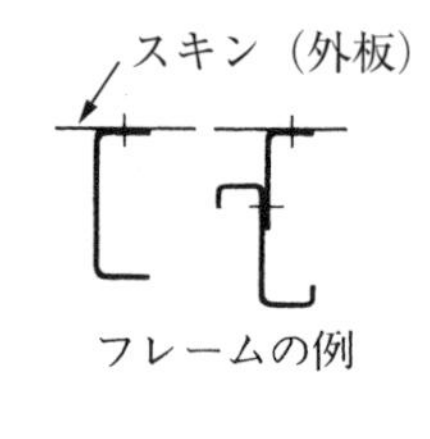

図 1-10　セミモノコック構造の胴体

B．モノコック構造（Monocoque Construction）

図 1-11 は、完全なモノコック構造の胴体を示したもので、この構造はスキンのみで、前後や上下左右方向の部材が無い単なる金属のチューブ（Tube）や、コーン（Corn）である。場

合によっては形状を保つために整形リング(フレーム)を付けることもあるが、これらは構造に加わる主要な応力を伝える役割は果していない。通常、モノコック構造の胴体は、あらかじめ作られた半分の胴体を一緒にリベット付けする方法で組み立てられる。

現在使われている多くのミサイルのボディは金属チューブであり、内部に構造部材を持たないモノコック構造で作られている。

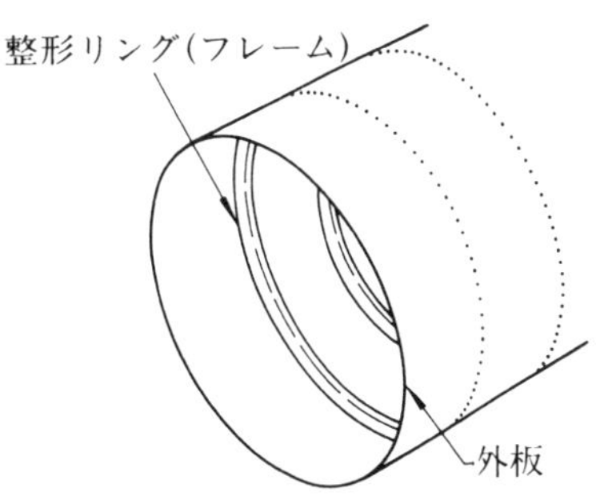

図 1-11　モノコック構造の胴体

1-3-3　サンドイッチ構造（Sandwich Construction）

図 1-12 は、サンドイッチ構造と呼ばれるもので、その名の通り 2 枚の板状外皮の間に芯材を挟んで接着し、サンドイッチ状に製作した構造である。

外板材料としては合成樹脂、金属等が用いられ、芯材にも同様な材料が用いられるが、荷重は主として外板で受けるので、芯材は弱く密度の小さい形状に加工され、**図 1-12** に示すような、泡状、六角形の蜂の巣状、波状等のものがある。特に蜂の巣状のものをハニカムといい、これを使ったものをハニカム・サンドイッチ構造（Honeycomb Sandwich Structure）という。

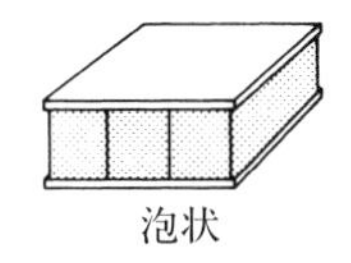

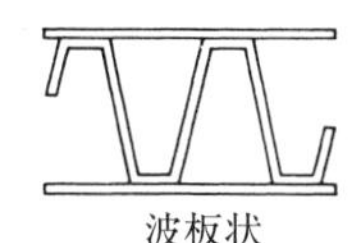

図 1-12　サンドイッチ構造

これまでの補強材やストリンガを当てた外板よりも強度と剛性が大きく、軽くて曲げ強度、局部的座屈や局部疲れ強さも強い。板自身の剛性が大きいので同等の剛性の板に対して薄くてすみ、機体構造の外板として使用する場合は、補強材を必要としないか必要としても少ないので航空機の重量軽減に役立ち、接着して作るので製作が容易で機体製作の工数が大きく軽減される。また、振動に対する減衰性が大きく、保温、防湿、防音性もある。

最近のサンドイッチ構造の外板用に広く使われているケブラー（Kevlar）や芯材のノーメックス（Nomex）は、いずれもデュポン社によって開発されたアラミド繊維の商品名である。

ケブラーは強度が非常に高く、同じ重さの鋼鉄の 5 倍の引張り強度や耐熱・耐摩耗性があり、高性能な化学繊維であるが、非常に高価であり、アルカリ性条件下、又は塩素や紫外線にさらされると分解してしまう。ノーメックスは強度と共に耐熱性、難燃性及び電気絶縁性がある。

サンドイッチ構造が利用されるようになった初期の段階では、主翼や尾翼の後縁成形板や床板のような 2 次構造部材に利用されてきたが、接着剤の特性向上、加工技術の向上に伴い、耐久性信頼性が高まり、上述のような長所からその用途が拡大し、動翼、スポイラ、フラップ等に広く使われるようになった。

1-3-4　フェール・セーフ構造（Fail Safe Structure）

フェール・セーフ構造とは、一つの主構造が疲労破壊したり、一部分が破壊した後でも、残りの構造がその航空機の飛行特性に不利な影響を及ぼす致命的破壊や過度な構造変形が生じたりしないように設計された構造をいう。

ジェット輸送機のように飛行時間が長く、長時間にわたっていろいろな荷重を繰り返し受ける航空機は、その疲労破壊の安全性を高めるため、フェール・セーフ構造様式をその構造設計に用いるように、航空法施行規則付属書「航空機及び装備品の安全性を確保するための強度、構造及び性能についての基準」と、この実施基準である「耐空性審査要領」によって要求されている。

構造をフェール・セーフにするための基本方式として、次の 4 つがある。

A．リダンダント構造方式（Redundant Structure）

図 1-13 (a)に示すこの構造方式は、数多くの部材からなり、それぞれの部材は荷重を分担して受け持つように設計された構造である。一つの部材が破壊しても、その部材の分担荷重は、数多くの他の部材に分配されるので、構造全体としては致命的負担とはならない。

B．ダブル構造方式（Double）

図 1-13 (b)に示すこの構造方式は、1 個の大きな材料を用いるかわりに、2 個以上の小さい部材を結合して 1 個の部材と同等又はそれ以上の強度を持たせる構造方式である。

この方式では亀裂がその部材に生じた場合、亀裂は結合面によって阻止され、全部材に伝播して破壊に至ることがないから、構造はまだ相当の強度を保持し続けることになる。

C．バック・アップ構造方式（Back-up）

図 1-13 (c)に示すこの構造方式は、規定の荷重はすべて左側の部材で受け持ち、右側の部材は荷重を受け持っておらず「遊んでいる」状態である。

左側の部材が破壊したときに初めて、その部材の代わりに全荷重を受け持つように設計され

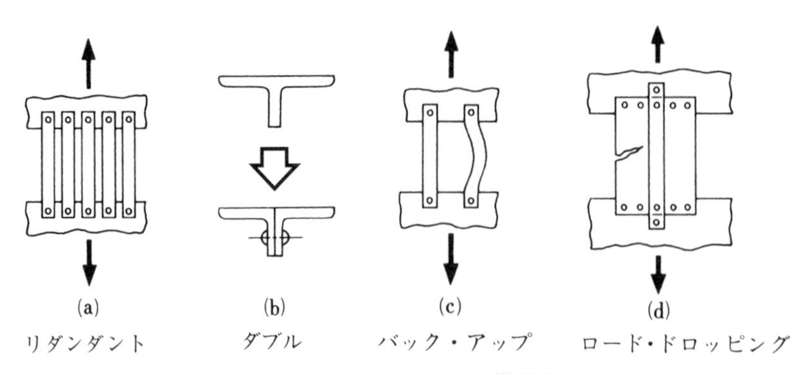

図 1-13　フェール・セーフ構造方式

た構造である。

D. ロード・ドロッピング構造方式（Load Dropping）

図 1-13 (d)に示すこの構造方式は、硬い補強材を当てた構造方式である。このような構造では、その補強材は割当量以上の荷重を分担することが出来る。部材が破壊し始めるときは、一般に大きく歪んで降伏するが、このような部材が「軟化」し始めると、その部材の受け持つ荷重はすべて硬い補強材に移転されるので、亀裂は破損部材全体にいきわたることはなく、従って構造の致命的破壊を防止することが出来る。

1-3-5　セーフライフ構造（Safe-Life Structure）

フェール・セーフ構造にすることが困難な脚支柱とかエンジン・マウント等に適用されてきた構造設計概念であり、その部品が受ける終極荷重、疲労荷重あるいは使用環境による劣化に対して、十分余裕のある強度を持たせる設計と試験による強度解析によりその強度を保証する。これで、その部品の使用期間にわたる安全性を確認することになる。

1-3-6　損傷許容設計（Damage Tolerance Design）

損傷許容設計は、フェール・セーフ構造をさらに発展させた新しい考え方である。

図 1-14 はその設計概念で、航空機の長期使用で発生する可能性のある構造部材の疲労亀裂は、部品製造あるいは構造組み立て時にすでに存在している微細な傷を起点とし、飛行回数又は時間経過と共に伸長していくものと考えられる。これらの亀裂は、ある長さに達しなければ発見が困難なので、許容できる亀裂の長さや進展速度を試験や解析により求め、「適切な初度検査時期」、「以降の検査間隔」、「点検方法」を整備方式で定め、それにより行われる検査で構造の安全性を保証しようとするものである。

従って、この設計は構造の整備方式と一体のものとして考えなければならない。

この設計基準に合致していることを証明するためには、疲労試験中に発生した亀裂がどのような点

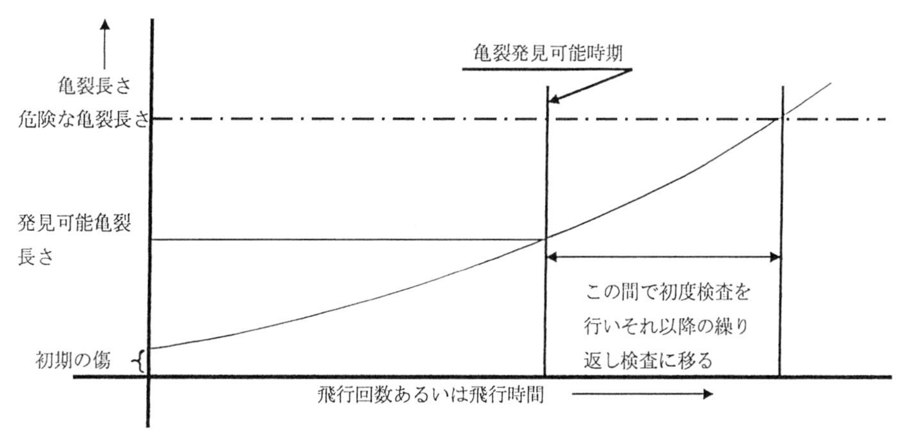

図 1-14　損傷許容設計概念

検方法で、いつ発見できるか、どの大きさまでは安全かの確認を行い、通常の運用や整備作業中に発生する構造部材の傷や腐食等が疲労寿命に及ぼす影響も考慮して整備方式も決定する。

1-3-7　疲労破壊防止のための設計基準と整備上の注意

構造の疲労破壊防止や、構造をフェール・セーフにするために、一般に用いられている設計基準および整備上注意すべき点は次のようなものである。

(1)　出来る限り、形状を対称にする。

(2)　構造各部に働く応力の大きさを、材料の疲れ限界よりずっと低い値にとどめる。

(3)　疲れ強さの強い特性をもつ材料を選択する。

(4)　適正な表面仕上げと、「かん合」を得るように十分注意する。

(5)　応力集中を避ける。このためには、断面が急激に変化しないようにするか、隅に丸みをつけたり、板材を曲げるときは、**図 1-15** のように曲げ隅にリリーフ・ホールをあけたりする。

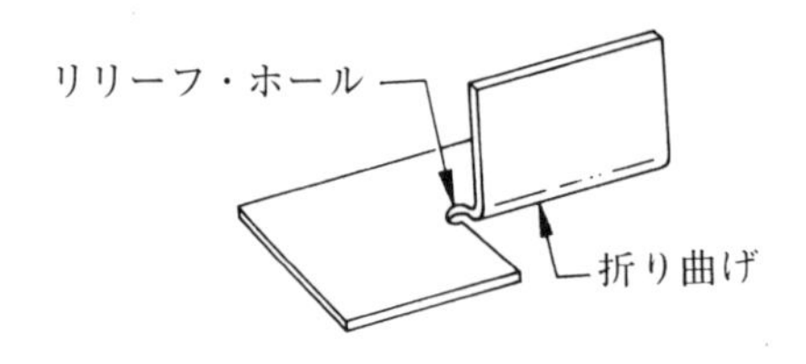

図 1-15　割れ止め孔

(6)　リベット穴による断面積の不連続部分を避けるため、出来る限り接着構造、サンドイッチ構造、一体型構造にして、リベット接合部を少なくする。

外板に**図 1-16** (a)のようなビード板や、**同図**(b)のようなハニカム材を接着して、板の強度や剛

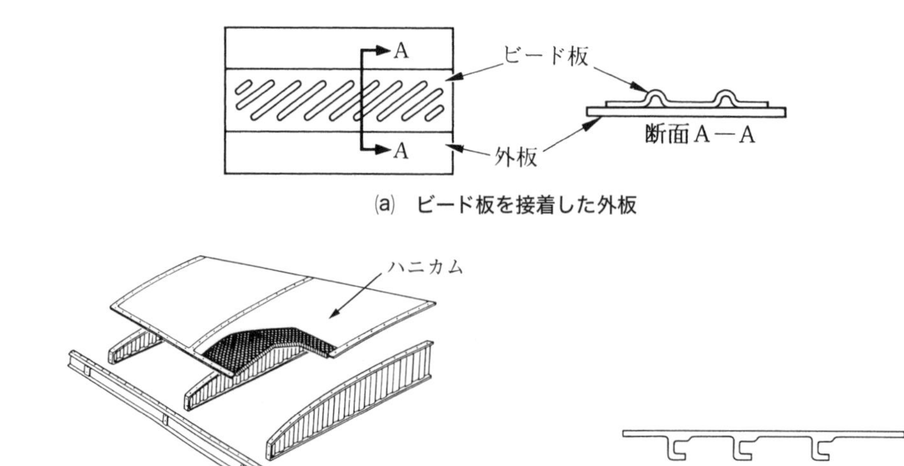

(a)　**ビード板を接着した外板**

(b)　**ハニカム材の一例**

(c)　**ストリンガと一体になった外板**

図 1-16　リベット穴の断面積の不連続を避ける例

性を高めてストリンガの数を少なくするか不要にする。

図 1-16(a)のビード板を接着した外板は、ビード部の一部が破損しても、その部分の分担荷重は接着部を通して外板部に伝達され、全体として規定の荷重に耐えることが出来るので、上述のリダンダント構造の一例として考えられる。

図 1-16(c)は、特殊な切削機械によってストリンガと一体になった外板を製作し、リベット接合部を少なくしたものである。

(7)　亀裂の伝播を局部制限するために、構造をダブル構造にする。**図 1-17** は尾翼外板によく用いられる方法で、大きい一枚板を使用せずに、比較的幅の狭い板を 2～3 枚継ぎ合わせたものである。このようにしておけば、図のように亀裂は外板の継目（つなぎ合わせ接合部）で止まり、外板全体に伝播するのを防ぐことが出来る。

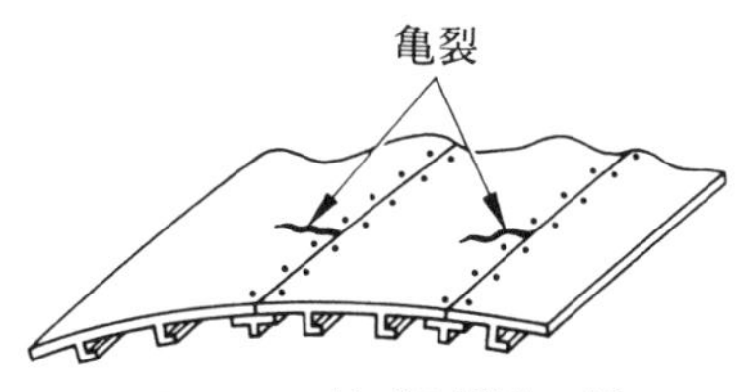

図 1-17　ダブル構造の例

(8)　外板と補強材との間にダブラ（Doubler）を挿入する。**図 1-18 図**(a)の場合、矢印の方向に荷重を受けると、リベット接合部は強度的に相当つらくなる。しかし**同図**(b)のようにダブラを挿入することによって、大幅に荷重が軽減される。この場合、ダブラは外板に接着剤で貼り付け、補強アングルで補強するのが普通である。

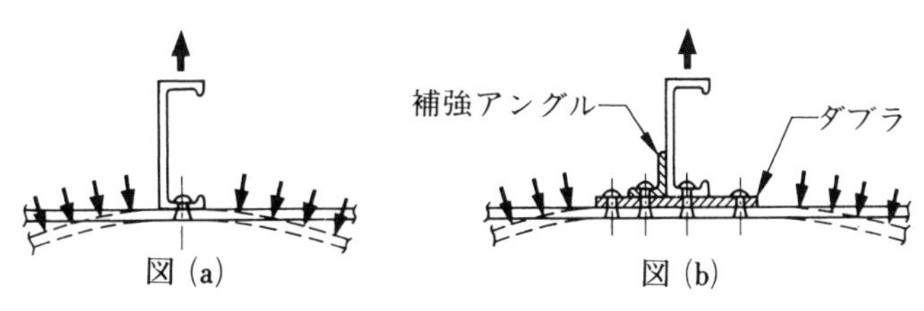

図 1-18　外板ダブラ

(9)　接合部を非対称にしない。特に主応力線が不連続にならないようにする。また、荷重伝達経路は出来るだけ直線になるようにする。これを通常、ストレート・ロード・パス（Straight Load Path）という。

(10)　出来る限り、荷重の逃げ道を多く作る。前述のリダンダント構造もこの一例であり、別名マルティプル（Multiple）構造、又はマルチ・ロード・パス（Multi load path）構造ともいう。

(11)　亀裂の発生しそうなところには、その部材に冷間加工を施しておく。ショット・ピーニング（Shot-peening）、ローリング（Rolling）、ファスナーホール内径に行なわれるコールド・エクスパンション（Cold Expansion）、圧延ロール（Stretch Roll）、コイニング（Coining）等の加工を行い、残留応力を生じさせたり、あらかじめ荷重をかけておいたりすることによって、疲れ強さを向上させる。

図1-19はコイニングで、**図(a)**の丸穴では円型の溝を、**図(b)**のような形状の穴には図のような型の溝を、**図(c)**のようにプレスして与えておく方法で、プレスによる残留応力のために、亀裂が発生しても溝でくい止めることが出来、亀裂が構造全体に進行するのを防ぐことが出来る。

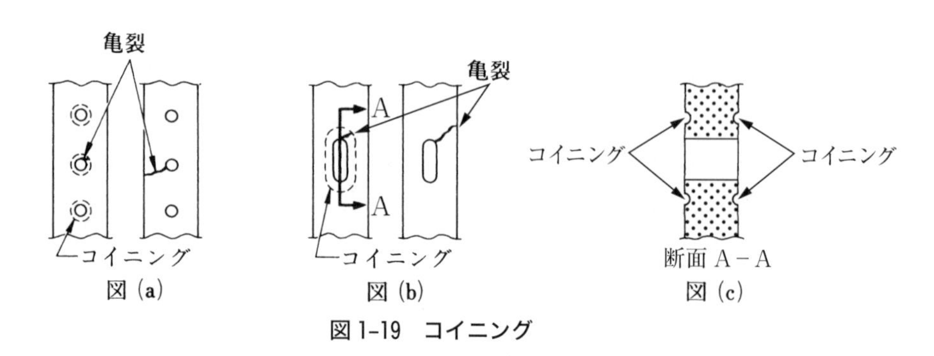

図1-19　コイニング

⑿ 密着している面と面の間に腐食が生じないように、ジンクロ塗装やシーラント塗布等の適当な処置を構ずる。

⒀ 絶えず張力を受けて、亀裂の発生しやすい接合部の溶接肉盛り等は、ていねいに仕上げる。

⒁ リベットやボルト接合のための穴に、切傷をつけない。

⒂ 出来る限りロールをかけたネジを用いる。これは切削や研磨によるネジよりも、疲れ強さが優れているからである。

⒃ 風防や窓ガラスに、「残留応力」や「ひび割れ」が生じないように、枠組みの形状を正しく設計製作する。

⒄ プロペラ後流や変動する空気圧、大きい騒音を受けるパネルは、十分補強する。また、翼面後縁を十分に補強して、リベットやパネルの破壊を助長する恐れのある振動が生じないようにする。

⒅ 隣り合った部品と部品との共振、巡航速度以上の高速度でプロペラの回転による振動数と尾翼の曲げモーメントとの共振、操縦系統のロッドとケーブル（索）との共振が生じないように、それらの取付けと剛性に十分注意する。

⒆ エンジンの排気系統は、熱による膨張収縮で発生する応力によって、クラック（Crack：亀裂）が発生し易いので、十分な「たわみ」や「逃げ」を作っておく。

⒇ 点溶接してある部分付近や、リベット接合部の色々な形に切り込んだり先細りになっていたりする外板の板厚は、他の部分より厚くする。

(21) ヒンジで支持された操縦翼面は、そのヒンジ点が一線になるようにする。

(22) 二股に分かれている部材では、その分岐した部材の方向と直角な方向に大きな張力を受けないようにする。

(23) **図1-20**の耳金具を設計するときは、偏心しないようにする。接合部では大きな張力と過大な面圧応力とが同時に加わらないようにし、荷重方向が比較的一定している部材と一定していない部材とを隣合わせて結合しない。また、疲れ寿命を向上させるために、リブ・フランジ（Rib Flange）とストリンガとが交差するところを特別な接合金具で接合してもよい。

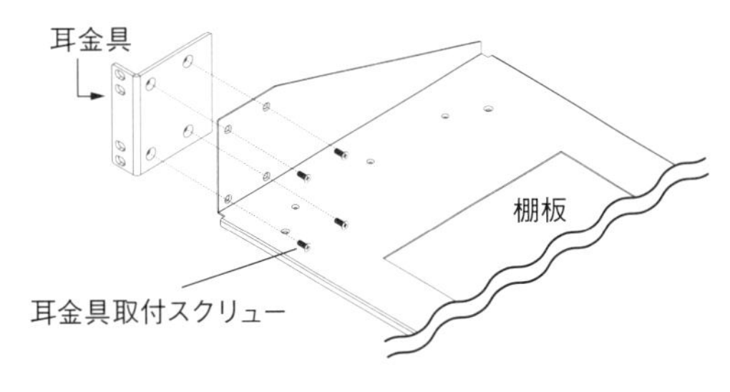

図 1-20　耳金具の例

(24)　オーバ・サイズの穴に用いるボルトの頭部やナットには、特別に分厚いワッシャを用いる。また、シャー・タイプ（Shear Type）連結部の付近を締め付ける場合には、テンション・ボルト（Tension Bolt）は用いない。

(25)　カドミウム・メッキを施した鋼鉄部品は、カドミ脆性により早期に破壊しないよう、232℃（450° F）以上の高温での使用はしない。

1-4　フューサラージ（Fuselage：胴体）

飛行機の利用価値は、胴体設計の良し悪しで決まるといっても過言ではない。胴体は飛行機に求められる容積の確保と、空力特性を調和させた形に作られている。

A. 胴体全般

胴体には、乗員、旅客、貨物、ギャレー（Galley：調理室）、ラバトリ（Lavatory：お手洗い）、電気電子機器類等を乗せる空間があり、主翼と尾翼が結合され、単発小型機や一部の多発ジェット機では、動力装置が取り付けられ、着陸装置の取り付けや格納される空間がある。

大型のジェット旅客機では、床構造の上部に操縦室と客室、下部に貨物室、電気電子機器類、着陸装置を収める空間が配置されている。客室天井の上はエアコンのダクトや機器類の配線等が収められている。

B. 胴体構造全般

図 1-21 はジェット旅客機の胴体構造で、セミモノコック構造の胴体は、スキン、ストリンガ、フレーム、バルクヘッド、フロア（Floor：床）で構成されており、**図 1-22** はスキン、ストリンガ、フレームの組み立て例を示す。

ストリンガは軸力を、スキンは引張、圧縮、せん断の各力を受けて飛行荷重を受け持っている。ストリンガ・クリップはフレームとストリンガの位置関係を保持している。

フレームは曲げ部材であり、胴体断面形状を維持すると共に、そのコードは軸力（長手方向の引張力と圧縮力）を、ウェブはせん断力を受け持つ。

高高度を飛行する飛行機は、胴体内部の気圧高度を通常 8,000 ft 以下に保つように与圧され

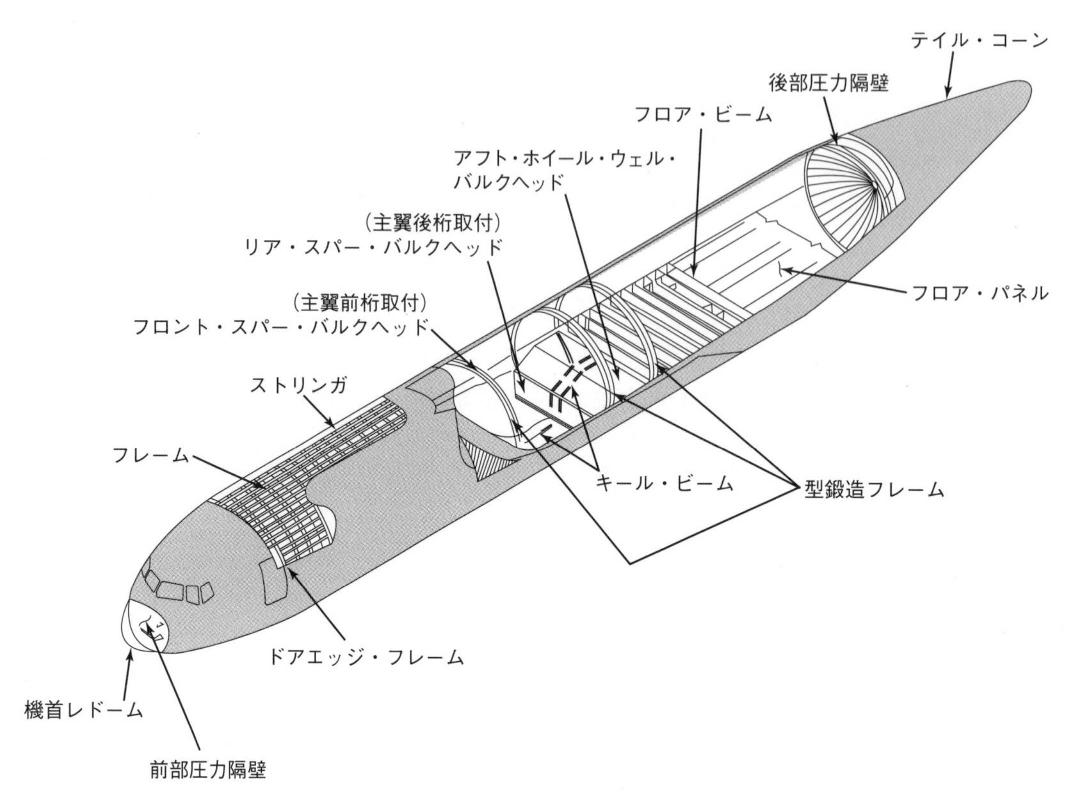

図1-21　旅客機胴体構造の例（ボーイング767）

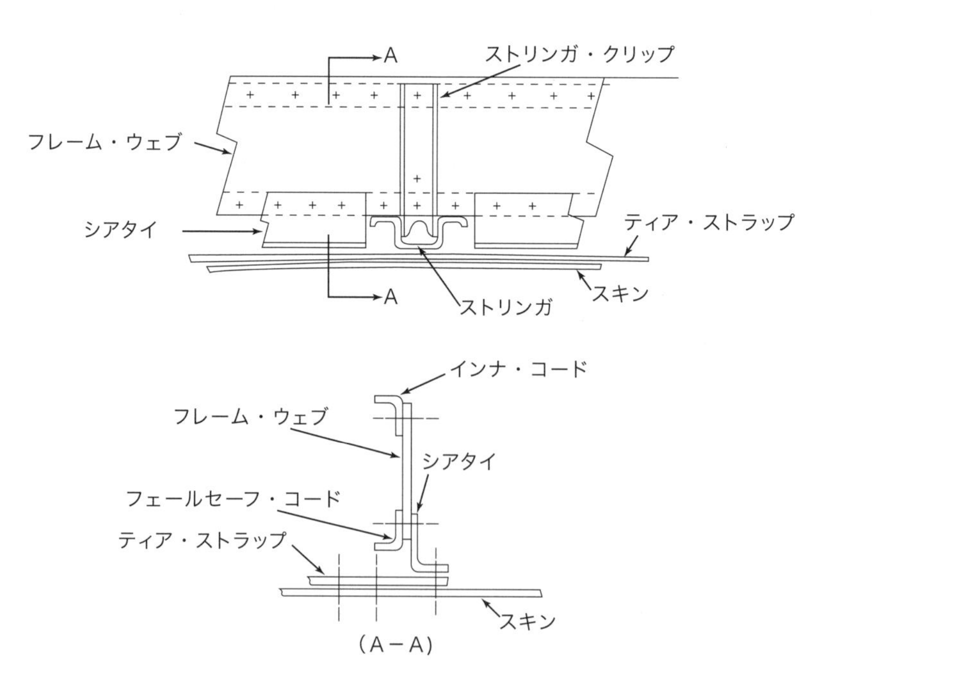

図1-22　スキン・ストリンガ・フレーム組立ての例（ボーイング767）

ており、与圧によるフープ・テンション（円周方向の張力）は胴体スキンに直接作用する。胴体の前部圧力隔壁から後部圧力隔壁までが与圧エリアであり、胴体構造は飛行荷重だけではなく、圧力容器として内圧に耐える必要がある。

C．胴体中央部

図 1-23 は旅客機の胴体中央下部で、センター・ウィング・ボックス（Center Wing Box：中央翼）や飛行中に主脚が入るメイン・ランディング・ギア・ホイール・ウェル（Main Landing

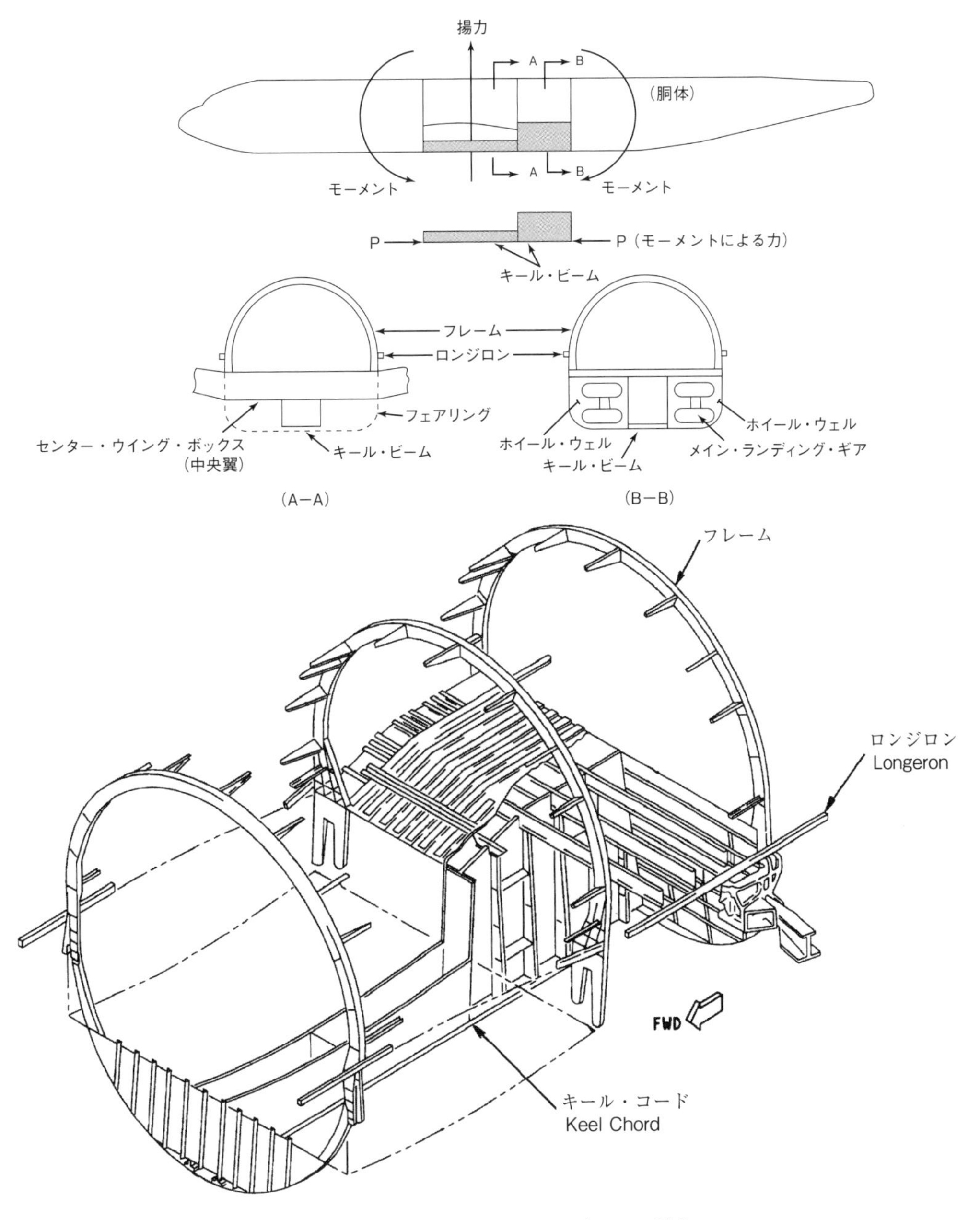

図 1-23　胴体中央部構造とキール・ビームの働き

Gear Wheel Well：主脚格納室）があり、かなりの長さにわたり胴体の下半分が切り取られている。このため、胴体下面中央に1～2本のロンジロンより太い骨、或いは箱形に組み立てられた構造物を通して胴体前部と後部の重量による曲げモーメントを支持し、機軸方向の圧縮荷重を受け持たせ、胴体の曲げ強さを保つようにしている。

この骨や構造が船の竜骨に似ていることから、キール（Keel）やキール・ビーム（Keel Beam）と呼んでいる。

また胴体中央部は、飛行時主翼が胴体を持ち上げ、地上で着陸装置が胴体を支える部分なので、センター・ウィング・ボックスの前後のスパー・バルクヘッド、メイン・ランディング・ギア・ホイール・ウェル後方のバルクヘッドには、型鍛造されたフレームが配置され、胴体両側面には、押出し型材と平板を用いたロンジロンが前後に通っている。

D．ホイール・ウェル（Wheel Well：着陸装置格納室）

ノーズ・ランディング・ギア・ホイール・ウェル（Nose Landing Gear Wheel Well：前脚格納室）は、胴体前方下部内側に平板で囲まれた箱形の圧力隔壁で構成されている。メイン・ランディング・ギア・ホイール・ウェル（Main Landing Gear Wheel Well：主脚格納室）は、胴体中央部下部に、前方はセンター・ウィング・ボックスのリア・スパー（Rear Spar：後方桁）、上方と後方は平板の圧力隔壁で構成され、丁度丸い胴体の下側を切り欠いた状態であるので、中央部はキール・ビーム（Keel Beam）でその切欠き部の強度を補っている。両方のホイール・ウェルは、平板の圧力隔壁であり、与圧による繰り返し荷重がかかっている。

E．キャビン・フロア（客室の床）

図1-24はキャビン・フロアの構造で、フレームに結合された左右方向のフロア・ビームに、前後方向に走るシート・トラックを配置し、その間をフロア・パネルで覆っている。乗客がフロア・パネル上に立つとその重量は、フロア・パネルからシート・トラック、フロア・ビームを介してフレームに伝わり、シアタイを通じて胴体スキンへ分散される。フロア・ビームやシート・トラックは、フレームと同じく一次構造部材である。シート（座席）は、シート・トラックに取り付けられるが、前後方向1インチ毎に取り付け位置を移動させることが出来る。

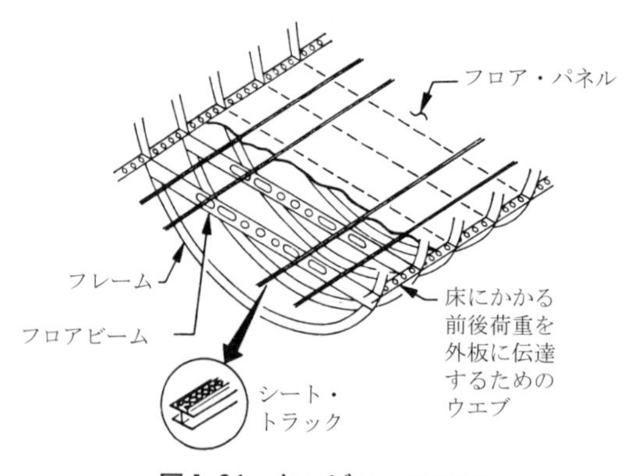

図1-24　キャビン・フロア

F．スキン（外板）と客室内張りの間、及び胴体最下部

胴体構造のスキンと客室内張りの間は、インシュレーション・ブランケット（Insulation Blanket）と呼ばれる断熱材が貼られていて、機内の保温と騒音吸収の機能を兼ねている。

胴体最下部にはドレイン・バルブ（Drain Valve）が複数取り付けられており、与圧がかかって機内外に圧力差があるとき、バルブは閉まっているが、圧力差がない地上では自動的に開き、胴体内側に結露して溜まった水分を排出するようになっている。

G．胴体最後部

図1-25は、テイル・コーン（Tail Cone）と呼ばれるもので、胴体の最後端を流線型にして閉じる役目をしている。胴体よりも受ける応力が少なく、一般的に軽量構造になっているが、大型旅客機のテイル・コーン内部にはAPU（Auxiliary Power Unit：補助動力装置）が装着されており、必要な強度と防火壁を持っている。

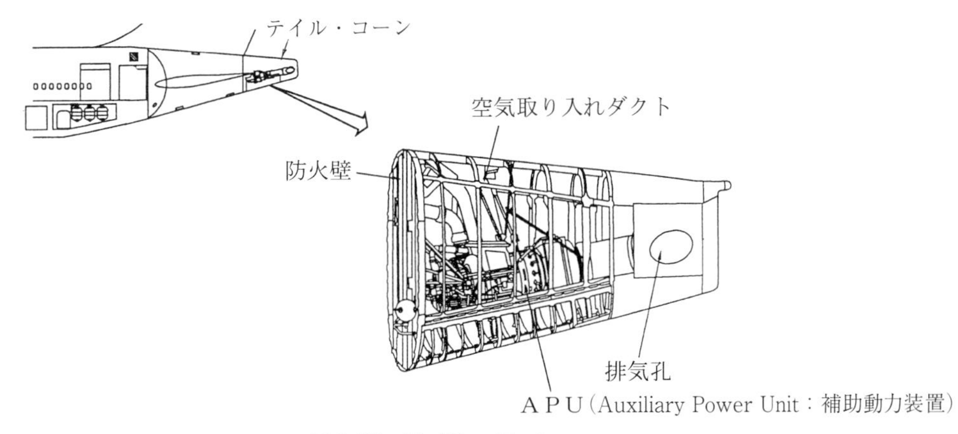

図1-25　テイル・コーン

1-5　ウイング（Wing：翼）

主翼は、飛行中その周囲に働く空気力によって飛行機を空中に支える構造物で、翼の後縁にはエルロンやフラップ、中大型機の前縁にはスラット、翼の後方上面にスポイラも装備され、エンジンや着陸装置も取り付けられている。

翼内の空間は、燃料タンクとして利用されており、小型機ではこの空間内に合成ゴム製のセル（Cell）と呼ばれている燃料タンクを搭載している。

図1-26は中大型機のもので、翼を構成する部材間を、耐燃料性シーラントによりシールすることで密閉し、セルを使用することなく構造部材そのものを用いて燃料タンクを構成している。この種類の燃料タンクをインテグラル・タンク（Integral Tank）と呼んでいる。

翼の構造は、飛行機の寸法、重量、飛行機の用途、飛行速度等の数多くの要素によって決まる。飛行機の翼は後方から前方をみて、右側の翼を右翼、左側の翼を左翼と呼ぶように定められている。

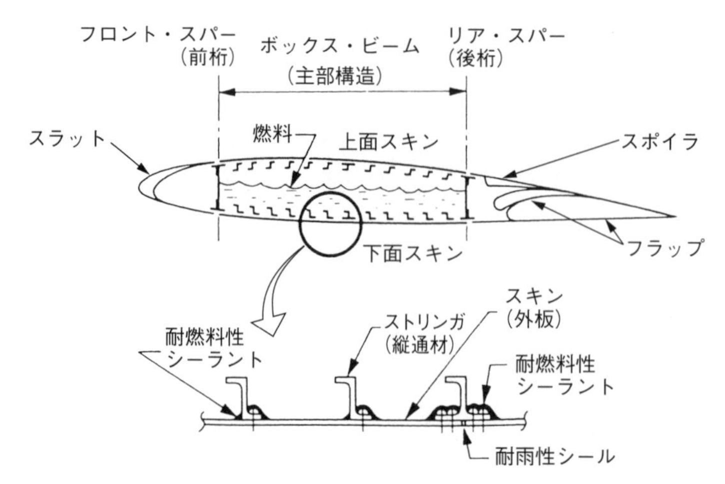

図 1-26　主翼のインテグラル・タンクの構造

翼の構造部材には、主としてアルミニウム合金が使われているが、最近の航空機には非金属の複合材も使われるようになってきた。

なお、主翼と胴体の結合部から発生した渦によって抗力が増すと共に、バフェッティング（渦が尾翼などに当たり機体が振動する現象）を起こす原因にもなる。そこで上述の結合部には、**図 27 (a)**に示すフィレット（Fillet）と呼ばれる結合部を滑らかに整形する覆いが設けられている。

航続距離の長い中・大型機の翼端に、**図 1-27 (b)**に示すウイングレット（Winglet）やフィン（Fin）と呼ばれる翼端気流遮蔽板を装備して、翼端で発生する渦流による誘導抵抗を減少させ、燃料消費量を改善させている機体もある。

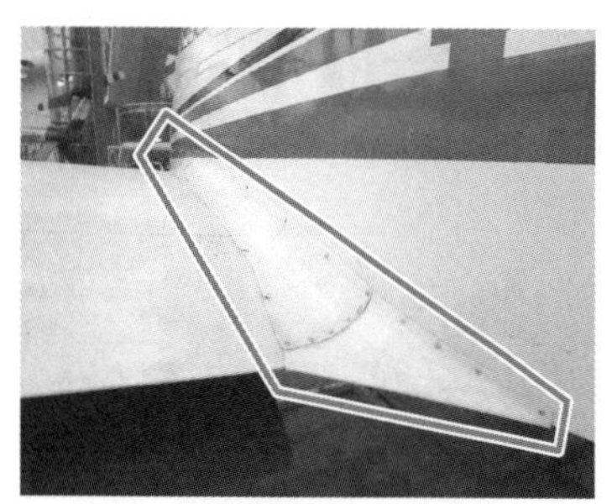

(a)　**主翼付根のフィレット**
（提供：所沢航空発祥記念館）

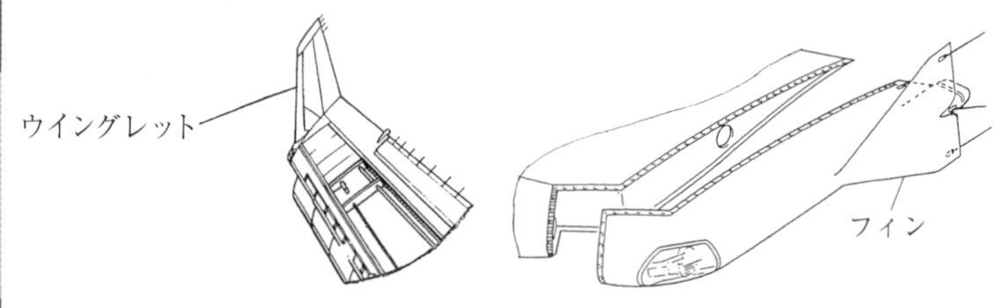

(b)　**主翼端のウイングレットとフィン**

図 1-27　主翼付根と主翼端

1-5-1　応力外皮構造の主翼（Stressed Skin Construction）

図 1-28 は応力外皮構造の主翼で、翼幅方向に取り付けられた前後の**スパー**（Spar：桁）と**ストリンガ**（Stringer：縦通材）、翼弦方向につけられた**リブ**（Rib：翼小骨）と、上下面の**スキン**（Skin：外板）で構成され、スパーが翼の基本的な構造部材である。（断面図は**図 1-26** を参照）

スキンの内側にはストリンガ、リブが取り付き、そして前後のスパーに取り付けられている。飛行

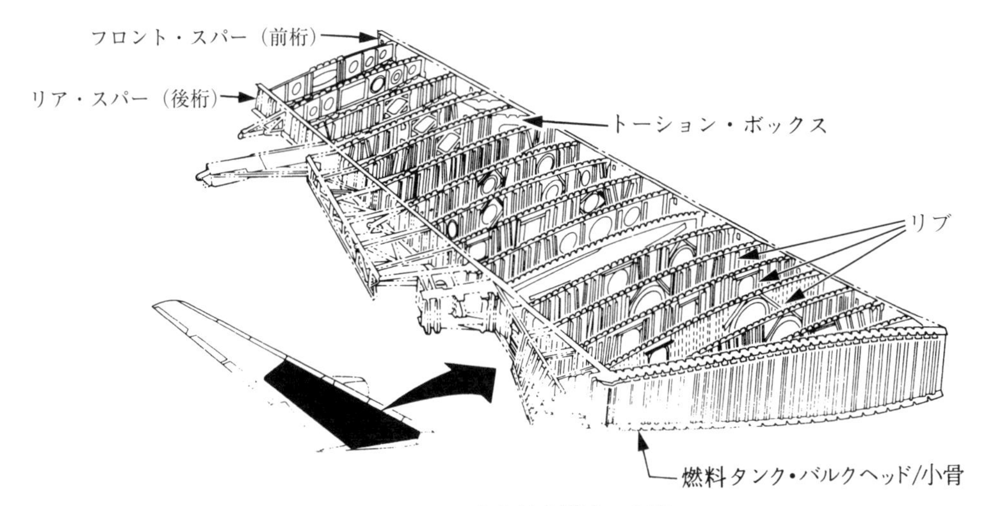

図 1-28　応力外皮構造の主翼

中の翼構造に加わる荷重はまずスキンにかかり、リブを経て、前後のスパーへと伝えられる。スパーは、胴体、着陸装置、動力装置（翼に動力装置が取り付けられている場合）の集中荷重などによる、曲げモーメントとせん断応力を受け持ち、スキンはねじりモーメントを受け持つ。

A．単桁応力外皮構造

図 1-29 は、最も簡潔な構造である**単桁応力外皮構造**で、通常スパーを最大翼厚位置付近に置き、スパーと前縁スキンとで形成される箱状の構造をトーション・ボックス（Torsion Box）やトルク・ボックス（Torque Box）と呼んでいる。このトーション・ボックスは、ねじり荷重を伝達し、ねじり剛性を保っている。

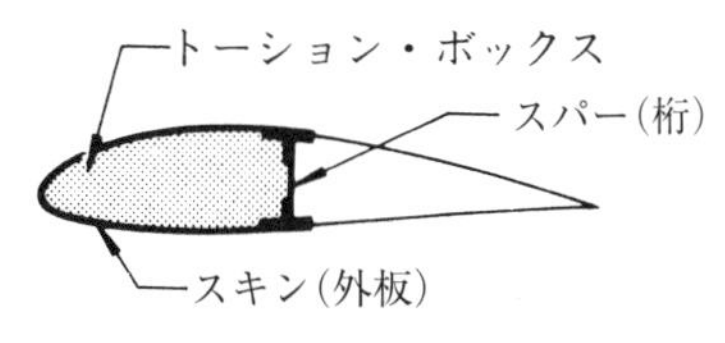

図 1-29　単桁応力外皮構造

B．2 本桁応力外皮構造

図 1-30 は、桁が 2 本の **2 本桁応力外皮構造**で、歴史は単桁構造より古い。この構造は外板と桁で囲まれた箱型の断面がトーション・ボックスとなり、ねじりモーメントを受け持つ。大

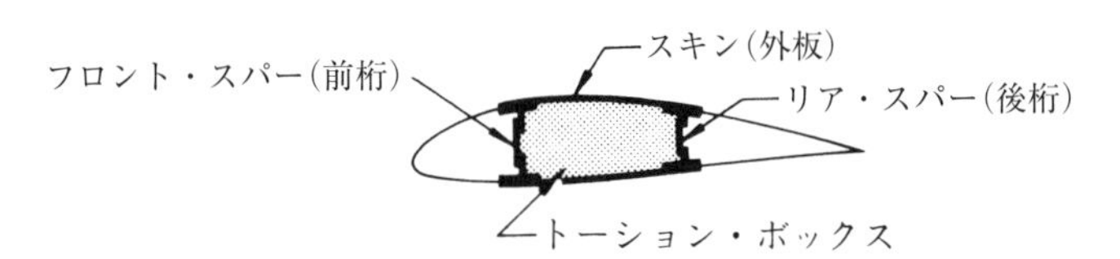

図 1-30　2 本桁応力外皮構造

型機ではスパーとスパー間のスキンの裏に、ストリンガを並べて剛性を保っている。

C．３本桁応力外皮構造

図 1-31 は、単桁構造と２本桁の構造を組み合わせた**３本桁応力外皮構造**である。中央の主桁を最大翼厚位置付近に置き、その前後に桁を配置してあるので２つのトーション・ボックスができ、曲げやねじりに対しても効率がよい。もし１本の桁が損傷しても２／３の曲げ強度が残り、トーション・ボックスも残るので、フェール・セーフ性の面ですぐれている。

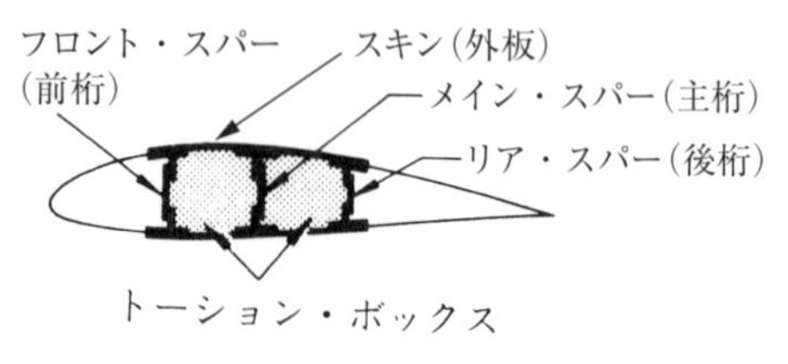

図 1-31　３本桁応力外皮構造

D．マルチ・ストリンガ（Multi-Stringer）構造

図 1-32 は、現在の中・大型機に広く用いられている**マルチ・ストリンガ（Multi-Stringer）構造**である。この構造の特徴は、ストリンガと外板にも曲げ応力を負担させていることで、外板の厚い大型機には効果的な構造である。この構造では、ストリンガを強く、数も多くする必要があるので、ストリンガと外板を一体で削り出した削り出し一体構造（Integral Structure）が広く用いられている。このマルチ・ストリンガ外板に２本または３本桁を併用してトーション・ボックスを形成し、せん断やねじりモーメントに耐えられる構造にしている。

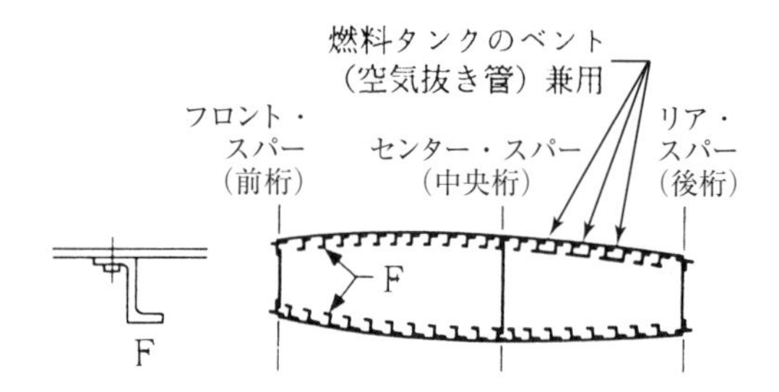

図 1-32　大型旅客機のマルチストリンガ構造と縦通材の形状

1-5-2　ウイング・スパー（Wing Spar：翼桁）

ウイング・スパー（翼桁）は、翼幅方向の主要構造部材であり、主として翼に加わる空気力による曲げモーメントを受け持ち、その荷重を胴体に伝える役目を持っている。翼を胴体に例えれば、ウイング・スパーは胴体のロンジロンに相当するものといってよい。

スパー（桁）は、主として曲げモーメントとせん断力を受け持つので、出来るだけ剛性と強度の高い形状と、強度の高い材料を用いる。これが重量軽減にもなる。

図 1-33 はスパーの型材で、スパー・キャップ（Spar Cap）やスパー・ブーム（Spar Boom）と呼ばれ、

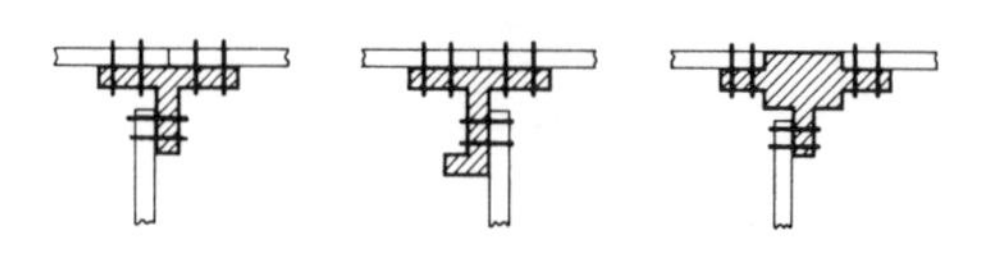

図 1-33　スパー・キャップ断面の種類

その形状は設計によって様々である。

図 1-34 は金属製翼スパー構造で、板材で出来たウェブ（Web）の上下に型材を取り付けたものが多い。**同図(e)**の大口径パイプを用いた溶接鋼管スパーは、ビーチ社の 18 シリーズに使われていることで知られている。

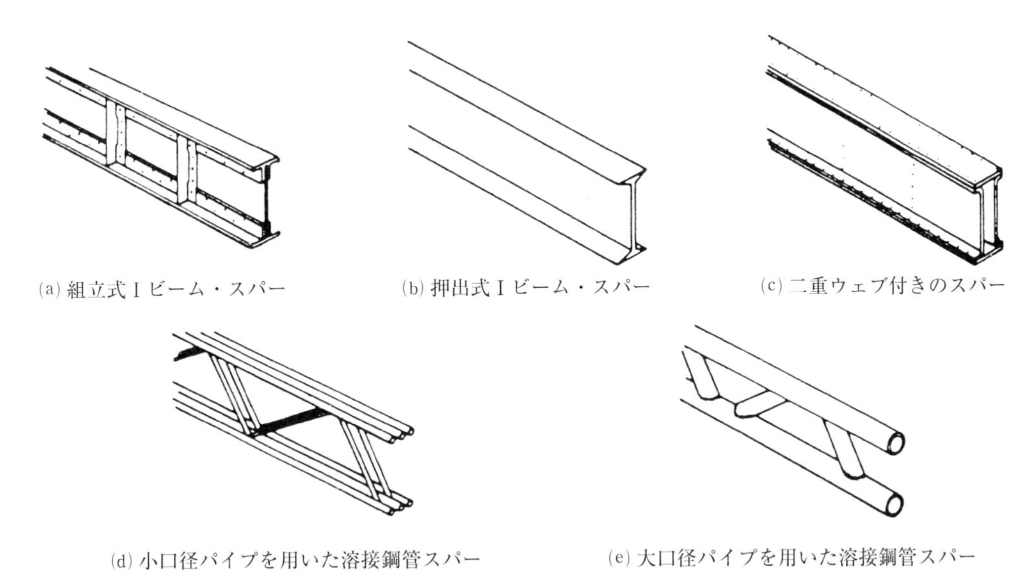
(a) 組立式 I ビーム・スパー　(b) 押出式 I ビーム・スパー　(c) 二重ウェブ付きのスパー
(d) 小口径パイプを用いた溶接鋼管スパー　(e) 大口径パイプを用いた溶接鋼管スパー

図 1-34　金属製翼桁構造

図 1-35 は、**図 1-34 (a)**の組立式 I ビーム・スパーの強度を増すために、ウェブにスティフナを取り付けてあるもので、スティフナの無いものや、ウェブに重量軽減孔を開けたものもある。

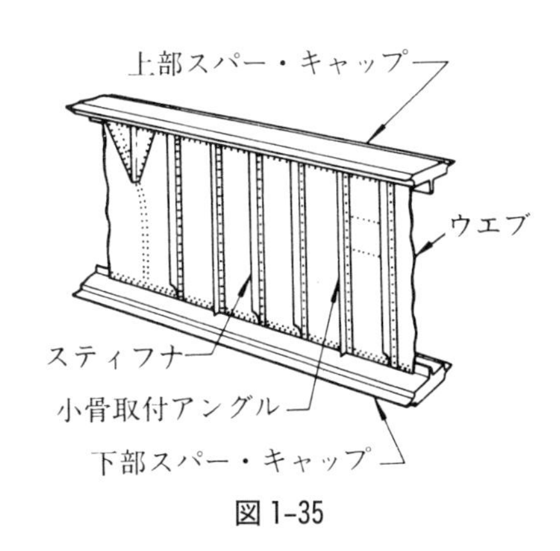

図 1-35

図 1-36 は上下スパー・キャップに垂直および斜め部材を結合したトラス構造スパーで、部品点数が多く工作性が悪いが、内部構造や装備の点検が容易という利点がある。

スパーは特別なボックス・ビームを除き、ねじりには耐えられないため、羽布張り翼では 2 桁以上の組合せ、金属翼ではスパーがトーション・ボックス構造の一部を形成する様にして使用する。

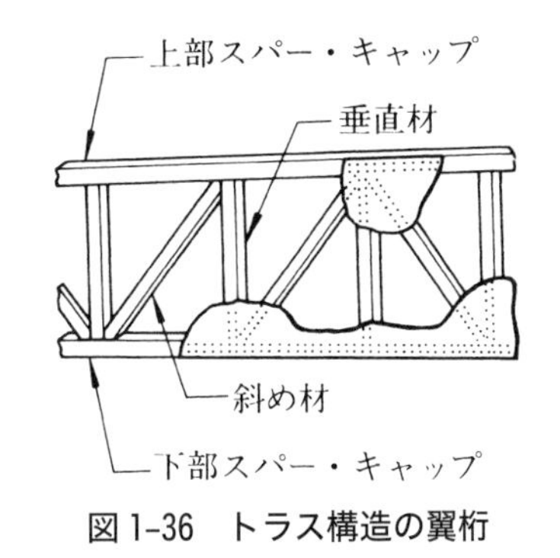

図 1-36　トラス構造の翼桁

図 1-37 は、キャリー・スルー・メンバー（Carry-through Member）と呼ばれる構造部材で、左右のウイング・スパーと直接ボルトで結合されており、翼の荷重をフューサラージ（胴体）に伝えるためのものである。補助桁は胴体金具に取り付く。

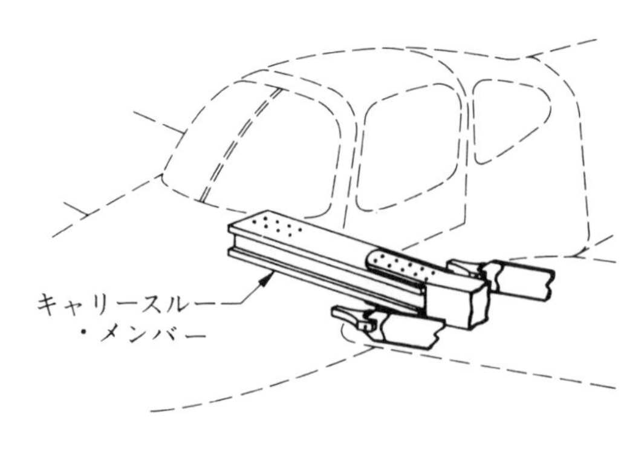

図1-37　キャリースルー・メンバー

中大型機では、翼のトーション・ボックスと同じ構造のセンター・ウイング・ボックス（Center Wing Box）と呼ばれるものがフューサラージ内にあり、左右の翼と結合している。

1-5-3　ウイング・リブ（Wing Rib：翼小骨）

ウイング・リブは翼の枠組みを作り上げる翼弦方向（Cord wise）の構造部材で、翼型を保持する上での中核となるものであり、スタビライザ（安定板）、エルロン（補助翼）、エレベータ（昇降舵）、ラダー（方向舵）、フラップ（高揚力装置）等にも使われている。

リブ（Rib：小骨）は本来、整形材としての役割が大きいが、スキン（Skin：外板）及び、ストリンガからの空気力をスパー（Spar：桁）に伝える役目も受け持っている。

図1-38は金属製リブで、通常翼前縁から後桁または翼後縁まで延びている。リブの中にはリア・スパー（Rear Spar：後桁）まで達しない短いものが装着されていることがあるが、これはノーズ・リブと呼ばれ、整形のみを目的としたものである為、強度は小さく荷重をスパーに伝えるような構造には作られていない。

着陸装置や操縦翼面を取り付ける為に、特に丈夫に作られているリブを日本語では特に力骨（りっこつ）と呼んで区別することもある。

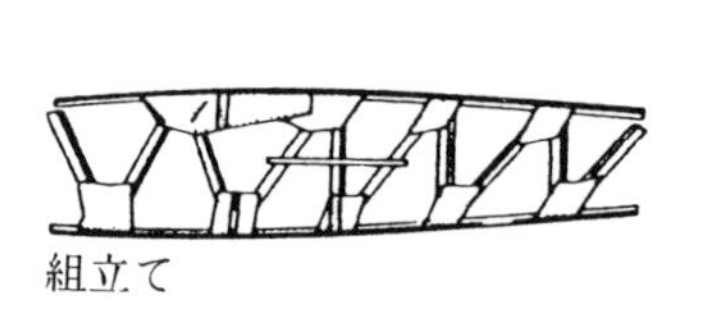

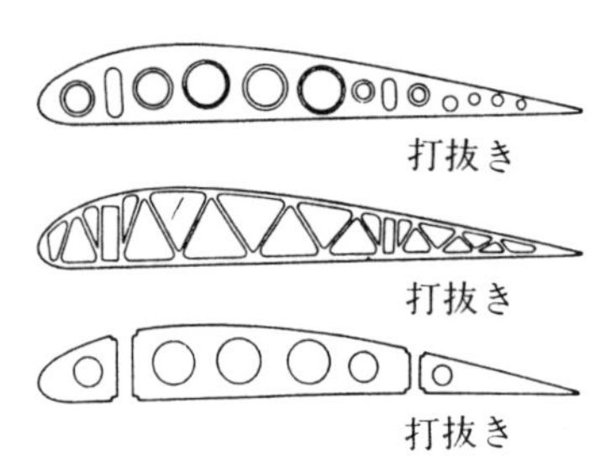

図1-38　金属製小骨

1-6　ナセル（Nacelle）、パイロン（Pylon）、カウリング（Cowling）、エンジン・マウント（Engine Mount）、ファイアー・ウォール（Fire Wall）

A. ナセル、パイロン

ナセルは、ポッド（Pods）とも呼ばれ、エンジンとその構成部品、エンジン・マウント（Engine Mount：発動機架）構造部材、防火壁を収納し、外側のスキンとカウリングにより気流に対して整形している流線型の覆いで、円形や楕円の形状をして空力抵抗を減らしている。

ほとんどの単発機のエンジンとナセルは胴体最先端に、多発機では主翼か胴体尾部に装備され、客室後部の胴体に一直線になるように設計されるものもある。

高速機は、空気抵抗を減らすために着陸装置を引込むが、ナセルに格納するように設計された機体もある。着陸装置の取り付けと格納する部分をホイール・ウェル（Wheel Well：車輪収容室）と呼び、ナセルや主翼もしくは胴体に設けられている。

図 1-39 はターボプロップ機の前方のナセルである。ナセルは、胴体構造に類似したロンジロンやストリンガのような前後方向の部材、リングや整形材、隔壁のような円周方向の部材と外板で構成され、リベットや接着剤で取付けられている。

ナセルの外側を覆っている外板、カバー、カウリングは、通常アルミニウム合金、ステンレス鋼、チタニウム合金あるいは複合材からできている。

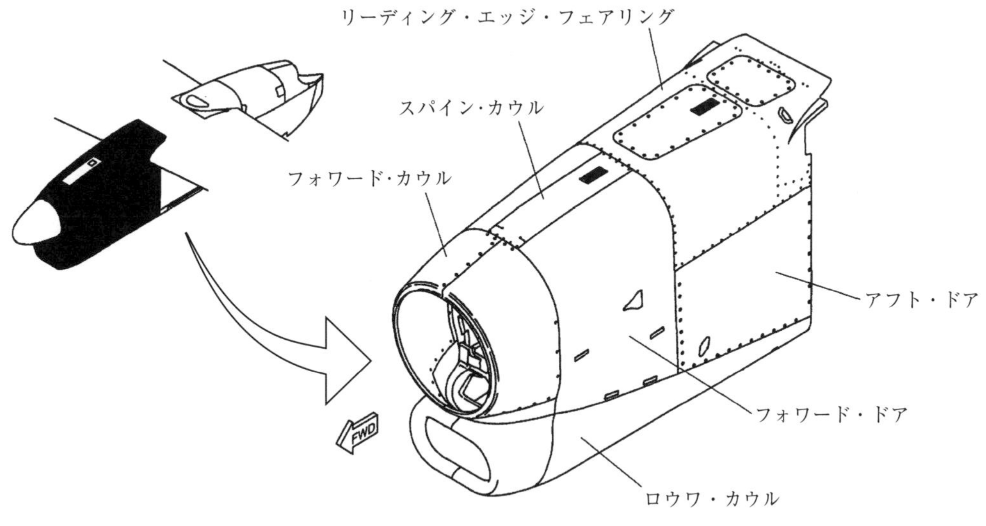

図 1-39　エンジン・ナセル

図 1-40 (a)は尾部にジェット・エンジンを装備した旅客機のパイロン、**図 1-40 (b)**は主翼にジェット・エンジンを装備した旅客機のパイロンである。**図 1-40 (b)**では、過度なエンジンの慣

性力や、その他パイロンに過大な荷重が加わることによる主翼の破壊を避けるため、パイロン取付部のヒューズ・ピン（Fuse Pin）が切れ、パイロンごとエンジンを主翼から切り離すように

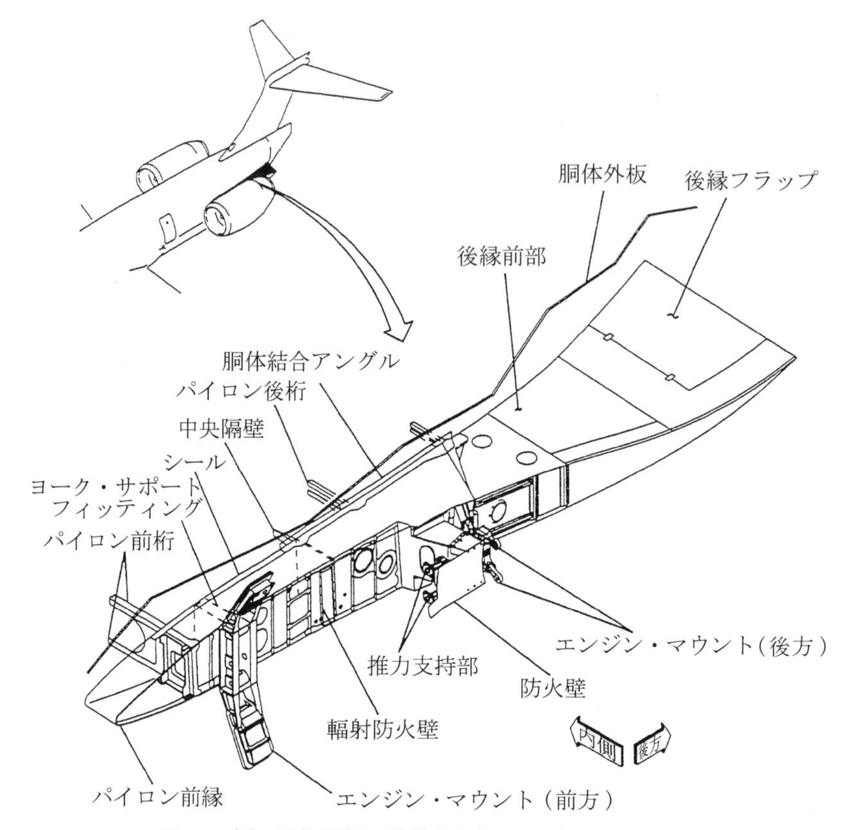

図 1-40 (a)　胴体尾部に装備されたエンジン・パイロン

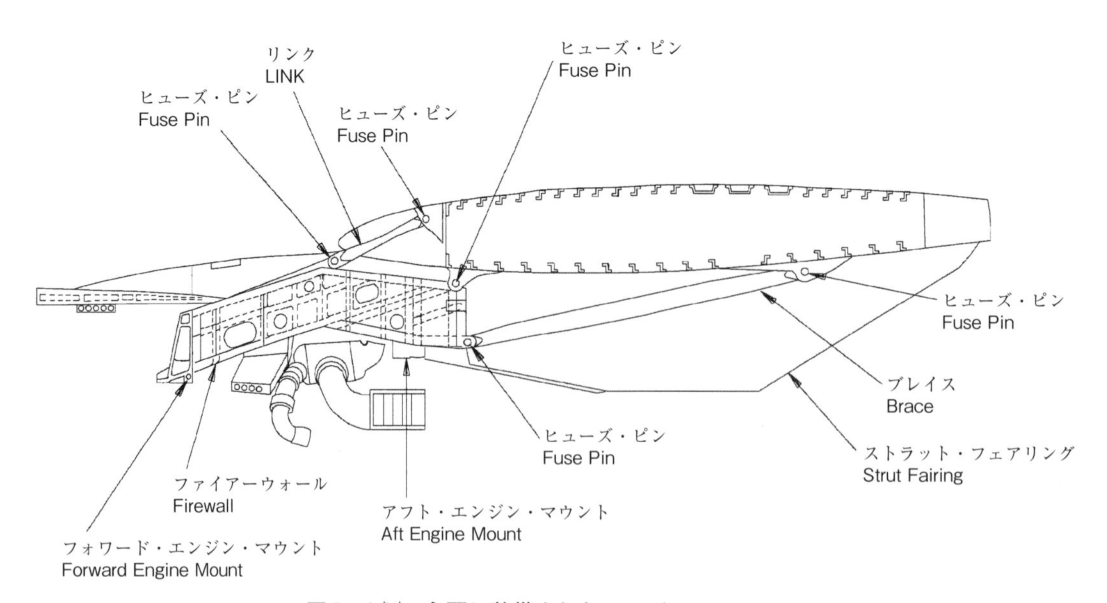

図 1-40 (b)　主翼に装備されたエンジン・パイロン

している。

B．カウリング（Cowling）

カウリングは、エンジン、補機、エンジン・マウント、防火壁など、定期的に点検するために接近しなければならない部分を覆っている取り外し可能な覆いで、カウリングにかかる空気力に十分耐えられるようにしている。

(1)　カウリングの材料

カウリングのパネルは一般的にはアルミニウム合金でできているが、カウル・フラップおよびカウル・フラップの開口部の付近、オイル・クーラのダクト、動力部後部の内側の板などにはステンレス鋼が使用されている。

(2)　小型飛行機、大型レシプロ・エンジン機又はターボプロップ・エンジン機のカウリング

図 1-41 は小型飛行機の水平対向エンジンのカウリングを取り外したもの、**図 1-42** は大型レシプロ・エンジンまたはターボプロップ・エンジン機のカウリングを開いたもので、オレンジの皮をむいた形のようなカウル・パネルで覆われているものがある。

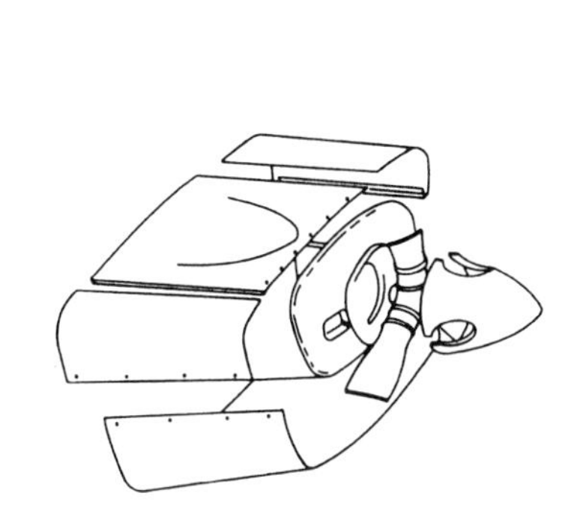

図 1-41　水平対向型エンジンのカウリング

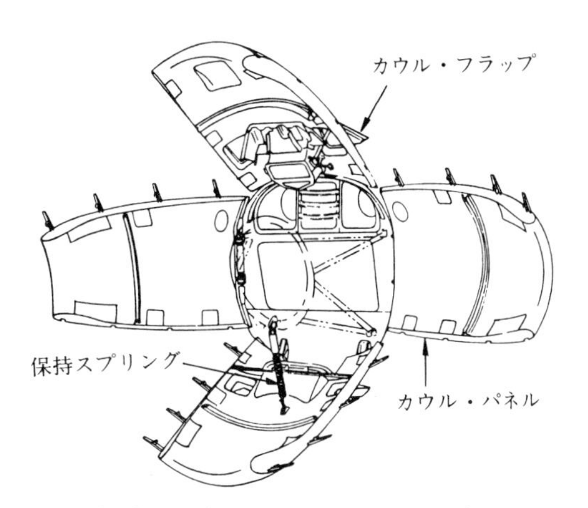

図 1-42　大型レシプロ・エンジン又はターボ・プロップ・エンジン機のカウリング

(3)　ジェット・エンジンのカウリング

ジェット・エンジンのカウリングは、エンジン周りの気流を滑らかに流し、エンジンを損傷から守るように設計されている。

図 1-43 は上面および下面のヒンジの付いた取り外し可能なパネルの例で、ノーズ・カウル、上面および下面のヒンジの付いた取り外し可能なカウル・パネルから構成されている。

C．エンジン・マウント（Engine Mount）

ナセル内には、エンジンを固定するための構造であるエンジン・マウントがあり、それぞれの機体とエンジンの組み合せにより、エンジン・マウントの取付け方向、位置、支持するエンジンの大きさ、形式および特性等により特定のものが用いられる。

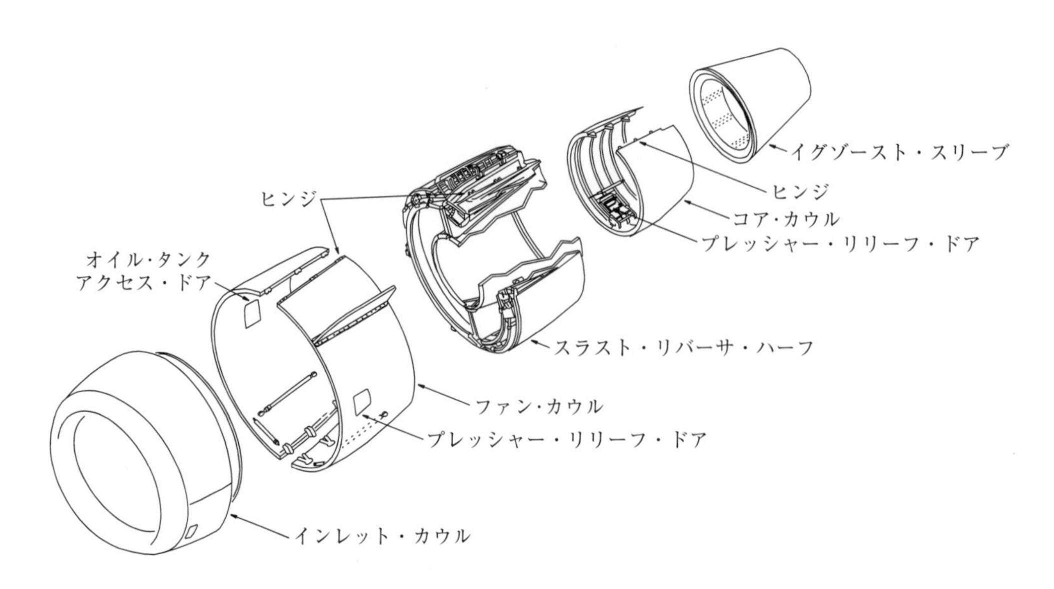

図 1-43　ジェット・エンジンのカウリング

エンジン・マウントは通常、防火壁やパイロンに取り付けられ、取り外しが容易な一つのユニットとして構成されており、エンジンはこのマウントにボルト、ナットおよび振動吸収ゴム・クッションやパッドにより取り付けられている。

図 1-40 はジェット・エンジンのエンジン・マウント、**図 1-44** はレシプロ・エンジンに使用されるセミモノコックおよび溶接鋼管のエンジン・マウントの例である。

小型機は、クロム・モリブデン鋼管（Chrome/Molybdenum Steel Tubing）を溶接したトラス構造に作られていることが多く、マウント同士の接続金具にはクロム・ニッケル・モリブデン鋼の鍛造品が用いられ、プロペラ推力やエンジンのトルク、着陸接地時の衝撃荷重等に耐えられるようにしている。

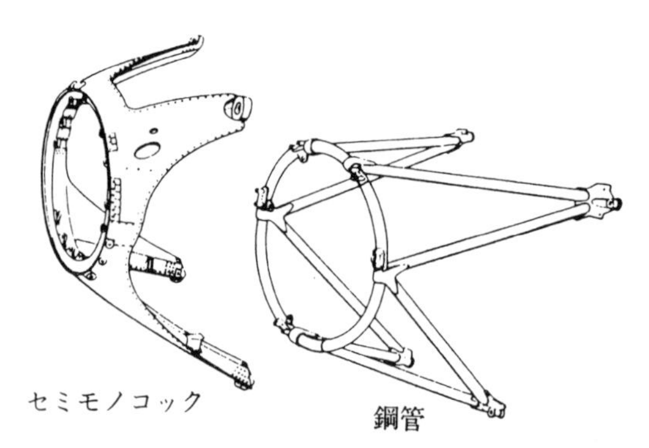

図 1-44　セミモノコックおよび溶接鋼エンジン・マウント

D. ファイアー・ウォール（Fire Wall：防火壁）

エンジン格納部には、航空機の他の部分から隔離するために、必ず防火壁が設けられている。

これは基本的に、エンジン格納部から機体への延焼を防ぐというよりは、火災をナセル内に封じ込めるためで、ステンレス鋼やチタニウム製等の第 1 種耐火性材料で隔壁が作られている。

1-7　テイル・ユニット（Tail Unit：尾翼）

図 1-45 は尾翼構造の一例で、通常飛行機の尾部には水平尾翼と垂直尾翼があり、安定を保って飛行するための重要な構造である。

水平尾翼はホリゾンタル・スタビライザ（Horizontal Stabilizer：水平安定板）とその後縁に操縦翼面であるエレベータ（Elevator：昇降舵）が取付けられている。垂直尾翼にはバーティカル・スタビライザ（Vertical Stabilizer：垂直安定板）とその後縁に操縦翼面であるラダー（Rudder：方向舵）が取付けられている。これらが飛行中における機体姿勢の安定と操縦を受け持つ。

安定板と操縦翼面を含むテイル・セクション（Tail Section：尾部構造）全体を、アーンペナージ（Empennage：尾部）と呼んでいる。

図 1-45 (a)は、水平・垂直尾翼とも直接胴体に取付けられたものである。垂直安定板は、胴体の一部として作られたり、取り外し出来る独立した構造部材として作られたりする場合もある。

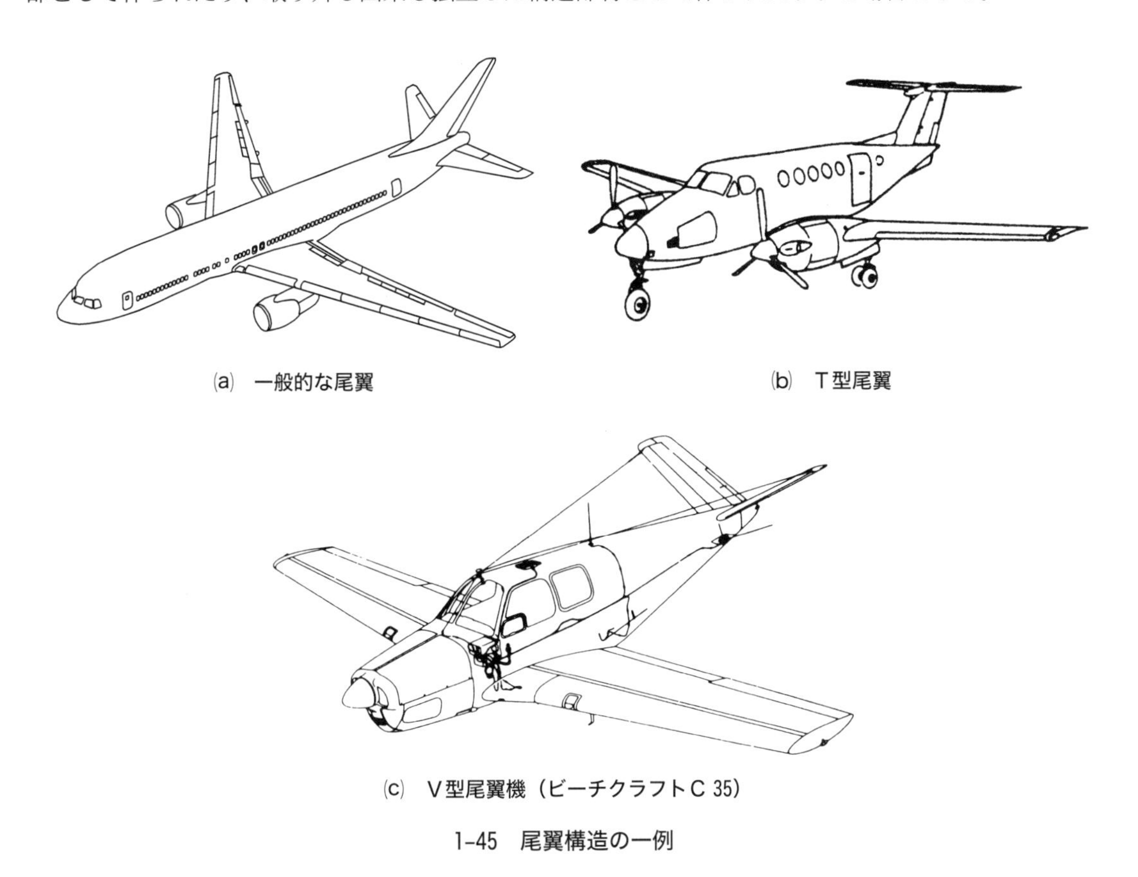

(a)　一般的な尾翼

(b)　T 型尾翼

(c)　V 型尾翼機（ビーチクラフト C 35）

1-45　尾翼構造の一例

図 1-45 (b)はＴ型尾翼で、垂直尾翼だけを直接胴体に取付け、水平尾翼はＴ型尾翼や十字型尾翼として垂直尾翼に取付けられている。尾翼の配置はその飛行機の空力上の要求によって決められており、Ｔ型尾翼は気流の乱れの少ないところにあるため、大きさの割に効きが良く、重量軽減に役立つといわれている。

図 1-45 (c)はＶ型尾翼で、水平及び垂直の両尾翼を兼ねており、エレベータとラダーを兼ねたラダベータを持っている。Ｖ型尾翼は尾翼全体の面積を減らすために考案されたものである。

旧型式機の羽布張り構造の尾翼の中には、フレームの回りに羽布を張っただけの簡単なものもあるが、通常主翼と同様な構造で作られていると考えてよく、1 本または複数のスパー（桁）と、これに取り付けられているリブ（小骨）とスキン（外板）で構成されており、大型機にはストリンガも取付けられている。

1-7-1　ホリゾンタル・テイル（Horizontal Tail：水平尾翼）

水平尾翼は通常、ホリゾンタル・スタビライザ（水平安定板）とエレベータ（昇降舵）によって構成され、左右軸を中心とした縦方向の安定と制御を行う。

A．水平安定板の構造

小型機では、水平尾翼を一枚翼とし、胴体に乗せるような取り付け方をしている。**図 1-46** は、レシプロ双発機の水平安定板を示すが、この構造は全翼幅にわたる 2 本のスパーを持ち、これに直交するリブが外板にリベット付けされている。リア・スパー（後桁）はエレベータを取り付けるための補助桁であり、ここに 4 個のエレベータ・ヒンジが取り付けられている。

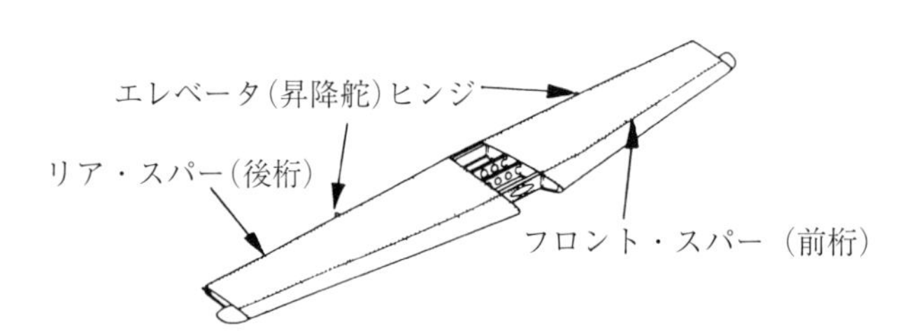

図 1-46　レシプロ双発機の水平安定板

大型機では**図 1-47 (a)**に示すような左右に分割してキャリー・スルー、又はセンター・セクション（Center Section）に結合する方式と、**同図(b)**に示すように、トルクボックスを胴体中央でお互いに結合する方式が採用されている。

図 1-48 はジェット旅客機の水平安定板で、基本構造部材は前後のスパーと補助スパー、リブ、ストリンガの取り付けられたアルミニウム合金のスキン、或いは複合材のスキンで覆ってある。内側の端末には、胴体内にあるキャリー・スルー、又はセンター・セクションへ取り付ける金具や、トルクボックスを互に結合する金具が付けられている。

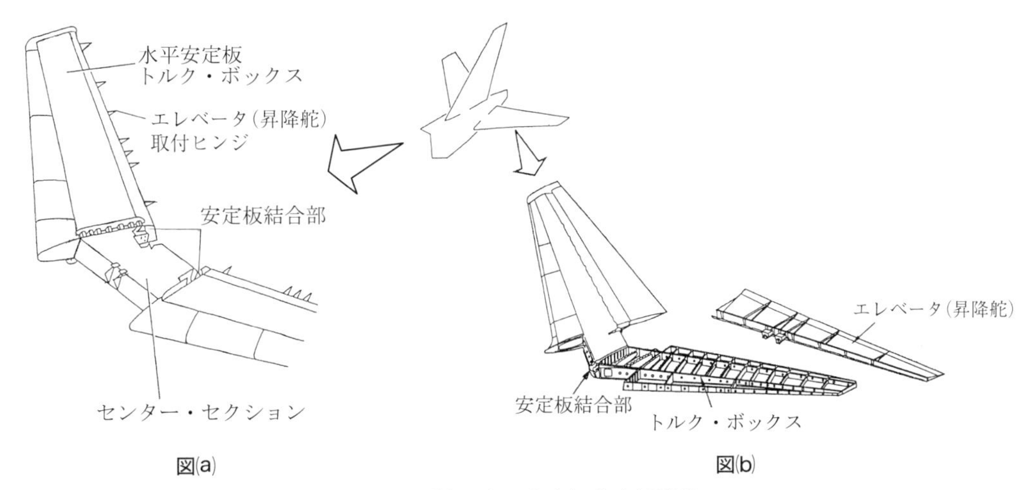

図 1-47　大型機の水平安定板中央部構造

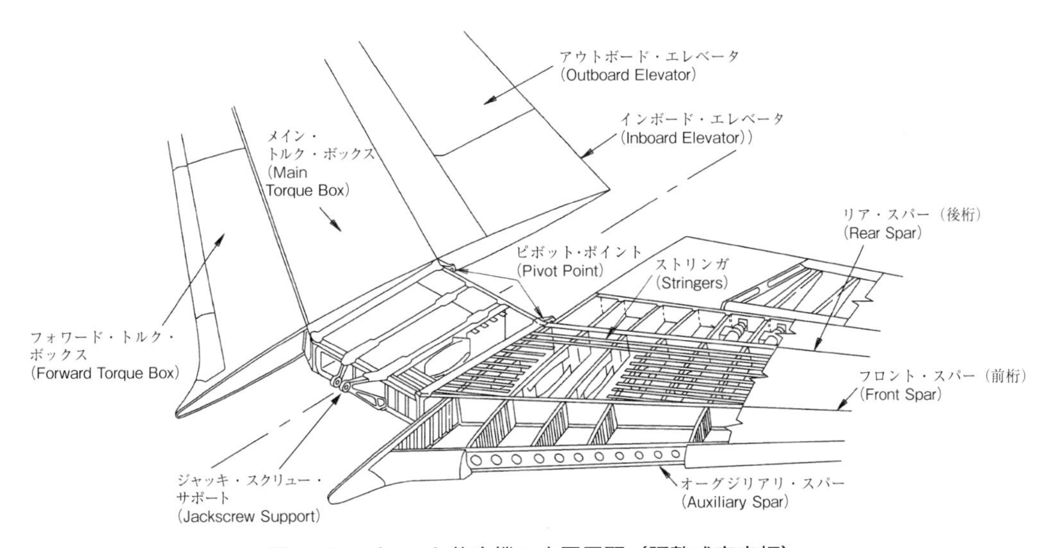

図 1-48　ジェット旅客機の水平尾翼（調整式安定板）

B. 調整式安定板（Adjustable Stabilizer）

亜音速域から遷音速域を飛行するジェット旅客機はエレベータの舵角を大きくとると、舵面の先端から発生する衝撃波により操舵力が急激に増加したり、舵の効きが低下したりする。これを防止するため、水平安定板の取り付け角度を飛行中に変化させ、エレベータの操舵量を小さくする対策が講じられている。

水平安定板の取り付け角度の調整は、**図 1-48**のセンター・セクション後方のリア・スパー（後桁）両端にある二ケ所のピボット・ポイントを中心にして、フロント・スパー（前桁）中央部のサポートを電動や油圧モーターで駆動するジャッキ・スクリューで上下に動かすことにより行う。この方式の安定板を、調整式安定板（Adjustable Stabilizer）という。

一部小型機やジェット戦闘機の中には、水平尾翼全体を動翼として、スタビレータと呼んでいるものもある。

図 1-49 は水平安定板の構造を、インテグラル燃料タンクとして利用した例である。

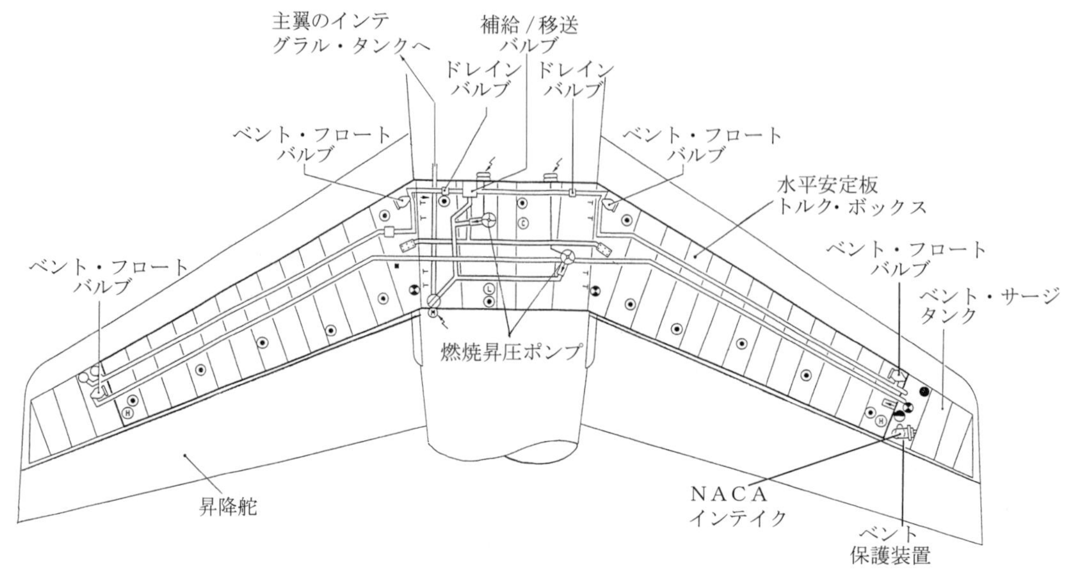

図 1-49　水平安定板インテグラル・タンク

1-7-2　バーティカル・テイル（Vertical Tail：垂直尾翼）

垂直尾翼は、バーティカル・スタビライザ／バーティカル・フィン（垂直安定板）とラダー（方向舵）から構成されており、飛行機の方向安定と制御を行う。

垂直尾翼は、主翼や水平尾翼のように左右の翼を組み合わせて曲げモーメントを相殺することができず、この翼の曲げモーメントはすべて胴体のねじりモーメントになる。このため、大型機では垂直安定板の主要構造は胴体構造の一部として作られることが多く、荷重の伝達が不自然にならないように、桁結合方式が用いられる。

小型機の垂直尾翼の構造は水平尾翼と同じく、前後のスパー、リブ、スキンにより構成されている。

図 1-50 (a) は、単発プロペラ機のプロペラ後流を考慮し、垂直尾翼の胴体への取付けを、機軸からある角度だけ偏せる、いわゆるオフ・セット（Off Set）させたものである。

図 1-50 (b) は、ジェット旅客機の垂直尾翼である。構造は水平尾翼と同じく、前後にあるスパー、補助スパー、リブ、ストリンガ、スキン（アルミニウム合金又は複合材）等で構成されている。垂直安定板の一部を電気的に絶縁し、これ自体をHFあるいはVORアンテナに利用しているものが多い。

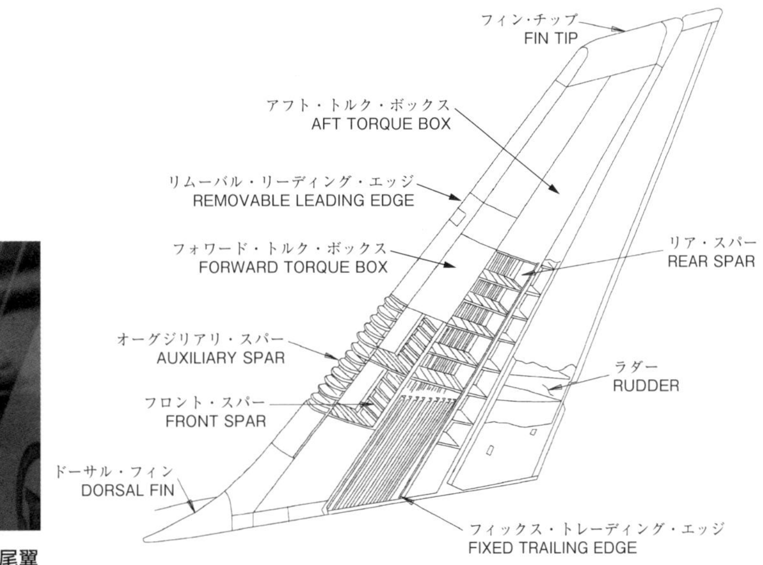

(a)オフセットさせた小型機の垂直尾翼の取付け
（提供：中日本航空専門学校）

(b)ジェット旅客機の垂直尾翼

図 1-50　垂直尾翼

1-8　操縦翼面（Flight Control Surface）

飛行機の姿勢の制御は、前後軸、左右軸、上下軸まわりに、操縦翼面により行われる。操縦翼面は**主操縦翼面**と、**補助操縦翼面**に分けられる。

図 1-51 (a)は小型機の、**同図(b)**はジェット旅客機の操縦翼面である。

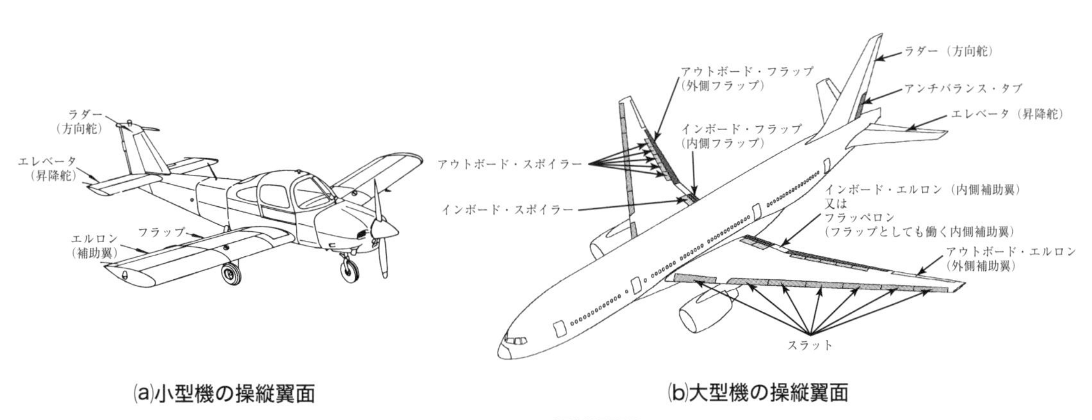

(a)小型機の操縦翼面　　**(b)大型機の操縦翼面**

図 1-51　操縦翼面

1-8-1　主操縦翼面（Primary or Main Flight Control Surface）

主操縦翼面は、エルロン（Aileron 補助翼）、エレベータ（Elevator 昇降舵）、ラダー（Rudder 方向舵）があり、操縦翼面の構造は安定板と類似しているが、通常構造を簡単にして重量を軽く作ってある。

A．構造

操縦翼面は剛性を持たせるために、前縁にスパー又はトルク･チューブを付けることが多く、このスパーやトルク・チューブにリブ（小骨）を付け被覆される。リブは多くの場合、重量軽減孔を開けてある。主翼や安定板等へ取り付けるヒンジ取り付金具も、このスパーに固定される。

操縦翼面には、前縁部に作動の中心となるヒンジ・ライン（Hinge Line）があり、操縦装置を操作すると、リンクやケーブル（索）などを介してこのヒンジ･ラインを通っているトルク･チューブを直接回転させる。

旧型式機の操縦翼面は羽布で覆われていたが、高速機では強度上すべて金属又は、複合材外板を使用しており、この複合材外板は内部をハニカム材のサンドイッチ構造としたものが多い。

B．質量釣合操縦翼面と空力的釣合操縦翼面

図1-52は、以下の質量釣合と空力的釣合の両方を用いた小型機の操縦翼面である。

⑴　質量釣合操縦翼面

操縦翼面は、重量分布が適切でないと、飛行中又は操縦の際にフラッタ（Flutter）を起こす危険があるため、通常はその前縁にマス・バランス（Mass Balance）というおもりをいれて質量的に釣り合いをとり、フラッタを防止している。このように、質量的に釣り合いをとった翼面を質量釣合操縦翼面という。

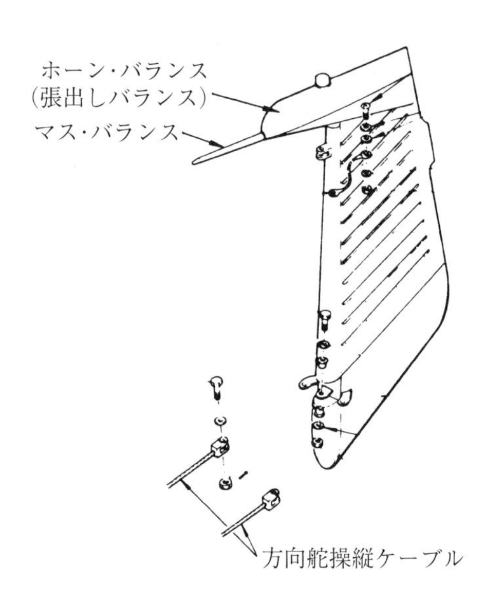

図1-52　小型機の操縦翼面

⑵　空力的釣合操縦翼面

操縦翼面の前縁を、ヒンジ・ラインより前方に突き出すようにしたものをホーン・バランス（張り出しバランス）と呼び、操縦翼面がある舵角をとった時、前方に突き出した翼面が操縦翼面をヒンジ回りに回転させ、操舵力を軽減させる。これを空力的釣合操縦翼面という。

C．エルロン（Aileron：補助翼）

⑴　作動

エルロンは主操縦翼面の一つで、左右の翼の外側後縁にヒンジで取り付けられ、操縦輪（Control Wheel）を左右に回すか、操縦桿を左右に倒すことによってヒンジを中心にして、設計された円弧に沿って動き、重心を通る前後を軸とする横方向の操縦を行う舵面である。

左右のエルロンは操作装置の内部で連結されており、**図 1-53** のように同時に反対方向へ作動する。片方のエルロンを下げるとその側の揚力が増し、反対側のエルロンは上がって揚力が減少する。その結果として翼に働く不平衡の空気力により、機体に横方向の回転運動を起こさせる。

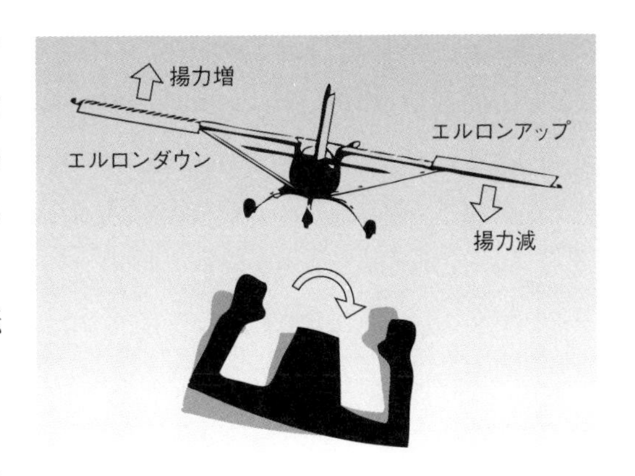

図 1-53　エルロン

⑵　取付け位置

図 1-54 は典型的な小型機の翼端の形とエルロンの位置を示したもので、小型機のエルロン後縁には**同図⒝**に示す固定タブの付いているものもある。このタブは、直線飛行で傾いてしまう場合、地上であらかじめタブを上方、又は下方へ曲げることによって直線飛行させる役割を持っている。

図 1-54　翼端の形とエルロン（斜線部分）

⑶　構造

図 1-55 はエルロンの端の典型的な金属製リブで、この型式のエルロンのヒンジ点は、操縦操作に対する応答性を良くするために、舵面の前縁部より後ろの位置にある。エルロンのスパー、又はトルク・チューブに取り付けられた作動ホーンは、エルロンの操縦ケーブルや、操作ロッドを取り付けるレバーである。

図 1-56 にエルロンのヒンジの位置や断面を示す。ヒンジ位置はフラッターを防止するためにエルロンの重心位置か後方に置く（それぞれの機体のマニュアルに従うこと）。ヒンジの位置やエルロン舵面の断面形状、主翼との間隙形状等によって、操舵に要する力や効きが違ってくる。

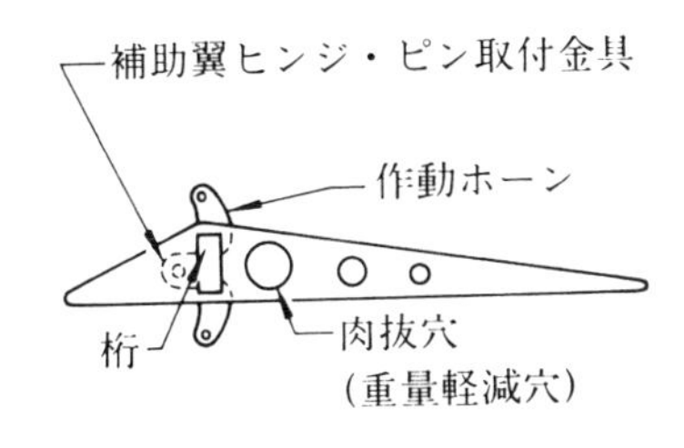

図 1-55　補助翼リブ（小骨）の端

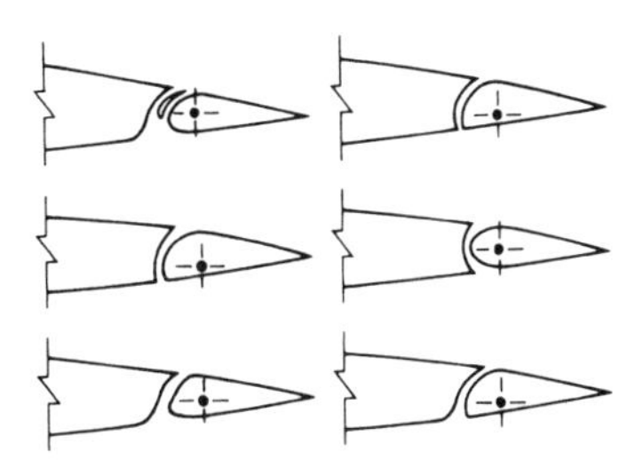

図 1-56　エルロンの断面とヒンジの位置

(4)　バランス・パネル

図 1-57 はバランス･パネルと呼ばれるもので、エルロンの前端に接続してエルロンを保持し、エルロン操舵に要する力を助けるものである。アルミニウム合金のフレームに接着したハニカム板か、またはハット材の補強の付いた組立構造で出来ている。

エルロン前端と翼の構造の間には、バランス･パネルの作動に必要な空気を通す隙間があり、パネルに取り付けられたシールは空気の漏れを抑えている。

飛行中、エルロンが動かされて舵角が増すと、バランス・パネルの片側が負圧、その反対側は加圧されてパネルの上下に差圧が生じる。この差圧がバランス・パネルを押してエルロンの動きを助ける。

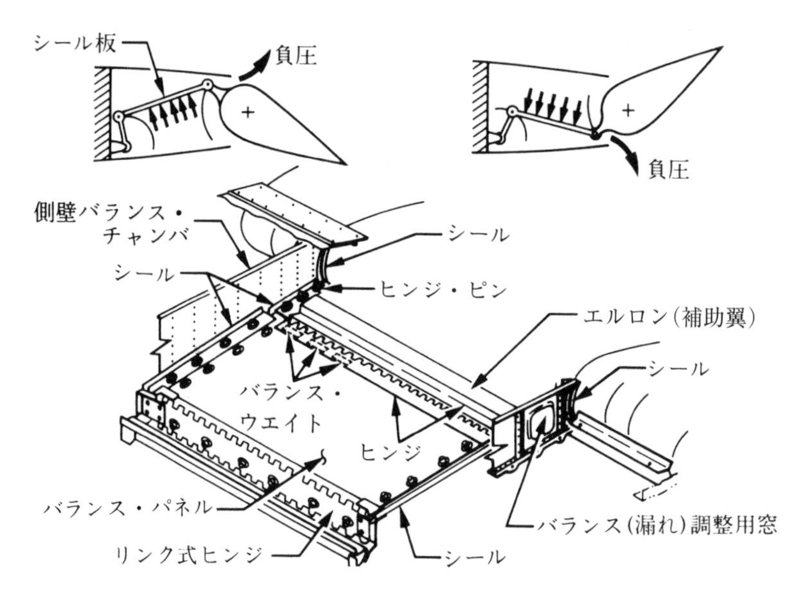

図 1-57　バランス・パネル

(5)　大型機のエルロン

図 1-51 (b)に示すように、大型機のエルロンは、主翼の外側後縁にアウトボード（外側）エルロン、主翼の中央（外側フラップと内側フラップの間）にインボード（内側）エルロンがある。

(a)　作動

低速飛行中は4つ全てのエルロンを作動させているが、高速飛行時には内側エルロンのみを作動させ、外側エルロンは作動させないようにしている。

内側エルロンをフラップ・ダウン（下げ）時、左右同時に下げることによりフラップの役目もするフラッペロンとして働かせる機体もある。

(b)　構造

図 1-58 はエルロンの構造で、次のように軽量なコンポジットで作られている。

内側エルロンは、ヒンジや油圧アクチュエータが取りつく金具が付いたアルミニウム合金のスパー、リブ、スティフィナがあり、その上下面にノーメックス・ハニカム・コアに接着されたグラファイト・エポキシの外板がある。後縁にはノーメックス・ハニカム・コアのパネルが取りつく。

外側エルロンはヒンジや油圧アクチュエータが取りつく金具が付いたアルミニウム合金のスパーがあり、その後方はノーメックス・ハニカム・コアをグラファイト・エポキシの外板で覆ったもので構成されている。

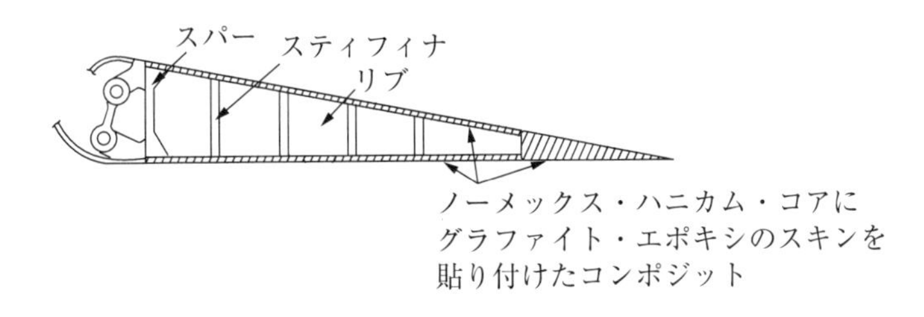

図 1-58　大型機のエルロン構造

D. エレベータ（Elevator：昇降舵）

エレベータは主操縦翼面の一つで、ホリゾンタル・スタビライザ（水平安定板）の後縁にヒンジで取り付けられ、操縦桿を前後に動かすことによりヒンジを中心にして、設計された円弧に沿って動き、重心を通る左右を軸とする縦方向の操縦を行う舵面である。

極端な低速機や 2 重以上の油圧式動力操縦装置を使用した航空機を除いては、エレベータにマス・バランスは必ず必要である（1-8-1B 質量釣合操縦翼面 参照）。

操縦翼面を修理したときは、必ず重心位置を測定し、マニュアルの許容範囲内にあることを確認しなければならない（4-9 再釣合わせ 参照）。

小型機のエレベータ構造で特徴的なことは、**図 1-59** のように左右のエレベータをトルク・チューブで結んでいることである。もし、左右のエレベータを分離したまま別々の角度で操作すると、左右エレベータの逆回転と後部胴体のねじれの連成したフラッタを誘起する恐れがあるからである。

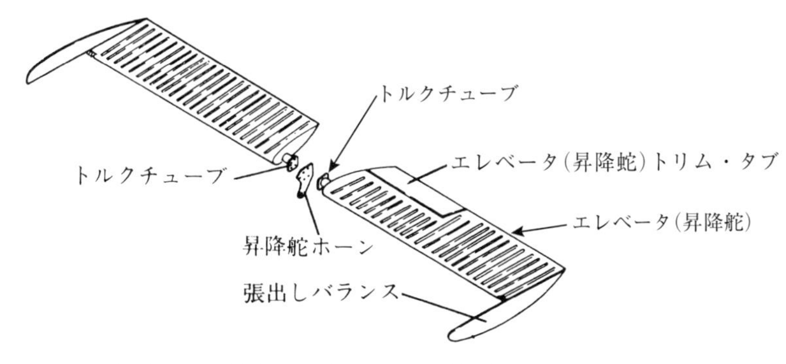

図 1-59　昇降舵のトルクチューブ結合

図 1-60 は大型機のエレベータ系統図で、フェール・セーフの観点から多重の油圧系統で作動させたり、エレベータを２枚に分割し、それぞれ別の油圧系統で作動させたりしているものもある。構造は、エルロンと同じで軽量コンポジットで作られている。

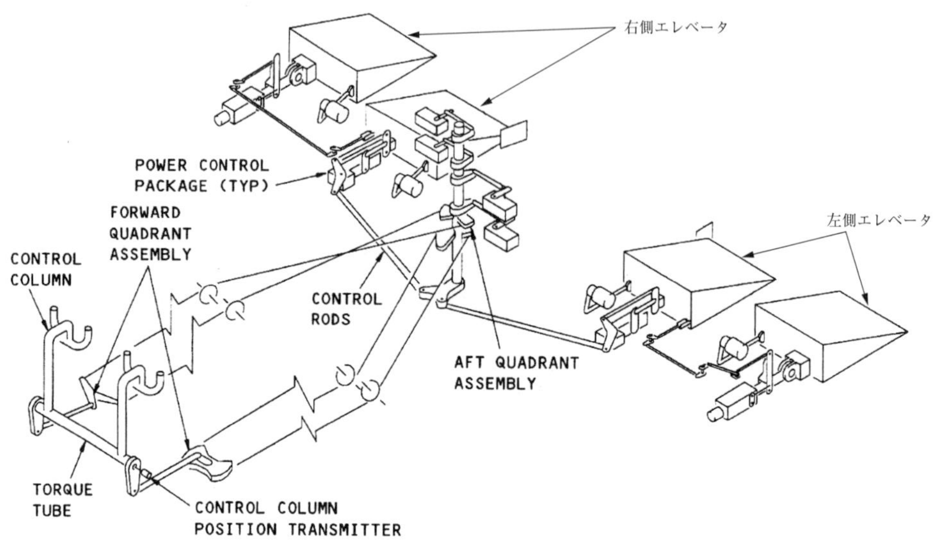

図 1-60　大型旅客機のエレベータ

E．ラダー（Rudder：方向舵）

ラダーは主操縦翼面の一つで、バーティカル・スタビライザ／バーティカル・フィン（垂直安定板）の後縁にヒンジで取り付けられ、左右のラダー・ペダルを操作することにより設計された円弧に沿って動き、重心を通る上下を軸とする方向の操縦を行う舵面である。

エルロン（補助翼）と同時に操作してのつり合い旋回、離着陸時の横風修正、多発機においてはエンジン（発動機）一発不作動時の機体姿勢修正や、ヨー・ダンパ（Yaw Damper）を装備してのダッチロールの防止などに用いる。

ラダーの構造はエレベータに類似しており、回転の中心にトルク・チューブをおき、これに

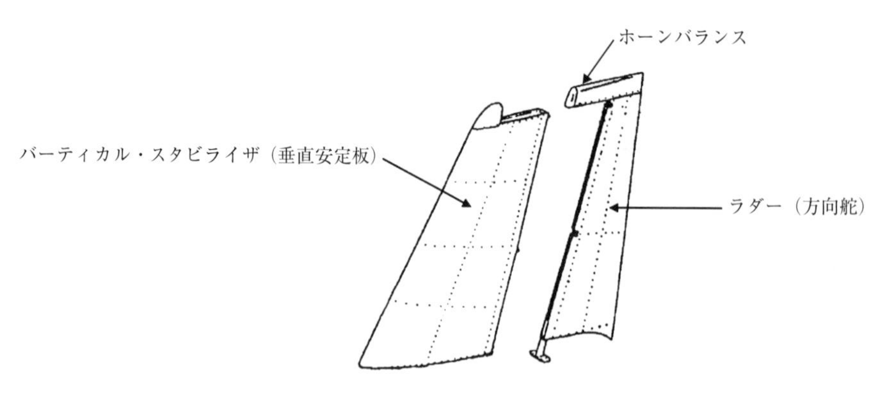

図 1-61　小型機の垂直尾翼
（提供：航空大学校）

ホーンやレバーを取り付け、ケーブル（Cable：索）、ロッド又は油圧アクチュエータで動かす。人力操縦装置を用いる機体では、**図 1-61** のように前縁にホーン・バランスを付けたり、後縁にタブをつけて操縦力を軽減させている。

大型旅客機のラダーはエレベータと同様に、フェール・セーフの観点から多重の油圧系統で作動させたり、ラダーを 2 枚に分割し、それぞれ別の油圧系統で作動させたりしたものもある。

図 1-51 (b)に示すように、一部大型機では ラダーに、舵面の効きを増加させるアンチ・バランス・タブ（Anti - Balance Tab）を取付けているものもある。

F．二つの役目を持たせた操縦翼面

これまで述べた操縦翼面は通常のものであるが、一部の航空機では、一つの操縦翼面に二つの役目を持たせたものがある。例えば、デルタ翼の後縁に用いられるエルロンとエレベータの両方の機能を組み合わせたエレボン（Elevon）、V 尾翼にみられるエレベータとラダーの機能を持たせたラダベータ（Ruddervator）等である。

大型旅客機等のインボード・エルロン（内側補助翼）は、フラップ・ダウン（下げ）時、左右両方とも下がってフラップとしても働き、これをフラッペロン（Flaperon）と呼ぶ機体もある。

戦闘機等で、フラップの効果を増すために用いられるフラッペロンは、ある状況下でエルロンとしての働きが不十分になる場合がある。これをフライ・バイ・ワイヤーの技術を用いて、左右のエレベータを別々に操舵し、エルロンの働きもさせるテイルロン（Taileron）がある。また、エレベータが無く、水平安定板だけが作動して水平安定板とエレベータの働きをするスタビレータ（Stabilator）と呼ばれるものもある。

1-8-2　補助操縦翼面（Secondary or Auxiliary Flight Control Surface）

補助操縦翼面には、前縁・後縁フラップ、スラット、スピード・ブレーキ／スポイラ、タブ等がある。

A．トレーリング・エッジ（後縁）フラップ（Trailing Edge Flap）

トレーリング・エッジ・フラップは、航空機の揚力係数や翼面積を一時的に増加させることにより離着陸速度を減少させ、離着陸滑走距離を短くするものである。

フラップがアップ（Up：上げ）位置のときには翼の後縁の一部を構成するが、ダウン（Down：下げ）位置では翼のキャンバ（Camber：反り）を増し、フラップによっては翼面積を増やすことにより、より多くの揚力を発生させる。トレーリング・エッジ・フラップの数と形式は、飛行機の大きさや型式によりいろいろなものがある。大部分のフラップは、補助翼と胴体の間の主翼後縁に取り付けられ、一部の大型高速機には後述のリーディング・エッジ・フラップ（Leading Edge Flap）やスラットも併用されているものもある。

(1)　単純フラップ

図 1-62 (a)　単純フラップ
(Plain Flap)

単純にフラップ面がヒン

ジを中心にして下がり、キャンバを増加させる。

⑵　開きフラップ

フラップ上げ位置では主翼の下面の一部となり、その上面が主翼の後縁部の中に引きこまれてしまうことを除けば、単純フラップと構造的には類似している。このフラップは、スプリット・エッジ・フラップ（Split-edge Flap）とも呼ばれており、通常その前縁に沿って数カ所でヒンジ止めされた平らな金属板で支えられている。

図 1-62⒝　開きフラップ
(Split Flap)

⑶　スロッテッド・フラップ（隙間下げ翼）

現在最も一般的に使用されている代表的な後縁フラップである。この形式はフラップを下げた場合、主翼とフラップ片の間の隙間から圧力の高い翼下面の空気を流し上面の空気流の剥離を遅らせる。小角度で使えば抵抗の増加が少ない割に揚力増加が多く、大角度で使えば揚力も抗力も増加するという特性を持っている。

図 1-62⒞　スロッテッド・フラップ
(Slotted Flap)

⑷　ダブル・スロッテッド・フラップ

同図⒞のスロッテッド・フラップのフラップ片の前に、さらに小さなベーン（Vane：小片）を取付けたものである。このフラップを下げると、翼内に引き込まれていたベーンは大きなフラップ片から離れ、隙間を大きくし、スロッテッド・フラップより更に大きな揚力を得ることができる。

図 1-62⒟　ダブル・スロッテッド・フラップ
(Double Slotted Flap)

⑸　ファウラ・フラップ（Fowler Flap）

翼面積を増加させることが出来るので、より大きな揚力を得ようとする飛行機に使用される。通常このフラップでは開きフラップよりも大きな面積のフラップを主翼下面に収容しているが、固定されたヒンジを中心に上下する構造ではなく、フラップを下げるときはウォーム・ギアやジャッキ・スクリュー、リンク等の駆動によりフラップ全体を後方へ動かして翼面積を増加させると共に、さらに下方へ下げて翼のキャンバを大きくし、揚力を増加させる。

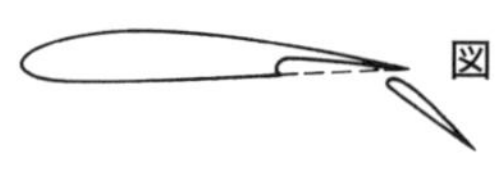

図 1-62⒠　ファウラ・フラップ
(Fowler Flap)

フラップ格納位置
フォア・フラップ
ミッド・フラップ
アフト・フラップ

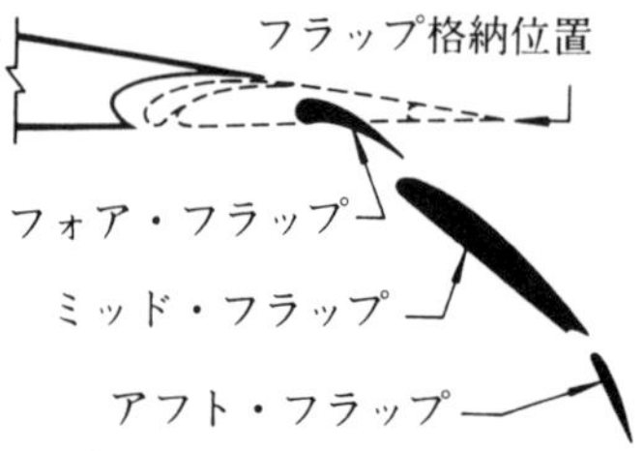

図 1-63　トリプル・スロテッド・ファウラ・フラップ

図 1-63 は、トリプル・スロッテッド・ファウラ・

フラップ(Triple Slotted Fowler Flap)と呼ばれるフラップで、フォア・フラップ(Fore Flap)、ミッド・フラップ（Mid Flap)、アフト・フラップ（Aft Flap）の三つから構成されている。フラップ・ダウンの最初の行程 (離陸位置) では、フラップが下げられるにつれて各フラップの翼弦長を伸ばして主翼面積を大きく増加させ、フル・ダウンの行程（着陸位置）に近づいてくるに従ってフラップは大きく下がり、主翼のキャンバを大きく増す。フラップを下げた結果生じたフラップ間の隙間は、フラップ上面を流れる気流の剥離を防ぐ役目をする。

B. リーディング・エッジ（前縁）フラップ（Leading Edge Flap）

リーディング・エッジ・フラップは、トレーリング・エッジ（後縁）フラップと同様な作用をする。フラップ・アップ（上げ）位置では翼前縁の下面を構成しており前方はヒンジで支えられている。ダウン（下げ）位置にするとヒンジを中心に開き、翼の前縁が前方下側に伸びた形になって翼のキャンバを増加させる。リーディング・エッジ・フラップは、単独で使われる事はなく、他の形式の後縁フラップと併用される。

図 1-64 は、大型ジェット機の前縁フラップである。

(1)　クルーガ・リーディング・エッジ・フラップ（Kruger Leading Edge Flap）

図 1-64 A-A 断面図はクルーガ・リーディング・エッジ・フラップで、マグネシウム鋳物を

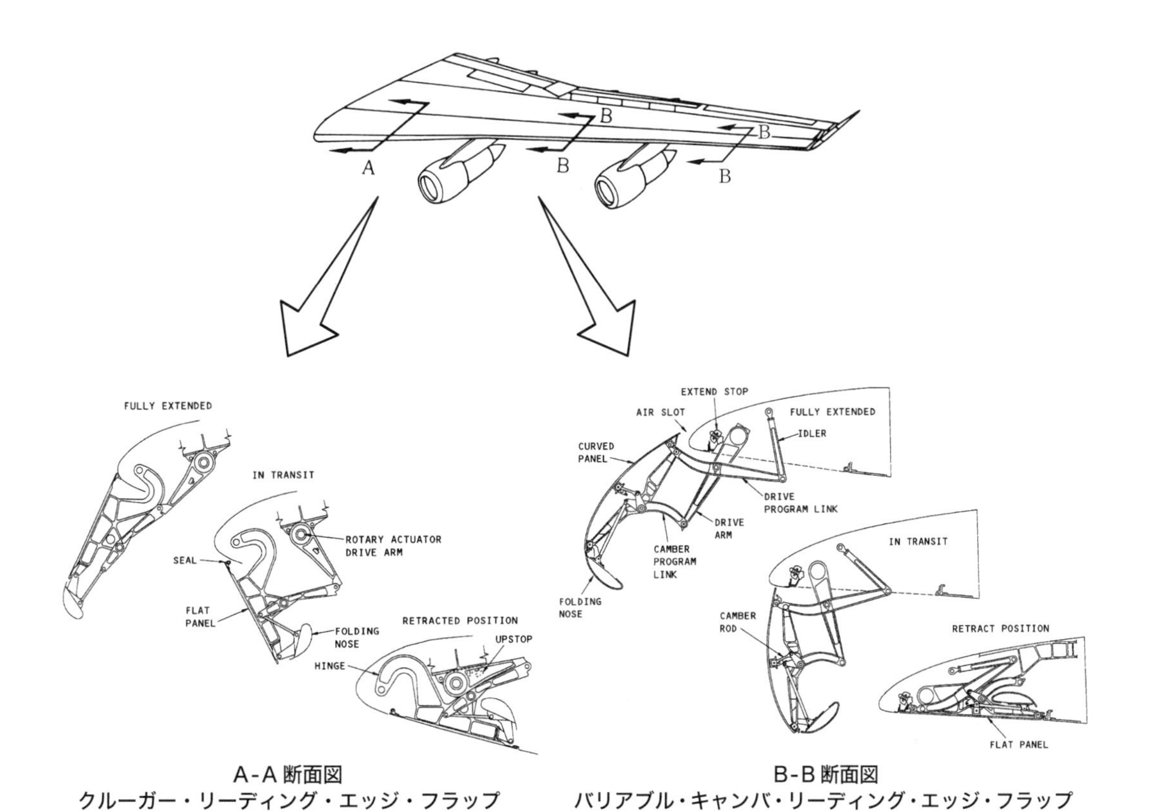

A-A 断面図
クルーガー・リーディング・エッジ・フラップ

B-B 断面図
バリアブル・キャンバ・リーディング・エッジ・フラップ

図 1-64　ボーイング 747 のリーディング・エッジ・フラップの種類

機械加工して、主翼前縁にアヒルの首の様な形をしたヒンジで取付けられ、フラップ後方のフォウルディング・ノーズ（Folding Nose）は、フラップ・ダウン位置になるとリンクによって前方下側へ出て翼の前縁となる。

⑵　バリアブル・キャンバ・リーディング・エッジ・フラップ（Variable Camber Leading Edge Flap）

図1-64 B-B 断面図はクルーガ・リーディングエッジ・フラップの発展型であるバリアブル・キャンバ・リーディング・エッジ・フラップで、前縁でも後縁と同様に面積とキャンバを増大して揚力を増そうという発想から生まれたものである。基本的な作動原理はクルーガ・フラップと同じであるが、張り出し面を予め折り畳んでおき、張り出したときにこれが開いてキャンバを増大させ、面積を増やすと共に、主翼とフラップの間にエア・スロットを作ってより深い迎え角を取れる構造になっている。フラップの外板はグラスファイバのFRPを使用して、リンク機構により外板の湾曲度を変化させている。

C．スラット（Slat）

スラットは、翼面積とキャンバ（Camber）を増すと共に、翼前縁にスロット（Slot：隙間）を設けて翼上面に流れる気流の剥離を防いで、より大きい迎角を取れるようにして揚力係数の増加を図るもので、特に高揚力を必要とする飛行機か、大迎え角姿勢での飛行を要求される飛行機に用いられている。

スラットには固定スラットと可動スラットがあり、可動スラットには気流の岐点の変化を利用して、ある迎え角以上になると負圧により自動的に吸い出されるものや、油圧や電動アクチュエータ等の動力により後縁フラップと連動して開くものがある。負圧により自動的に吸い出されるものは小型機や戦闘機に、動力により出すものは中・大型機に用いられている。

図1-65 は前縁スラットの繰り出し機構で、ほとんどの機体がレールを利用している。

最近のジェット旅客機では、フラップを 離陸位置（Take Off Position）にセットすると、ス

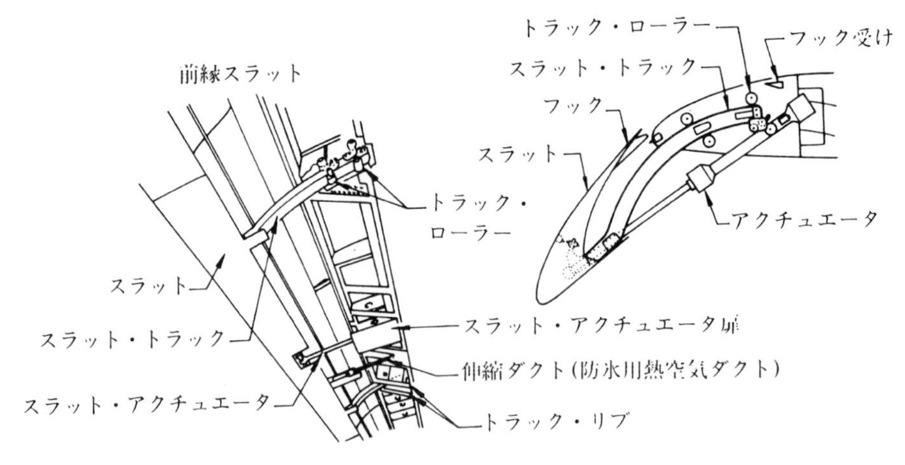

図1-65　前縁スラット

ラットを伸張（Extend）させて翼面積とキャンバは増やすが間隙（Slot）は作らず、着陸位置（Landing Position）にセットするとSlatは最伸張（Full Extend）して間隙（Slot）が作られるようにしている。

D. スピード・ブレーキ／スポイラ（Speed Brake / Spoiler）

スピード・ブレーキは、飛行中の減速、急角度での降下や着陸進入時、着陸時や離陸断念時の減速等に用いられる。また、翼上面のスポイラを片方だけ動かすことにより、横方向の操縦にも使用出来る。

ブレーキ・パネルは色々な形状で作られ、装着位置は航空機の設計および使用目的によって異なるが、主翼表面や胴体に装着され、スイッチやレバーで制御を行い油圧で作動させる。

胴体に装着されているブレーキの面積は小さく、乱流を発生させて抵抗を増す。

図1-66は翼上面後方に付いているスポイラで、パネルを翼上面に立てることにより空気の流れを阻止して抵抗を増し、翼の揚力を減少させる。

通常、スポイラ・パネルはアルミニウム合金外板に接着されたハニカム構造で作られ、ヒンジ金具によって翼に取り付けられる。

スポイラをスピード・ブレーキとして使用する場合は、パネルを左右対称に作動させ、横方向の操縦に使用する場合は、補助翼と連動させて片翼側だけ作動させる。

グライダのスポイラは、スピード・ブレーキや降下角調整用のみに用いられる。

中大型機のスポイラは、操縦輪（Control Wheel）及びスピードブレーキレバー（Speed Brake Lever）によって制御され、油圧によって作動し、機体によっては、地上・空中のいずれでも作動するフライト・スポイラ（Flight Spoiler）と、地上でしか作動しないグラウンド・スポイラ（Ground Spoiler）に分けているものもある。

また、離陸断念時や着陸接地時にスポイラを自動的に作動させて、エア・ブレーキ（Air

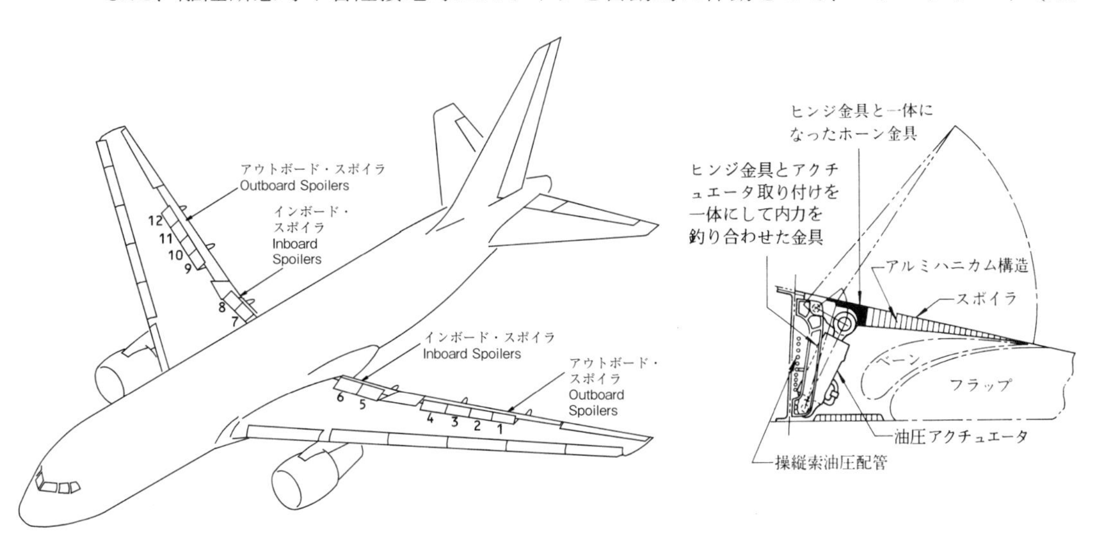

図1-66　スポイラ

Brake）として抵抗を増すと共に、主翼の揚力を減少させて機体重量を速やかに着陸装置に移すことでホイール・ブレーキの効果を高めている。

E．タブ（Tab）

タブは主操縦舵面（エルロン：補助翼、エレベータ：昇降舵、ラダー：方向舵）の後縁部分にヒンジ結合された小面積の可動翼面で、機体の**静的釣り合いの保持**、機体姿勢を維持するための**保舵力の軽減**、舵面を操作するための**操舵力の軽減**を目的として利用されるが、**舵の効きを増加**させる目的のものもある。

タブは、その使用目的から見て、**トリム・タブ（Trim Tab）**と**バランス・タブ（Balance Tab）**に大きく分けることが出来る。また、バランス・タブと利用目的は同じであるが、その機構が異なることで呼称が異なるタブとして**サーボ・タブ（Servo Tab）**と**スプリング・タブ（Spring Tab）**があり、目的は違うが動力操縦装置で舵の効きを増加させる**アンチバランス・タブ（Anti-Balance Tab）**もある。

なお、最近の航空機の操舵は、人力から動力装置を用いる動力操舵が主流となり、操舵力軽減を目的とするタブを装備しない機体が増えている。トリムも動力操舵では、舵面のニュートラル・ポイント（中立点）を容易に変えることが出来るので、操縦室内にトリム用の舵輪、ハンドルやスイッチのみ残し、保舵力の軽減のトリム・タブそのものは装備していない。また、動力操舵とコンピュータの導入により、主操縦系統の中にトリム機能を包含させ、トリム・スイッチさえも無い機体もある。

⑴　固定タブ（Fixed Tab）

主操縦舵面の後縁に小さな金属板が取り付けてあり、飛行試験を行いながら金属板の取り付け角度を地上で変更して機体の静的釣り合いを保つもので、これもタブの仲間である。

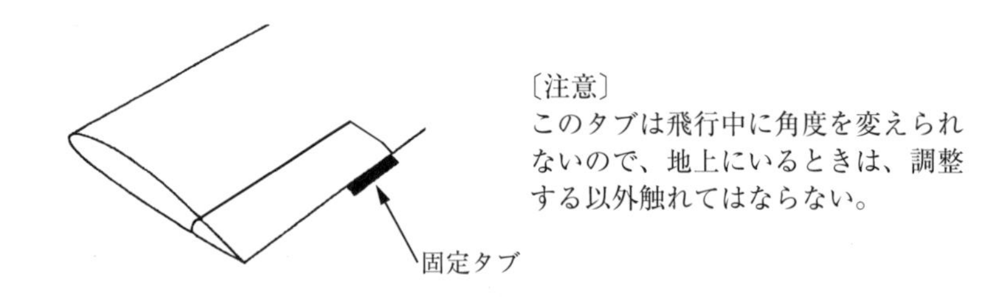

図 1-67⒜　固定タブ

⑵　トリム・タブ（Trim Tab）

主操縦装置とは切り離された別の装置で動かされる。一般的に操縦室内に設けられ舵輪、ハンドルやスイッチによる操作で、主操縦舵面内に装備されたスクリュー・ジャッキや電気モーターに伝えられ、リンクを介してタブ角度を変位させる。これにより主操縦舵面に働く空気力が変化して、主操縦舵面をタブの変位方向とは逆方向へ僅かに変位させる。操縦士はタブの操作により、その姿勢を維持するための保舵力を軽減させることが出来る。

図 1-67 (b)　トリム・タブ

操縦翼面の後縁にトリム・タブ（Trim Tab）を付ける場合には、翼面にタブの荷重を伝えるために、構造を補強してある。

(3)　バランス・タブ（Balance Tab）

主翼や安定板などの舵面を保持する構造の後縁とリンクで結合されており、主操縦舵面を操舵するとその動きに伴い操縦舵面とは逆方向にタブが変位する。これにより操縦舵面を変位させようとしている方向への空気力が強まり、操舵力を軽減させることができる。

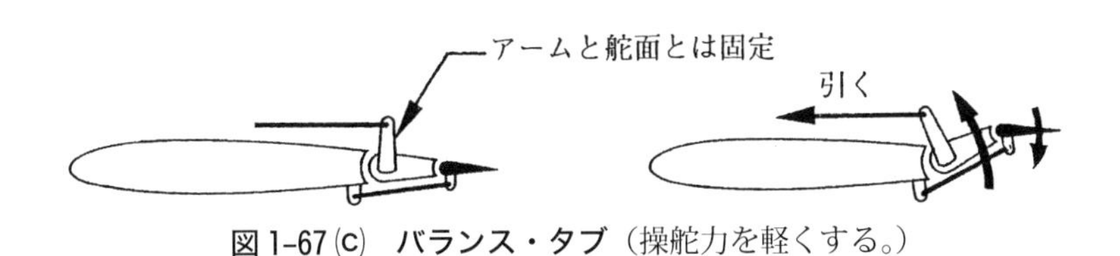

図 1-67 (c)　バランス・タブ（操舵力を軽くする。）

(4)　サーボ・タブ（Servo Tab）

主操縦舵面に取り付けられた自由に回転するアームにリンク機構で結合されており、主操縦舵面を操舵すると、タブのみが操縦舵面を動かそうとする方向とは逆に動く。これにより操縦舵面には、操舵しようとする方向への空気力が強まり、操縦舵面をその方向へ動かすことが出来る。サーボ・タブの場合には、小さな面積のタブ操舵だけで、操縦舵面を操舵出来るため、操舵力の更なる軽減が可能となる。

（直接舵面を動かさず、タブを動かして間接的に舵面を動かす。大型機に用いられる。）

図 1-67 (d)　サーボ・タブ

(5)　スプリング・タブ（Spring Tab）

サーボ・タブで述べた主操縦舵面の回転アームの動きを抑制するためのスプリングを装備している。操舵力をあまり必要としない低速飛行時には、操縦舵面を動かそうとする力に対抗する空気力がスプリングの力より小さいため、回転アームがスプリングにより固定され、操縦舵面そのものを動かす。高速飛行時では、この対抗する空気力がスプリングの力より大きくなり、回転アームがスプリングを圧縮して回転することでタブそのものが動き、サーボ・タブと同じ働きをする。この結果、広い速度範囲にわたり操舵力を適切な値に保つことができる。

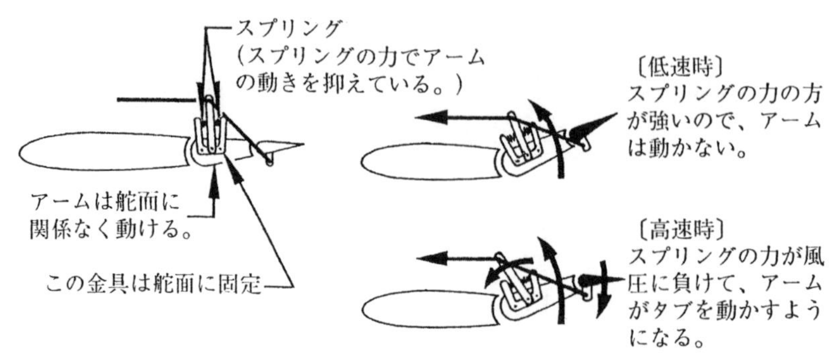

（低速時は舵面自体を動かし、高速時にはサーボ・タブとして機能し、速度に応じてスプリングの強さで操舵力を加減できるタブ。中・大型機に用いられる。）

図 1-67 (e)　スプリング・タブ

(6)　アンチバランス・タブ（Anti-Balance Tab）

バランス・タブと同じく舵面を保持する構造の後縁とリンクで結合されており、主操縦舵面を操舵するとその動きに伴いタブは変位するが、バランス・タブと異なり操縦舵面と同じ方向に変位する。これにより翼のキャンバが増し、舵の効きを増加させることができる。

バランス・タブと逆の働きや動きをするのでアンチバランス・タブと呼ばれている。

当然ヒンジ・モーメントは大きくなり操舵力は増すが、動力操縦装置で作動させるので問題は無い。**図 1-51 (b)** のラダーにあるのはその使用例である。

図 1-67 (f)　アンチバランス・タブ

1-9　風防、窓、ドア、非常脱出口

1-9-1　ウィンド・シールドとウィンドウ（Windshield and Window：風防と窓）

操縦室の透明な覆いをキャノピ（Canopy）、前方の風よけ部分をウィンド・シールド（Wind-shield：風防）、側方部分をウィンドウ（Window：窓）と呼び、これらは雨や雪等の運航時に水漏れを防ぐように作られている。

図 1-68 (a)は、小型機のウィンド・シールドやウィンドウで、一枚の透明板である。

図 1-68 (b)は、与圧をしている航空機のウィンド・シールドで、防曇・防音、保温、強度保持のため、強化ガラスと透明なビニール材を何枚も貼り合わせた構造になっており、それらの層間に透明な電気

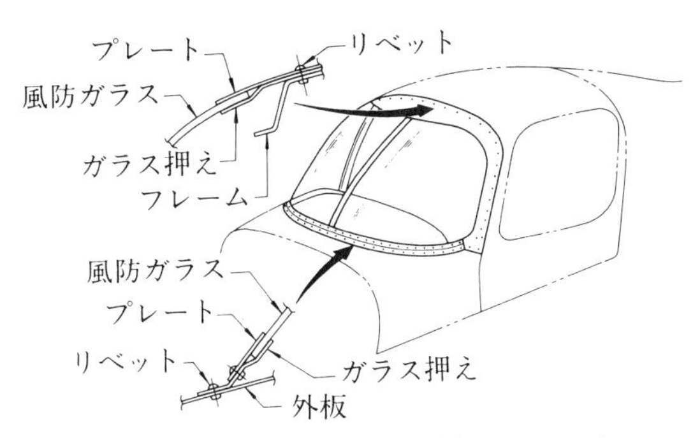

図 1-68(a)　小型機の風防（富士 FA-200）

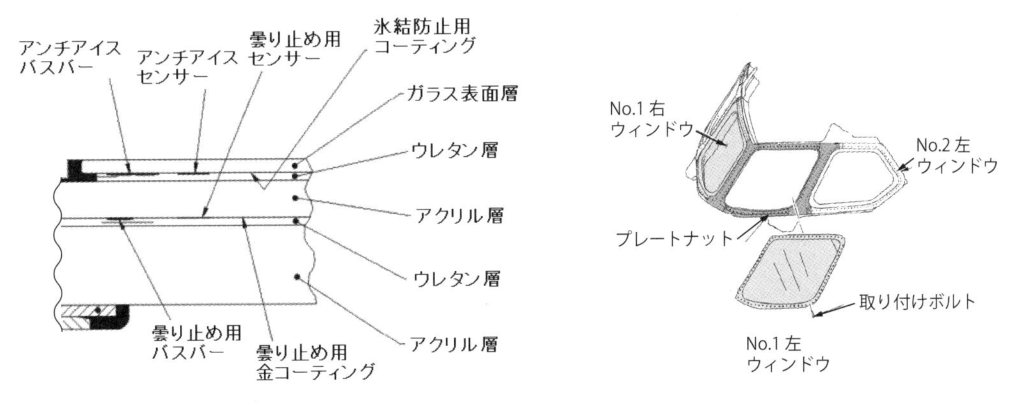

図 1-68(b)　ボーイング 787 機の風防

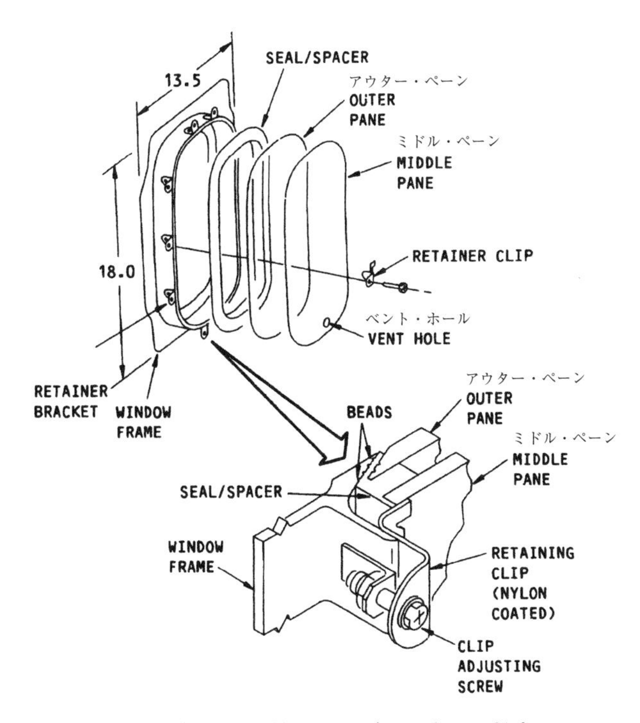

図 1-68(c)　与圧機のキャビン・ウィンドウ

抵抗発熱材を埋め込んで発熱させることで、外側はアンチ・アイス（Anti-Ice：防氷）とバード・ストライク（Bird Strike：鳥衝突）時の衝撃緩和、内側（操縦席側）はアンチ・フォグ（Anti-Fog：防曇）の働きをさせている。

図 1-68 (c)は与圧機のキャビン・ウインドウ（Cabin Window：客室の窓）で、アウター・ペーン（Outer Pane）、ミドル・ペーン（Middle Pane）を示している。それらの一番内側の内張りには、乗客がミドル・ペーンを傷つけないようにインナー・ペーン（Inner Pane）がある。

アウター、ミドル・ペーンは、共に与圧を受け持つ強度を持っているが、ミドル・ペーンの下方にベント・ホール（Vent Hole）を設けてあり、通常はアウター・ペーンが与圧を受け持ち、ミドル・ペーンはフェイル・セイフ構造のバック・アップとして働く。ベント・ホール（Vent Hole）は、防曇（Anti-Fog）としても働く。これらの透明板は破壊を防ぐために、アクリル樹脂（Acrylics Resin：商品名プレキシ・ガラス等）板が多く用いられ、最近ではポリカーボネイト（Polycarbonate）樹脂板も使われるようになった。

アクリル樹脂はガラスに比べ、比重が約１／２と軽く、ヒビが入ってもガラスほど急速に進行しない利点がある。しかしアクリル樹脂は、ガラスほど硬くなく、表面に傷がつきやすい。また、引張応力を長く加えると、表面にクレージング（Crazing）という細かい割れが一面に発生する。アクリル樹脂板を加熱引張加工で分子方向を整列させ、割れに強くしたストレッチ・アクリル板（Stretched Plexiglas：商標名）が実用化されている。これはクレージングには強いが、すり傷が従来の板よりも付きやすい欠点がある。

クレージングは溶剤や溶剤の蒸気に触れても発生するので、特に航空機の塗装や、塗装除去（Paint Remove）作業のときには、窓ガラスには厳重なマスキングをし、窓と窓枠の境目から溶剤が侵入しないように注意する必要がある。

1-9-2　ド　ア（Door：扉）

与圧式でない小型飛行機やヘリコプタの場合、ドアは閉めたときに風雨に対してシール出来ればよく、基本的に自動車のドアと変わらない。ヒンジは特別な理由がない限り、ドアの前方や上方とすることになっている。これは、もしロックが外れても風圧や重力でドアが開かないようにするためである。

パラシュート脱出を要求されるＡ類の飛行機では、脱出の際レバーを引くとピンが抜けて、ドアを外せるようにしたものが多い。

物資投下や撮影などのため、ドアを空中で開ける必要のある場合は、スライド式にして風圧に関係なく開閉できるようにしたものや、胴体下面を爆弾倉のように開く形式のものもある。

貨物ドアは貨物の積み卸しの妨げとならない上方ヒンジの外開きドアが多い。

与圧室のドアには１㎡当り数トンという大きな力がかかり、機体への留め方と気密シールが難しくなる等、ドアの構造には色々な問題が生じる。この与圧室のドアには、外開きと内開きの２つの形式がある。

A．内開きドア（プラグ・タイプ）

図 1-69 (a)は内開きドアで、閉めたときキャビンの与圧で機体のドア受け金具に押し付けられる。ロックが不完全でも安心ではあるが、開いたとき機内のスペースが減り、非常脱出の妨げとなる恐れがある。**図 1-70 (a)**はドアを内側に開いた後、上方へスライドさせて天井裏へ入れてしまうドアである。広胴旅客機の一部に使われているが、ドアの重量を支えたり動かしたりする装置が必要となる。

B．外開きドア

図 1-69 (b)は外開きドアで、キャビンの圧力でドアを直接機体に固定出来ないので、ラッチのピンやフックでドアをロックし、これらを介してドアにかかる与圧を受け持つ。完全外開きのドアは、開いたときスペース的に有利なので、小型機の与圧室や機内与圧力がそれほど大きくないターボプロップ機のドア、大型ジェット機でもカーゴ・ドア（貨物室ドア）に多く使われている。

プラグ・タイプ・ドアであっても**図 1-70 (b)**のように、一度内側へ開口部に対して斜めに開くと同時にドアの上下端を折りたたみ、外へ開けるドアもある。

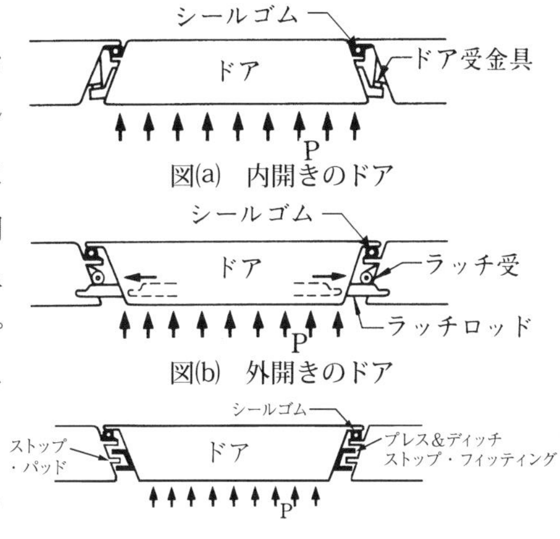

図 1-69　ドア

図 1-69 (c)はセミ・プラグ・タイプとも呼ばれる外開きドアで、機体側のストップ・パッドにドア側のプレス＆ディッチ・ストップ・フィッティングが上から入り込んで、キャビンの与圧や着水時の水圧を受けるようにしたものである。**図 1-70 (c)**のようにドアを少し持ち上げて機体側ストップ・パッドからドア側ストップ・フィッティングを外して外側へ開ける。

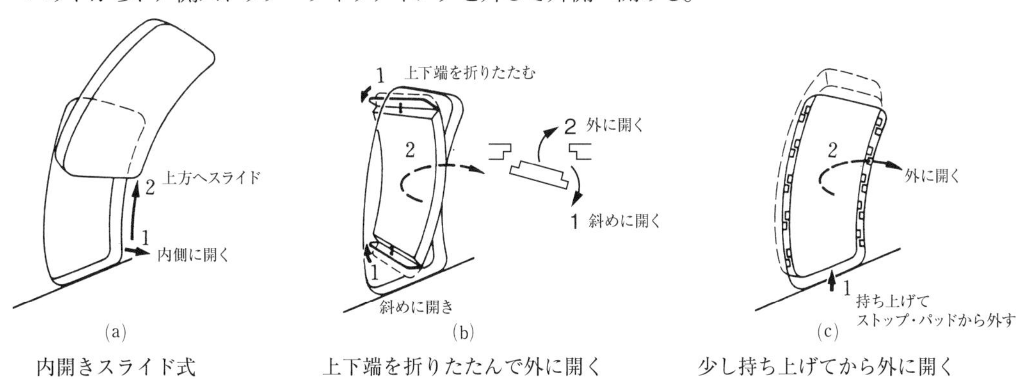

図 1-70　プラグ・タイプ・ドアの例

1-9-3　非常脱出口（Emergency Exit）

乗客の出入りするドアやサービス・ドアは非常脱出口を兼ねている。この他に、主翼上面などに専用の非常脱出口が設けられている。この脱出口は開いたときに脱出の妨げとならない外開き形式のものや、内側に開いて完全に外れるものもある。

A．曲技A、実用U、普通Nの飛行機

キャノピを有する飛行機を除き、座席数2席以上の全ての飛行機は、客室内の主出入り口側と反対の側に、少なくとも1個の非常脱出口を設け、この非常脱出口の大きさは少なくとも48cm×66cmの楕円が内接できるもので、飛行機の内側および外側から容易に開きうる取り外し式の窓、壁面、キャノピや外部ドアとされている。

B．飛行機輸送C

最大搭乗者数で90秒以内に脱出する試験を実施しなければならないが、乗客定員15人以下の場合は、上記小型機に相当する非常脱出口を客室の両側にそれぞれ1個ずつ、乗客定員16人から19人までの場合は、乗客用出入り口と同じ側に1個、出入り口と反対側に2個それぞれ設置するようになっている。この場合を除いて、乗客出入り口の反対側に非常脱出口を設置する場合、座席が9席以下や10席から19席以下のそれぞれについて、非常脱出口の大きさが規定されている。

C．飛行機輸送T

乗客定員が44名を超える飛行機輸送Tの機体は、最大乗客定員数と所要の乗組員数も含めて、対となる非常脱出口の片側を使用して、90秒以内に安全に脱出できることを実際の試験で証明しなければならない。

乗客定員数は、各側に装備される非常脱出口の型式及び、数に基づき決定される。別途規定する場合を除き、胴体の側面に装備される各型式の非常脱出口に対し認められる最大乗客定員数は、下表のとおりである。

型式	幅cm（in）以上	高さcm（in）以上	乗客定員数
A型	107（42）	183（72）	110人
B型	81（32）	183（72）	75人
C型	76（30）	122（48）	55人
Ⅰ型	61（24）	122（48）	45人
Ⅱ型	51（20）	112（44）	40人
Ⅲ型	51（20）	91（36）	35人
Ⅳ型	48（19）	66（26）	9人

この他にも非常脱出口についての詳細な規定が設けられているので、それらについては耐空性審査要領を参照されたい。

1-10　座　席（Seat）

1-10-1　操縦室座席

図1-71(a)はジェット旅客機の操縦室座席で、操縦士、オブザーバ・シートに区分される。操縦士

とオブザーバの座席には、すべて安全ベルトと肩ベルトを装着することが義務づけられている（法規上、ベルトではなくバンドと表現されている）。

図 1-71 (b)はキャプテン（機長）およびファースト・オフィサ（副操縦士）のシートで、飛行のために前方外部を見ると同時に、各種装置の操作を行いながら、操縦を行わなければならないので、これらのシートは前後上下に調節できる構造でなければならない。手動により調節するものや、電動で調整するものもある。

図 1-71 (c)はオブザーバ・シートで、ファースト・オフィサ・シートの斜め後方に、ファースト・オブザーバ・シートがあり、トラック上を斜め前方に移動して操縦士の後方中央位置まで移動するこ

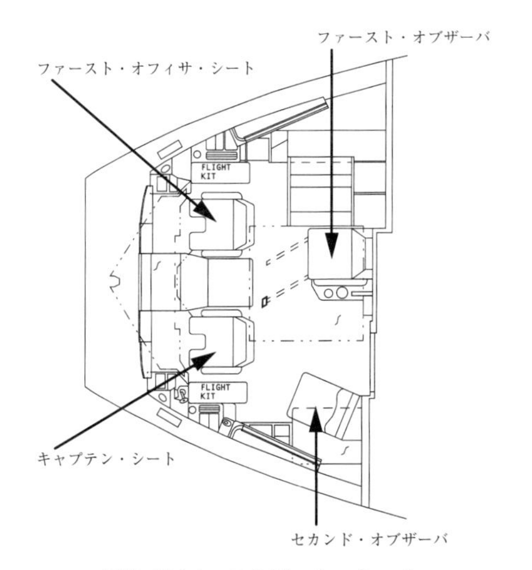

図 1-71 (a)　コクピット・シート

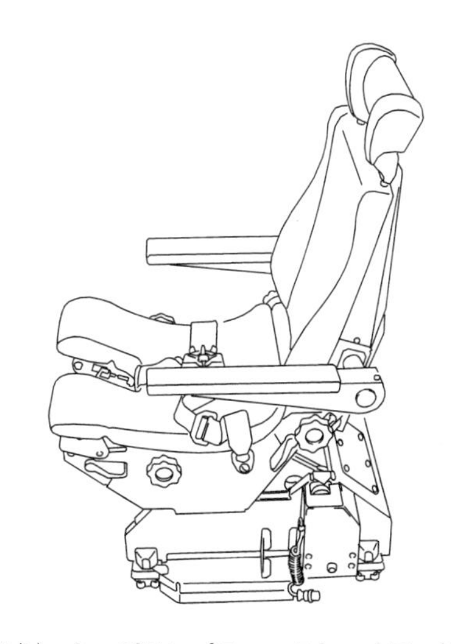

図 1-71 (b)　キャプテン／ファースト・オフィサ・シート

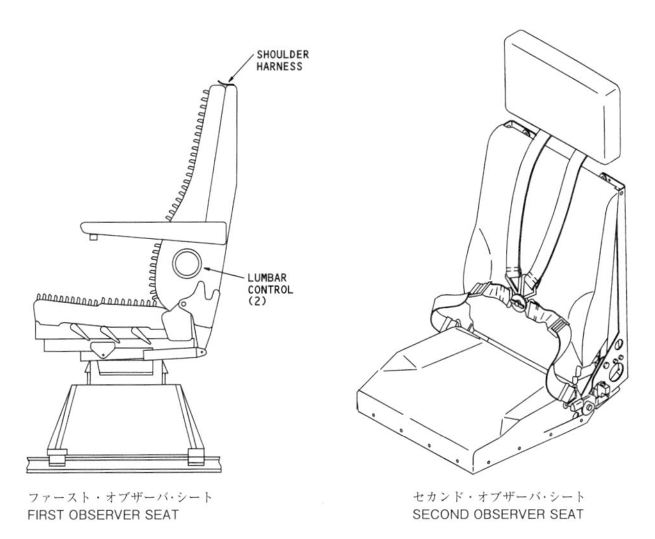

図 1-71 (c)　オブザーバ・シート

図 1-71　コクピット・シート

とができる。キャプテン・シートの後方には、セカンド・オブザーバ・シートが固定式で設置されており、使用しないときは座面を折り畳むようになっている。

以前は航空機関士席もあったが、技術の進歩と共に今は見られなくなった。

1-10-2　客室座席

大型旅客機の旅客用座席の多くは、2〜4 人掛けの型式の座席を装着している。旅客用座席は長時間座っている旅客をリラックスさせるために、背もたれがリクライニングするように作られており、航空会社の要望により、前席の背もたれ後面にはテーブルや小型液晶モニターが装備され、食事をしたり、ビデオ・映画・ゲーム等を楽しめたりできるものもある。また非常着陸時に旅客の手荷物が客室の床面上を転がって乗客の足に当たらないように、構造的配慮がなされている。

旅客機は、非常脱出口の種類とその数によって、収容できる最大旅客数が決まっている。この最大旅客数の範囲で各運航航空会社が実際に搭載する座席数を決めている。

この他に、客室乗務員用の折り畳み式の座席がある。客室乗務員用の座席は非常脱出口となるドアのそばに設けてあり、前向きと後向きの 2 種類があるが、いずれの場合も安全ベルトと肩ベルトを装着することが義務づけられている。

1-11　位置の表示方法（Location Numbering System）

飛行機の翼のリブ（小骨）、胴体フレーム、他の構造部材の特定の位置や、装備品装備位置の表示、重量配分や重心位置管理のために、位置の表示方法として番号（数字）を付ける方法が広く用いられている。

この方法として、大部分の航空機製造者はステーション・マーキングを付ける方法を採用している。これは例えば航空機の機首方向のある位置をゼロ・ステーションと決め、胴体のすべての場所をゼロ・ステーションから測った距離を、インチ又はミリメートルで表して位置を表示する方法である。**図 1-72** に小型機のステーション・ダイヤグラムを示す。

飛行機の中心線の左右の部分の位置を示す場合には、中心線を構造部材のゼロ・ステーションとすることが多い。同様にして安定板のリブは、飛行機の中心線から右又は左への距離で表して指定することができる。いずれにしても、構造部材の位置を探しだす前に、その航空機の製造者の番号の付け方と略号についてマニュアルを調べなければならない。以下に記述する事項は標準的な位置の表示方法である。

A. フューサラージ・ステーション（Fuselage Station；Fus.Sta. 又は F.S.：胴体ステーション）

フューサラージ・ステーションは基準となるゼロ点または基準線からの距離で表されている。基準線は機首または機首近くの面からすべての水平距離が測定できる想像上の垂直面である。

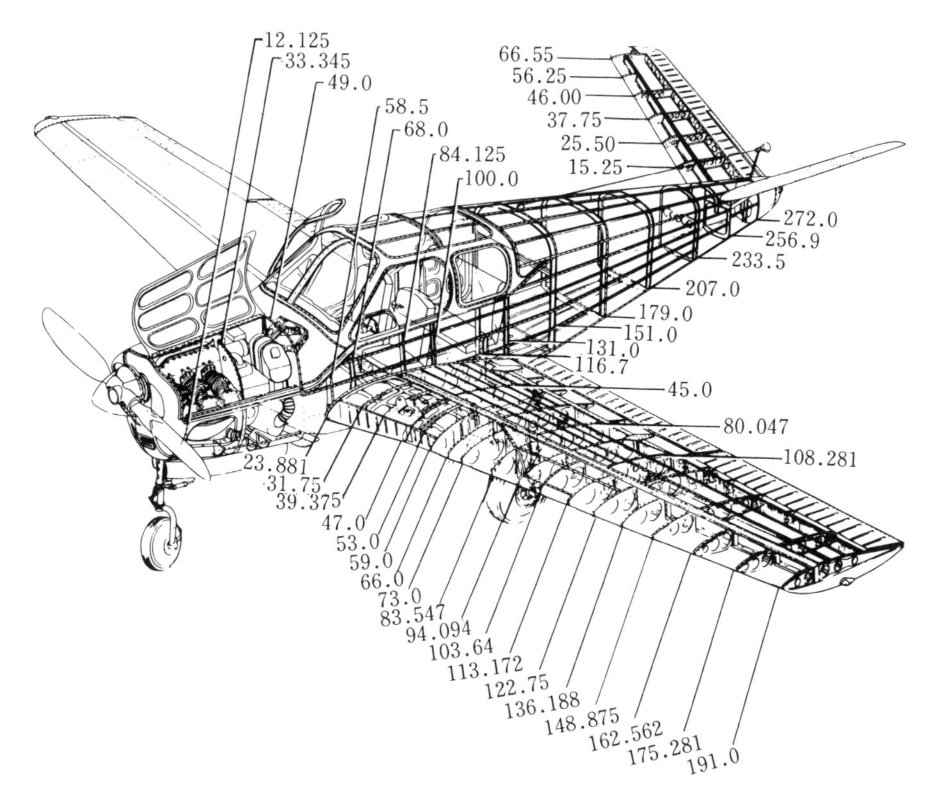

図 1-72　小型機のステーション

与えられた点までの距離は通常、機首からテイル・コーンの中心線を結ぶ中心線上の長さで測定される。製造者によってはフューサラージ・ステーションを、ボディ・ステーション（Body Station）といい、B.S. と略している場合がある。また、ある範囲を示す方法としてセクション番号が用いられることがある（**図 1-73**）。

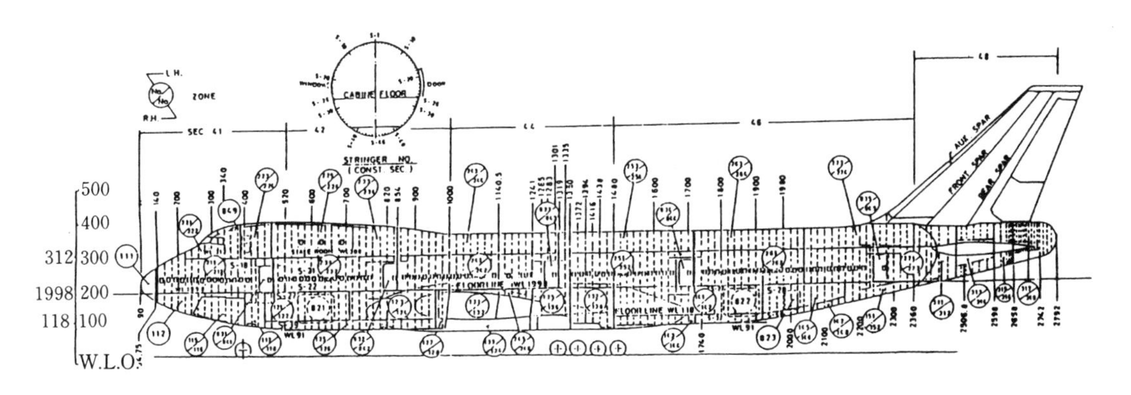

図 1-73　大型機の胴体ステーション

B. バトック・ライン（Buttock Line、Butt. Line 又は B.L.）

これは垂直な中心線の右または左へ平行な幅を示す。**図 1-74** の WBL は、ウイング・バトック・ラインを表している。

C．ウオーター・ライン（Water Line、W.L.）

これは胴体の底部から、ある定められた距離だけ離れた水平面に直角の線に沿って測った高さを表したものである（**図1-73**）。

D．ウイング・ステーション（Wing Station、W.S）

これは、機体によって表現は異なるが、主翼の前縁の直線とウイング・バトックラインの交点を通って後桁と直角になる直線がW.S 0で、この線に平行で外側へ測定した値で表す。（**図1-74**）。

E．ホリゾンタル・スタビライザ・ステーション（H.S.S. 又はS.S.：水平安定板ステーション）

これは、機体によって表現は異なる（**図1-75**）。

F．バーチカル・スタビライザ・ステーション（V.S.S. 又はF.S.：垂直安定板ステーション）

これは、機体によって表現は異なる（**図1-75**）。

この他に、大型機では、補助翼ステーション（A.S.）、方向舵ステーション（R.S.）、昇降舵ステーション（E.S.）、フラップ・ステーション（F.S.）、ナセル・ステーション（Nac. Sta. または N.S）、動力装備ステーション（P.P.S.）等の位置の表示方法が使われている。

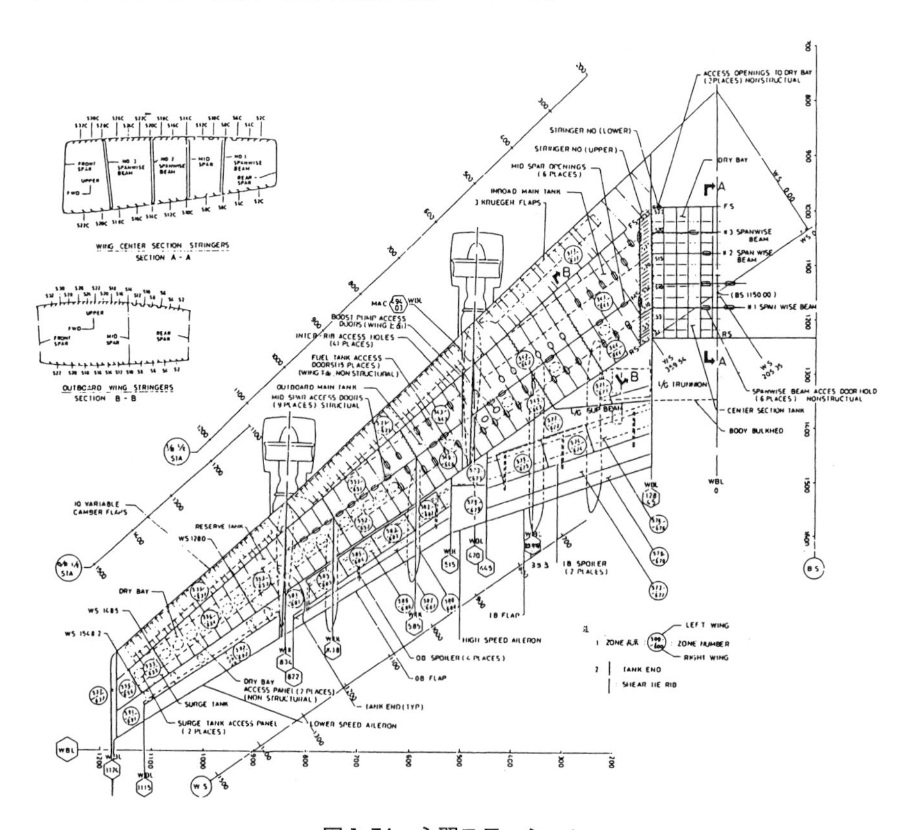

図1-74　主翼ステーション

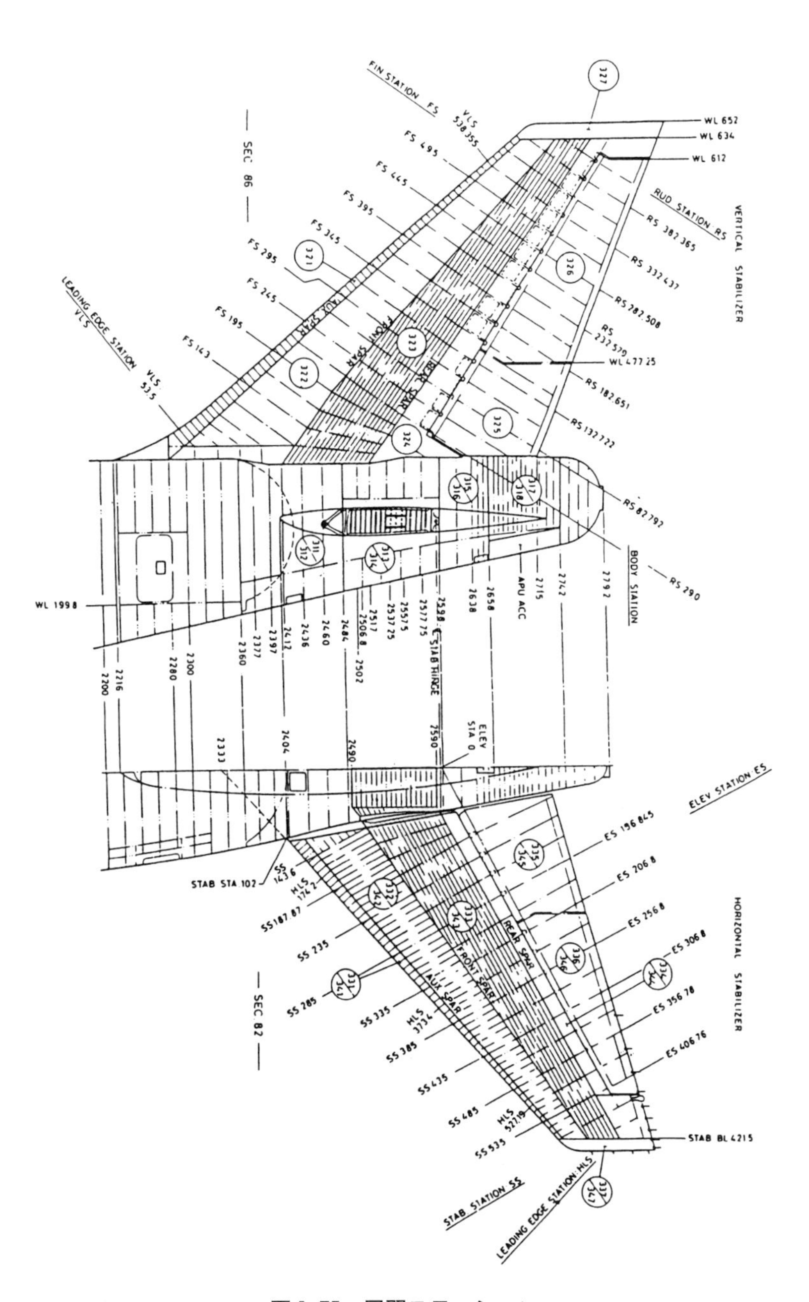

図 1-75　尾翼ステーション

第2章　着陸装置

2-1　概　要

飛行機の着陸装置は、それが引込式であるなしにかかわらず、主着陸装置（Main Landing Gear）と補助着陸装置（Auxiliary Unit）で構成されている。

主着陸装置は、地上、水上、雪上で機体を支えるように作られ、ホイール（車輪)、フロート、スキー、緩衝装置、ブレーキ、引込機構（操作および警報装置を含む)、ラッチ機構、カウリング、フェアリング、及び機体の一次構造に取り付けるために必要な構造部材から構成されている。

補助着陸装置は、前脚、尾脚、フロート又はポンツーン（Pontoon：水上機の補助フロート)、スキッド等と、これらに必要なカウリングと補強部材から成り立っている。

現在、米国等では陸上、水上、雪上のいずれで使用されるものであっても、単に**着陸装置**（Landing Gear）という呼び方をすることが多いが、日本ではこれらを総称して降着装置（Alighting Gear）と呼ぶことがあり、航空法では降着装置と着陸装置の双方の用語が使われている。

航空従事者は、これらのすべての構成、検査方法および着陸装置の作動のすべてに関し、理解しておかなくてはならない。

2-1-1　前輪式着陸装置（Tricycle or Nose Type Landing Gear）

旧型式の小数機を除き、ほとんどの飛行機は大型機も含めて、前輪式の着陸装置（３車輪式着陸装置ともいう）で、構成としてはノーズ・ギア（Nose Gear：前脚）とメイン・ギア（Main Gear：主脚）で成り立っている。

主な構成部品は、オレオ緩衝支柱（Air / Oil Shock Strut)、主脚アライメント機構（Alignment Unit)、支持機構、引込装置、安全装置、非常脚下装置（Emergency Extension)、前脚操向装置（Steering)、ホイール、タイヤ、チューブ、及びブレーキ装置で構成される。

A．前輪式着陸装置の利点

⑴　高速でブレーキを強く働かせても、**図 2-1** のように前方にのめって機首が接地するノーズ・オーバ（Nose Over）を起こさない。

⑵　地上滑走や離着陸の際、パイロットの視界がよい。

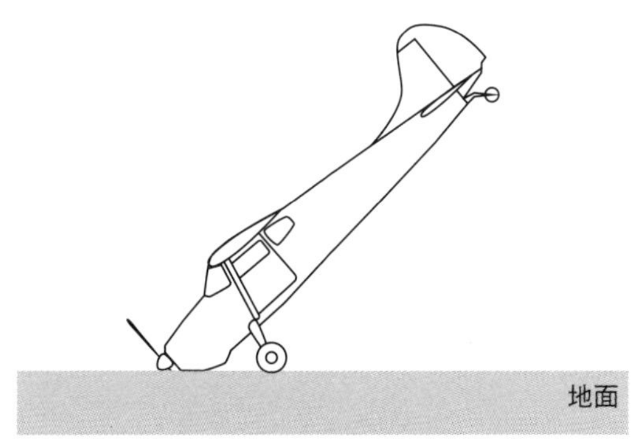

図 2-1　ノーズ・オーバ

⑶　メイン・ギア（主脚）よりも重心が前にあるため、飛行機が移動すると機首をまっすぐに保つ働きがあり、グラウンド・ループ（Ground Loop）を起こしにくい。

図 2-2 は首振時の安定性の比較を表しており、前輪式着陸装置がグラウンド・ループを起こしにくい理由を示している。

飛行機が地上滑走中、急に機首を少し左に振ったとする。すると進行方向へ運動を続けようとする慣性に抗して、両主輪と地面との接地点に、a の力が矢印の方向に働く。これは飛行機の中心線上に A の力が矢印の方向へ作用したことと同じである。

図⒜の尾輪式では、重心位置がメイン・ギア（主脚）の後方にあるので、A の力は機首をさらに大きく振ろうとするモーメントを発生させる。これは力学的に不安定であり、機体は回転してしまう。この現象をグラウンド・ループという。

図⒝の前輪式では、重心位置がメイン・ギア（主脚）の前方にあるので、A の力は機首を元へ戻そうとするモーメントを発生させる。これは力学的に安定であり、グラウンド・ループを起こしにくい理由である。

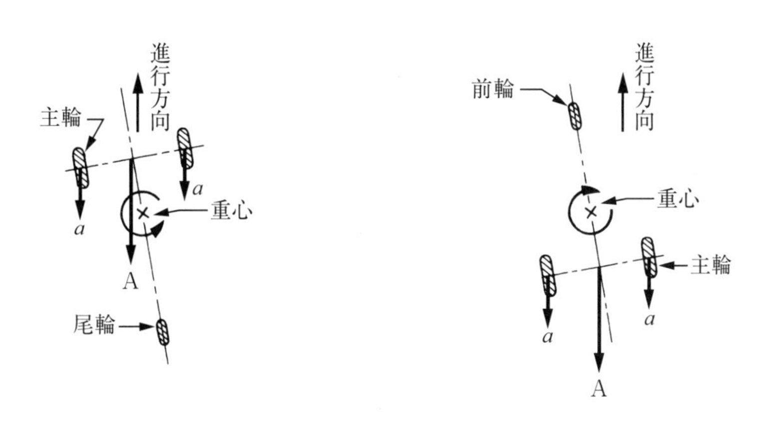

⒜　尾輪式（不安定）　　⒝　前輪式（安定）

図 2-2　首振時の安定性の比較

B．前輪式着陸装置の短所

⑴　整備時や離着陸時に、胴体尾部を地面に接触させる可能性がある。このため、前輪式の飛行機の中には、**図 2-3** のような機体尾部を保護するテイル・スキッド（Tail Skid）やバンパ（Bumper）を装備したものがある。

⑵　地上滑走中にシミー現象が発生する。この現象は尾輪式では実用上問題は無いが、前輪式の場合は防止策が必要である（2-8 シミー・ダンパ参照）。

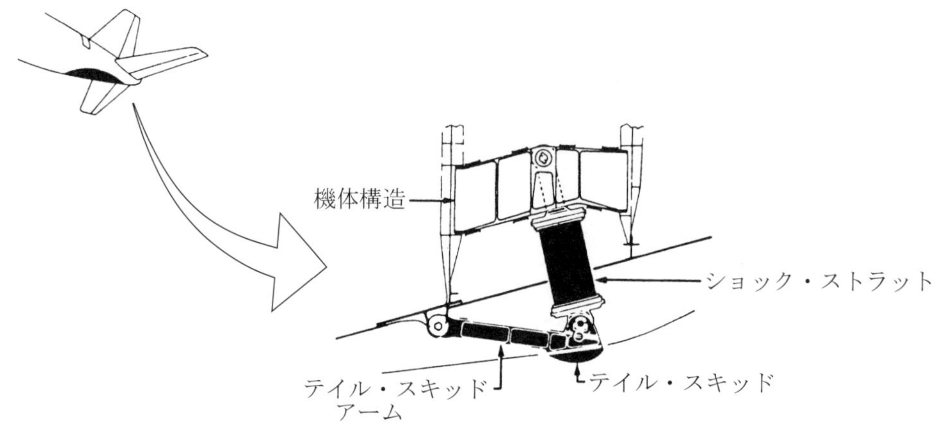

図 2-3　テイル・スキッド

C．ホイールの数と配置

⑴　メイン・ギア（主脚）のホイールの数とその配置は、航空機によって様々である。重量が軽い機体ではシングル・ホイール（Single Wheel：単車輪）が多く、重たい機体では、ダブル・ホイール（Double Wheel：2 車輪）や、マルチプル・ホイール（Multiple Wheel：多車輪）を用いて、機体重量を広い面積に分散させている。

数多くのホイールを 1 本のストラット（Strut：脚柱）に取り付ける場合、**図 2-4 ⒜**のボギー（Bogie）式の取り付け機構が用いられる。ボギーに取り付けるホイールの数は、機体の設計総重量や着陸しようとする地面の状態により決められる。大型機では、4 本かそれ以上のホイールを装着している。

⑵　ノーズ・ギア（前脚）はシングル・ホイール（Single Wheel：単車輪）、**図 2-4 ⒝**のダブル・ホイール（Double Wheel：2 車輪）が使われている。

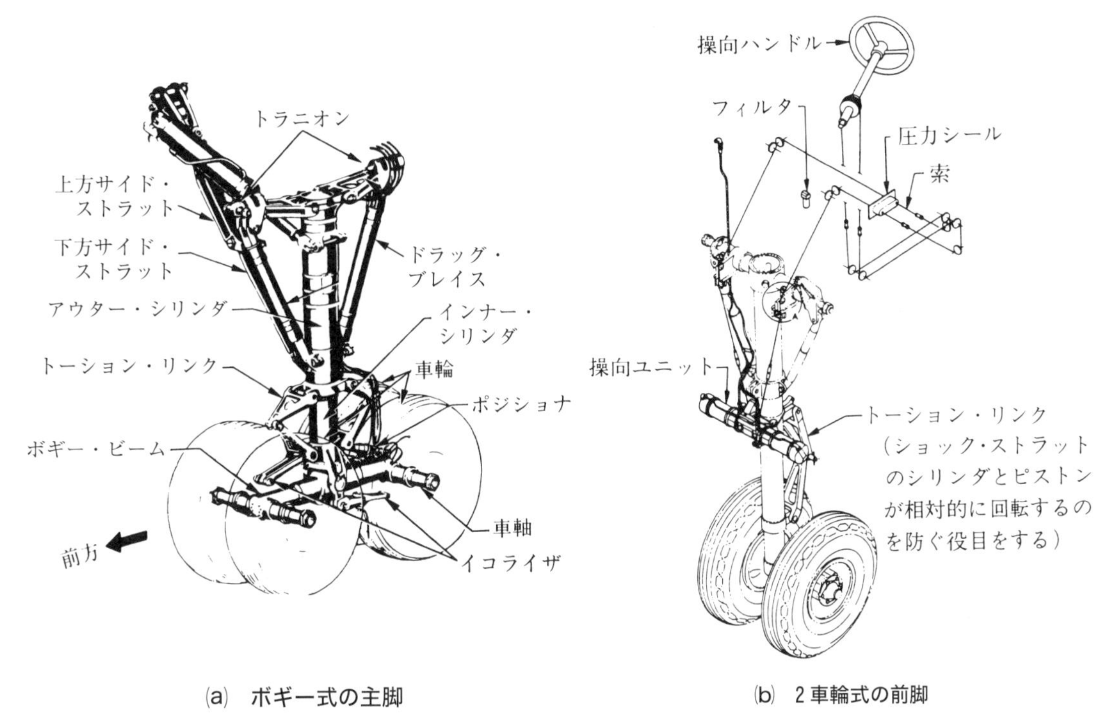

(a) ボギー式の主脚　　(b) 2 車輪式の前脚

図 2-4

2-1-2 尾輪式着陸装置（Tail Wheel Type or Conventional Landing Gear）

図 2-5 (a)は尾輪式着陸装置で、メイン・ギア（Main Gear：主脚）とテイル・ホイール（Tail Wheel：尾輪）で構成されている。

メイン・ギア（主脚）の構造は前輪式の場合とほとんど変わらず、固定式と引込式のものがある。

テイル・ホイール（尾輪）の緩衝装置は、メイン・ギア（主脚）とほとんど同じ構造と機能のオレオ式と、重ね板バネや一本のロッドのたわみを利用したバネ式の 2 種類がある。

テイル・ホイールにも固定式と引込式があり、固定式は主として小型の低速機に、引込式は高速機

図 2-5 (a) 尾輪式小型機
（提供：航空科学博物館）

図 2-5 (b) コイル・スプリング式衝撃吸収装置
（提供：航空科学博物館）

に用いられるのが普通で、メイン・ギアと同一の操作系統によって一緒に引き込まれる。

図 2-5 (b)のように、尾輪はラダー（方向舵）と連動して操作ケーブルによって操作されるものが多いが、操作ケーブルにはコイル・スプリング式衝撃吸収装置（Coil-spring Shock Unit）が組み込まれており、尾輪から生じる振動や衝撃を吸収して、ラダー操縦ケーブルからラダー・ペダルに伝わるのを防ぎ、尾輪が拘束されたときにもラダーは操舵出来るようにしている。

タキシング（Taxing：地上走行）中や地上誘導中に急旋回したり、不整地面で機体構造がねじられたりするのを防ぐため、自動離脱装置（Automatic Disengaging Device）がある。ラダーの行程限界角又は、その少し手前で、尾輪操作系統を切り放すようになっているが、離着陸時のシミー（車輪が左右に首を振る異常振動）等でこの装置により切り放されるのを防ぐため、操縦席からの操作によりロック・ピン（Lock Pin）を差し込んで、尾輪を中立位置に固定する機構も備えている。

尾輪が有害な振動を起こさないように、シミー防止装置（Anti-Shimmy Device）がある。この装置は、それぞれ異なった材料で作られた２枚の摩擦円板と、この円板を互いに接触させているコイル・スプリングがあり、片方の円板はスピンドル・ベアリング・ハウジングに固定され、他の円板は自動離脱装置の上板と一体になっている。尾輪が制御可能位置にある限り、尾輪の振動はこれらの円板間の摩擦により減衰される。

2-1-3　フロート（Float）、スキー（Ski）

A．フロート（Float）

図 2-6 (a)はフロートで、水上で運用する小型機に用いられる。主フロートには、単フロートと双フロートの２種類の形式があり、方向制御のための水中舵が装着されている。主翼先端付近の下面に補助フロート（ポンツーンと呼ぶこともある）を装着することがある。飛行艇の艇体は、単フロート形式の着陸装置と考えられ、艇体に引込式または固定式のタイヤ着陸装置を併用して水陸両用機（Amphibian）としたものもある。

(a)　フロート
（提供：岡山航空）

(b)　スキー
（提供：石川県立航空プラザ）

図 2-6

B．スキー（Ski）

図 2-6 (b)はスキーで、雪上で運用する小型機に用いられる。スキーだけの着陸装置と、スキーとタイヤを混用して雪上と地上の双方に使用できる着陸装置の 2 種類がある。後者の場合は、タイヤの下面にスキーを当てて、そのままスキーとして雪上に着陸し、陸上にはスキーを引き上げて車輪によって着陸する方式が多い。

2-2　緩衝装置

緩衝装置は、離着陸滑走や地上走行時に、機体構造が着陸装置から受ける衝撃を減衰する装置である。最近の多くの航空機の緩衝装置は、ほとんどオレオ緩衝装置に頼っているが、この方式が主流を占めるようになるまでには、他のいろいろな方式による長い間の試行錯誤が繰り返されてきた。

2-2-1　ショック・ストラット（Shock Strut：緩衝支柱）

ショック・ストラットは、地上で機体を支えるもので、着陸時の大きな衝撃荷重を吸収させて機体を保護するための緩衝装置を内蔵している。

ショック・ストラットには種々の設計による製品があるが、ここでは一般的な性質について述べる。特定のショック・ストラットについては、それぞれのマニュアルに従うこと。

図 2-7 は、高圧ガスと作動油を使用して衝撃荷重を吸収する代表的なエア・オイル式、又は単にオレオ式（Oleo Type）と呼ばれるショック・ストラットである。

ショック・ストラットは、基本的には両端を密封した伸縮するシリンダとピストンで作られている。機体によって、シリンダとピストンについての呼び方は異なり、大型機ではシリンダに相当するものをアウター・シリンダ、ピストンに相当するものをインナー・シリンダと呼んでいる。

A．**外部構造**

アウター・シリンダ上部には、これを機体に取付けるためのトラニオンと、作動油と高圧ガスを補給するための高圧空気弁（Air Charging Valve）が取り付けられている。大型機のアウター・シリンダ中央部には、アウター・シリンダが前後左右に振れない様に、ドラッグ・ストラットやサイド・ストラットを取付ける結合部が有る。**ノーズ・ギア**のインナー・シリンダ下側には、ホイール（Wheel：車輪）を取り付けるアクスル (Axle: 車軸）やトウ・バー（Tow Bar）で牽引するためのトウ・ラグ（Tow Lug）が、**メイン・ギア**のインナー・シリンダ下側には、ブレーキ、ホイールを取り付けるアクスルやボギー・ビームが取付いている。インナー・シリンダの底部や、ボギー・ビームの前後下側には、ジャッキ・アップするためのジャッキ・ポイント（Jacking Point）がある。

多くのショック・ストラットでは、ホイール（車輪）を正しい向きに保つために、アウター・

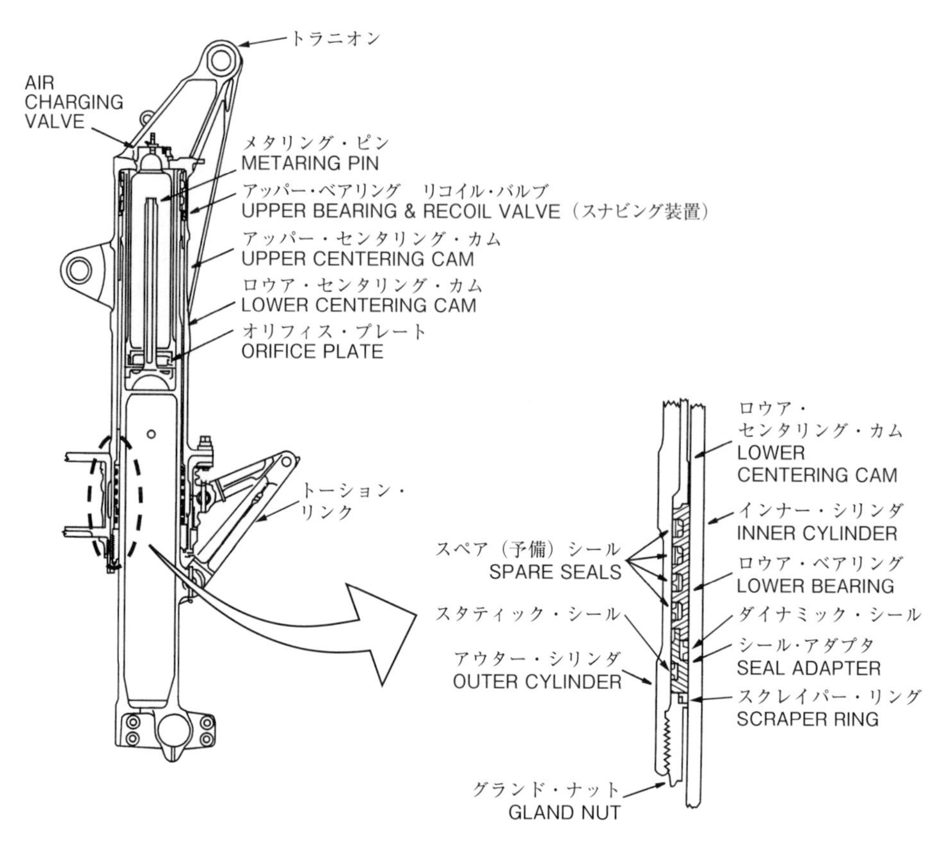

図 2-7　ノーズ・ギア・ショック・ストラット

シリンダとインナー・シリンダをトーション・リンク（Torsion Link）やトルク・アーム（Torque Arm）と呼ばれるもので結合し、インナー・シリンダがアウター・シリンダの中で上下方向にスライド出来るが、回転は出来ないようにしている。

ノーズ・ギア・ステアリング（操向装置）は、このトーション・リンクを油圧アクチュエータで動かすことによりインナー・シリンダを回転させている。

トーション・リンクの無いショック・ストラットは、アウター・シリンダ内面とインナー・シリンダ頂部にスプライン（上下方向の溝）をつけ、ホイールを正しい向きに保つようにしている。

飛行機の牽引等で、格納庫のような極めて小さな空間において急旋回出来るように、ノーズ・ギア（前脚）の上下トーション・リンク接続部に、ロッキング又は、取外ピン（Locking or Disconnect Pin）が取付けられ、このピンを外すことによりノーズ・ギア（前脚）のインナー・シリンダをステアリング・アングル以上に回転させることが出来る。（ギアに取付けられているライトやスイッチ等の電線の取外しが必要な機体も有る）

B．内部構造

インナー・シリンダ上部には、この部分がアウター・シリンダ内部で前後左右に振れる事無く、円滑に上下出来るよう、アッパー・ベアリング（Upper Bearing）が取り付けられており、その内部にはショック・ストラットが縮んだ後、伸びにくくするためのスナビング装置がある。

ノーズ・ギア（前輪緩衝装置）のアッパー・ベアリングの下側には、アッパー・センタリング・カムが固定されている（これについては後述する）。

アウター・シリンダ下側の内部には、この部分でインナー・シリンダが前後左右に振れる事無く、円滑に上下出来るよう、ロウアー・ベアリング（Lower Bearing）が取り付けられている。

その下にはシール・アダプタがあり、アウター・シリンダ側に接する面にスタティック・シールが、インナー・シリンダ側に接する面にダイナミック・シールが取り付けられ、内部の高圧ガスと作動油が漏れないようにしている。

その下には、スクレイパー・リングが取り付けられており、ショック・ストラットが伸びているときにインナー・シリンダ表面に付着したゴミ・砂埃・その他の異物が、縮んだときにダイナミック・シールのシール面に入ってシールを傷めないように掻き落としている。

ロウアー・ベアリングのアウター・シリンダ側に接する面には円周方向の溝があって、ここにシール・アダプタに用いられる予備のシールが収められており、シール・アダプタにあるシールの交換作業で、インナー・シリンダを完全に抜かなくても交換出来る。

ノーズ・ギア（前輪緩衝装置）のロウアー・ベアリング上部には、ロウアー・センタリング・カムがアウター・シリンダ内部に固定されており、ショック・ストラットが伸びたときに、前述のインナー・シリンダ上部に固定されたアッパー・センタリング・カムと噛合ってインナー・シリンダを回転させ、ノーズ・ホイール（前車輪）の向きを前方に向けるようにしている。

アウター・シリンダの下方開口部には、グランド・ナットがねじ込まれて、内部のロウアー・ベアリングやシール・アダプタを押さえている。

C．ショック・ストラットの作動

⑴　緩衝

図 2-8 はショック・ストラットの内部構造で、作動油が移動するための上方室（Upper Chamber）と下方室（Lower Chamber）とで形成されている。上下両方の室には作動油が満たされており、上方室の上部には高圧ガスが充塡されている。上下２室の間にはアウター・シリンダ側に取付けられた作動油の通路となるオリフィスがあり、オリフィスの中心をインナー・シリンダ側に取付けられたメタリング・ピンが上下する。

図 2-8 の右側はショック・ストラットが伸び縮みするときの作動油の流れを示している。ショック・ストラットが縮むとき、下方室にある作動油はオリフィスとメタリング・ピンの間を通って上方へ流れ、逆に伸びるときには下方へ戻る。このショック・ストラットの圧縮行程は飛行機が接地したときから始まり、飛行機の重量が脚にかかるにつれて、インナー・シリンダは滑りながらアウター・シリンダの中に入っていく。それと共にメタリング・ピンがオリフィス内を上方に移動していくが、上方に移動するにつれて作動油が流れる面積が小さくなり、作動油の流れが制御される。このとき、ショック・ストラットが受けたエネルギは作動油の温度

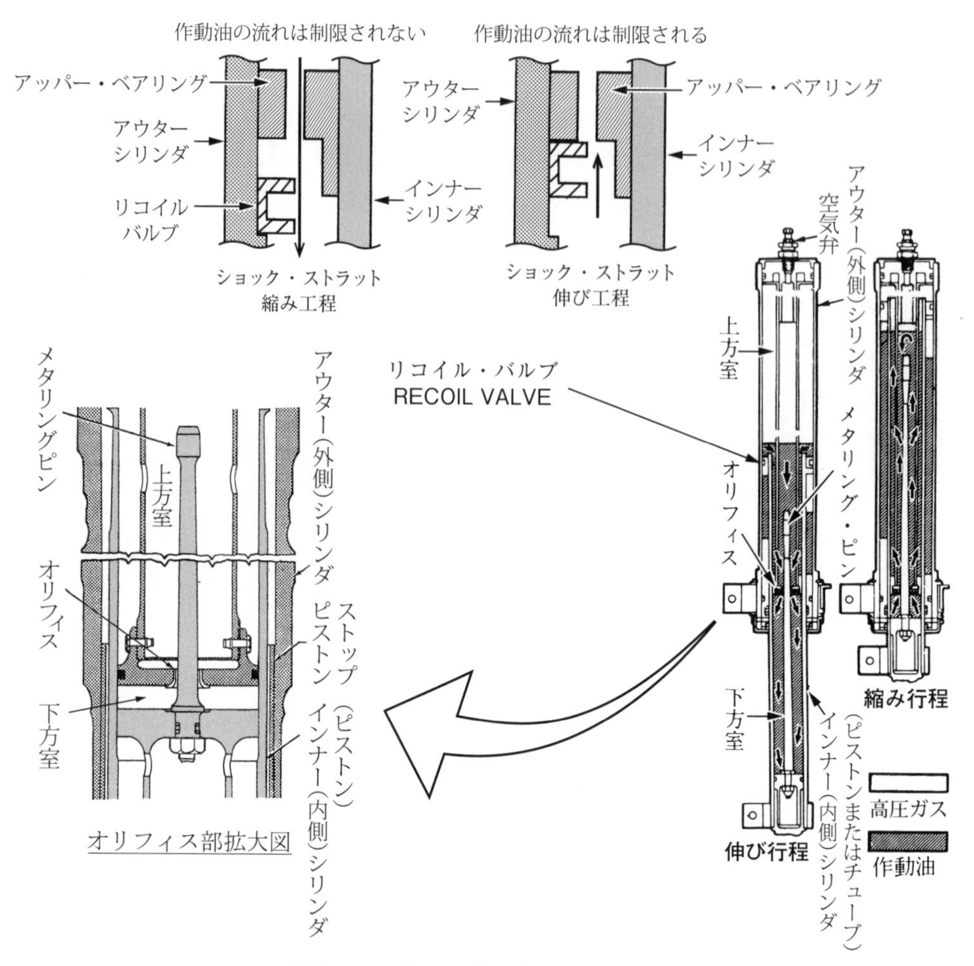

図 2-8　メタリング・ピン式の緩衝支柱

上昇として熱に変換され、発生した熱の大部分は支柱の壁を通して外へ放出される。圧縮行程の終わり近くでは、高圧ガスはさらに圧縮されて圧縮行程を制限する。ショック・ストラットの中には、メタリング・ピンの代わりにメタリング・チューブを装備した形式もあるが、その作動原理に変わりはない。

⑵　**スナビング**（Snubbing）

圧縮された高圧ガスはスプリングとして働き、ストラットを元の状態に戻そうとする。このときスナビング装置（Snubbing Device）の作用で、作動油の流れを制限して伸びにくくする、スナビングやダンピングの効果を作る。もしこのダンピング作用がなければ、機体は接地後に圧縮された高圧ガスの圧力により跳ね上げられ、上下のバウンドを続けることになる。

ショック・ストラットが縮むと下方室の作動油は上方室へ移動するが、上方室の作動油の一部は、アッパー・ベアリングにあるスナビング装置（**図 2-8** のリコイル・バルブ）を通過してアウター・シリンダ内壁、インナー・シリンダ外壁、シール・アダプタで囲まれた空間に流れ込む。このとき、リコイル・バルブは作動油の流れで下方に下げられて作動油の流れを制限しないので、ショック・ストラットは容易に縮むことができる。ショック・ストラットが伸びるときは、流れが逆になってリコイル・バルブは上方に上げられ、作動油の流れは制限されて伸びにくくなる。これにより、縮んだ後、伸びにくくする動きを作り出している。

ショック・ストラットの伸び行程を制限するスナビング装置は、リコイル・バルブ（Recoil Valve）、スナビング・バルブ（Snubbing Valve）、リバウンド・バルブ（Rebound Valve）、バンパ・リング（Bumper Ring）等と呼ばれているが、働きは同じである。

D. 前脚のセンタリング

ノーズ・ギア（前脚）には、操向装置：ステアリング・システム（Steering System）があり、ラダー・ペダルやステアリング・ハンドルを操作してショック・ストラット（緩衝支柱）のインナー・シリンダ部を回転させ、地上移動時の向きを変えている。

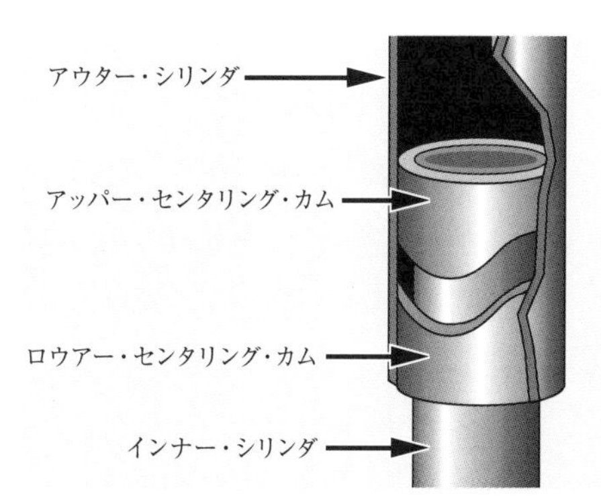

図 2-9 (a)　センタリング・カム

ノーズ・ホイール（前車輪）がステアリング装置により、右や左に切られたままで、ノーズ・ホイール・ウエル（前脚格納室）に引き込まれると、ホイール（車輪）とホイール・ウエルが接触して、壊れたり動かなくなったりする可能性がある。これを防ぐためにセンタリング装置がある。引込み式でなくても、ステアリングが切られていることによる空力的影響を避けるため、センタリングさせる機体もある。

図 2-9 (b)　小型機のセンタリング装置
（提供：中日本航空専門学校）

図 2-9 (a)はショック・ストラットに内蔵されたセンタリング・カム（Centering Cam）で、機体が空中に浮揚してショック・ストラットが内部の高圧ガスと自重によって伸びると、インナー・シリンダ上部に取り付けられているアッパー・センタリング・カムの凸部と、アウター・シリンダ下部に取り付けられているロウアー・センタリング・カムの凹部が噛み合ってインナー・シリンダが回転し、ノーズ・ホイールを真正面に向ける。このような内蔵センタリング・カムは、ほとんどの大型機に用いられている（2-2-1 ショック・ストラット B 内部構造 参照）。

図 2-9 (b)は、脚引込み時の動きを利用して前輪を正面に向かせる小型機のセンタリング機構で、前脚が引込まれる過程で、支柱の外側に取り付けられたステアリング操作機構につながる

ローラやガイド・ピンが、ホイール・ウエルの構造部材に取り付けられたランプ（Ramp）又はトラック（Track）と噛み合い、それに沿って動かされることによりステアリングがセンターに戻され、ノーズ・ホイールがホイール・ウエルに真っ直ぐ入るようになっている。

内蔵センタリング・カム又は、外部トラックのどちらの形式にせよ、いったん脚が下げられ、航空機の重量が支柱に掛かれば、操向装置により方向転換が可能になる。

E. サービシング

ショック・ストラット内の高圧ガスや作動油が不足するとその機能が十分発揮できず、場合によっては底付きする。ガス圧と作動油量を適正に保つサービシングは大切な作業である。

サービシング作業は、必ずマニュアルに従うこと。ショック・ストラットにある高圧ガスや作動油補給口の近くには、内部圧力と伸び量が表示されている説明板が取付けられている。

作動油量は、ガス圧を完全に抜いてショック・ストラットをいっぱい縮めた状態で点検する。ショック・ストラットの高圧ガスを抜く作業は危険を伴うので、作業者はマニュアルに従い、高圧空気弁の取り扱いや注意事項を十分理解して作業しなければならない。

図 2-10 は代表的な２種類の高圧空気弁を示す。

図 2-10 (a)は内部にバルブ・コア（Valve Core）があり、バルブ・キャップを外して５/８ in のスウィベル・ナット（Swivel Hex Nut）を一回転緩め、バルブ・コア頂部を押すと内部の高圧ガスを抜くことができる。

図 2-10 (b) は内部にバルブ・コアはなく、ステムがボディに入り過ぎないようロール・ピン

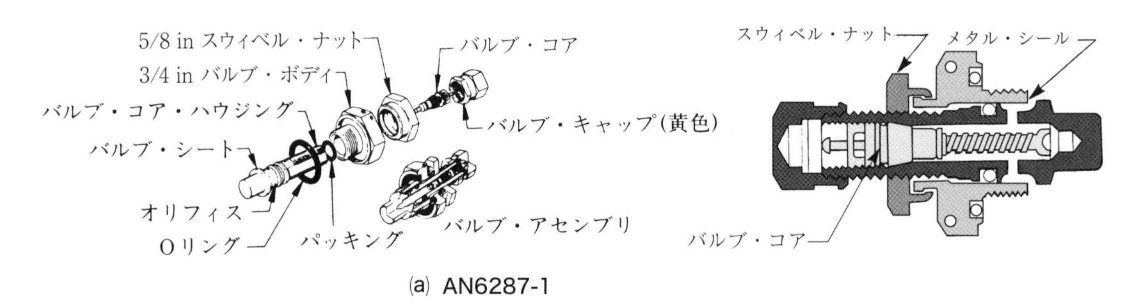

(a) AN6287-1

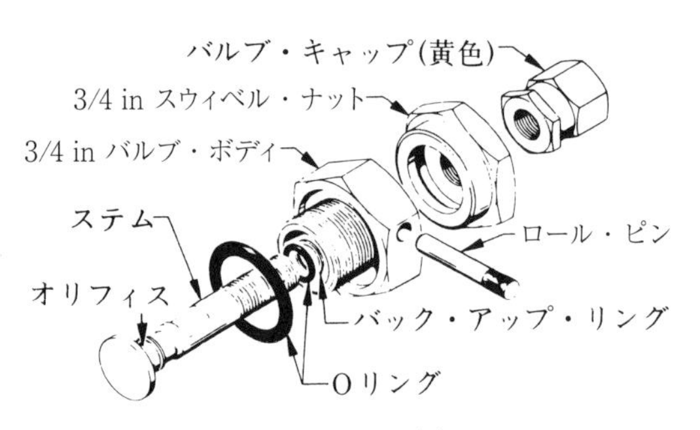

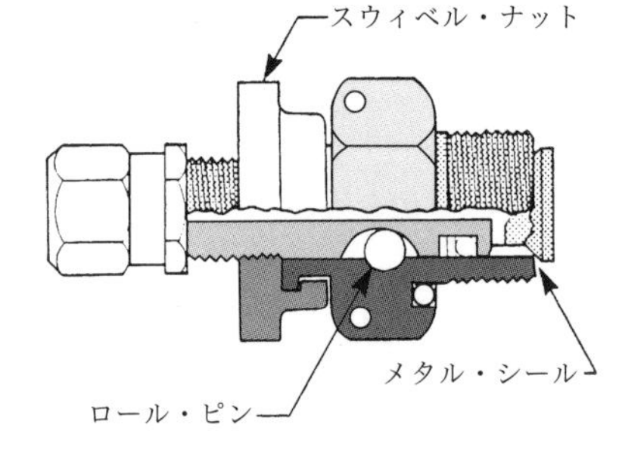

(b) MS28889-1

図 2-10　高圧空気弁（Air Charging Valve）

がある。バルブ・キャップを外してスウィベル・ナットを弛めると内部の高圧ガスを抜くことができるが、このスウィベル・ナットのサイズはバルブ・ボディと同じ 3 / 4 in であるので、高圧ガスを完全に抜かない状態で間違ってバルブ・ボディを弛めてしまうと、圧力でバルブが吹き飛び、人身事故や機材損傷になるので十分注意すること。（航空機システム 1-5-5 高圧空気弁参照）

2-2-2　その他の緩衝装置

図 2-11 (a)は、オレオ緩衝装置が着陸装置の緩衝方法の主流となる前の小型機に、広く用いられたゴムの緩衝コード（Rubber Shock Cord）の一例であり、現在でも一部の小型機に用いられている。この外に、緩衝支柱の中に積層ゴム円盤（Stacks of Rubber Disk）を組み込ませた緩衝装置も一部の小型機に用いられている。

構造の複雑なオレオ緩衝装置を必要としない緩衝支柱がセスナ社によって開発され、第二次世界大戦後実用化された。この緩衝支柱は、熱処理を施した強力なクロム・バナジウム鋼で作られた一枚の可撓バネ鋼（可撓：かとう：曲げ、たわめることが出来る）であり、構造は極めて単純で特別な保守整備の必要がない。支柱の付根端は、着陸の衝撃を緩和するために特別に強くした胴体フレーム構造にボルト止めされている。ブレーキと車軸は支柱の先端にボルト止めされている。

さらにセスナ社は、1970 年頃から主脚支柱を板バネから**図 2-11 (b)**に示すテーパ・チューブに変更し始めた。このテーパ･チューブ構造の主脚は、板バネよりも衝撃エネルギの吸収力が大きいため、着陸時の跳ね上がりが少ないのが特徴である。

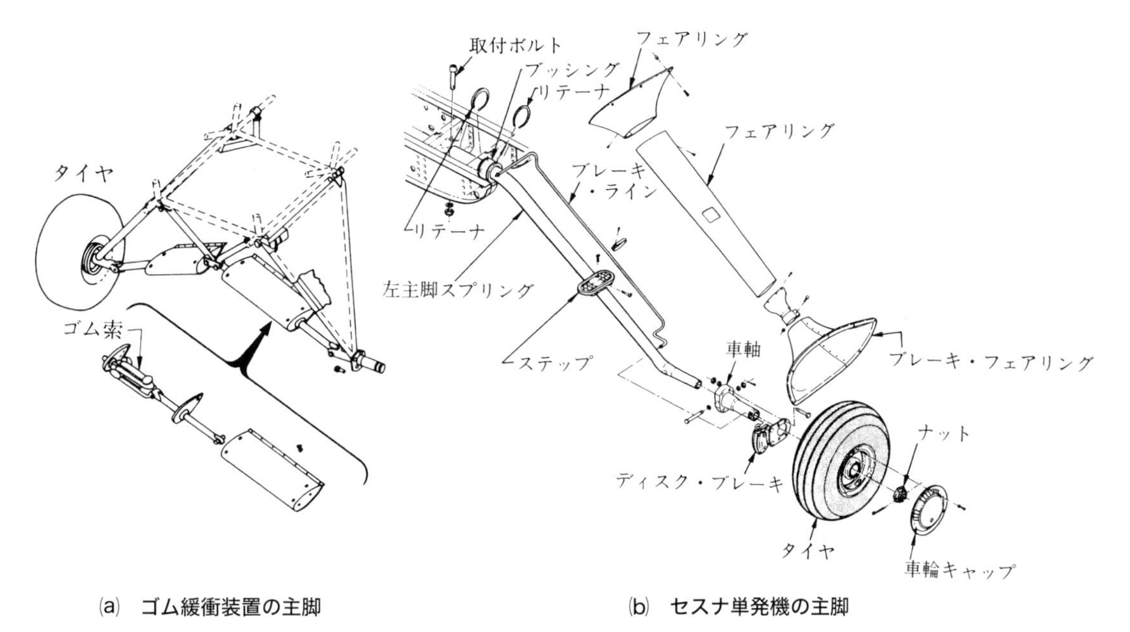

(a)　ゴム緩衝装置の主脚　　(b)　セスナ単発機の主脚

図 2-11　その他の緩衝装置

2-3　脚のアライメントと引込装置

脚は、その機能を果たす為に、いくつかの部品で構成されている。その代表的なものは、ショック・ストラット、トラニオン、トーション・リンク（トルク・リンク）、ドラッグ・ストラット・リンク、サイド・ストラット・リンク、ブラケット類、電気又は油圧引込装置、脚位置指示器（Gear Indicator）等である。

2-3-1　アライメント（Alignment）

図 2-4 (a)の**図 2-7** にあるトーション・リンク（Torsion Link）は、ホイールの向きを正面もしくはある向きに保つものであり、上側トーション・リンクはショック・ストラット（緩衝支柱）のアウター・シリンダ側、下側トーション・リンクはインナー・シリンダ側に取り付けられている。

機体によっては、**図 4-12** のトルク・リンクとも呼ばれ、トウ・イン（Toe In）、トウ・アウト（Toe Out）、キャンバ（Camber）等のアライメントが設定されている機体もある（4-3-2 E 着陸装置のアライメント点検参照）。

2-3-2　支持方法

引込式のギア（脚）は、**図 2-12** のショック・ストラット（緩衝支柱）上部にあるトラニオン（Trunnion）で、機体構造に取り付けられており、これを支点としてストラットを前後又は左右に振ってギアのアップ・ダウン（上げ下げ）を行う。

機体とショック・ストラットの間にリンクを入れて三角構造（トラス：Truss）を形成することにより、地上でギアに加わる前後又は、左右の荷重を受け持つと共に、不用意にギアが引き込まないようにしている。種々の形式のリンク機構が用いられているが、その中にドラッグ・ストラット・リンク（Drag Strut Link）やサイド・ストラット・リンク（Side Strut Link）等がある。ストラットと呼ばず、ブレイス（Brace ）と呼ぶものもある。

図 2-12　ショックストラットのトラニオン

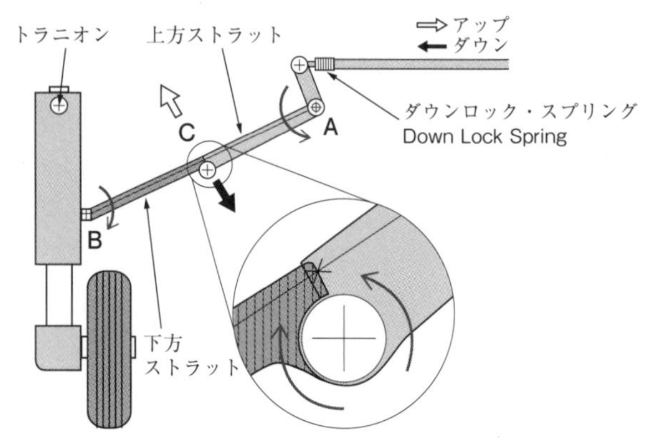

図 2-13　サイド・ストラット・リンク

サイド・ストラット・リンクは、**図 2-13** のように、上方と下方のストラットで構成されており、上方ストラットの上端は A 点の機体構造に、下方ストラットの下端は B 点のショック・ストラットにヒンジ接続され、上下のストラットは、C 点のヒンジで接続されている。

ギア・ダウン（脚下げ）では、この C 点が、A 点と B 点を結ぶ中心線より少し下側に超えた所（オーバー・センター）で上下のストラットの先端が当たって止まる。更にその位置をダウン・ロック・スプリングによって保持させることにより、上下のストラットがあたかも一本のストラットのようになり、トラニオン・A 点・B 点による三角構造を形成させている。

ギア・アップ（脚上げ）では、この C 点がオーバー・センターから上側へ外れて上下ストラットが上側に折れ曲がり、トラニオンを支点としてギアが引き込まれる。

2-3-3　大型機の主脚（Main Landing Gear：メイン・ランディング・ギア）

図 2-14 は、大型機の代表的なメイン・ランディング・ギアの取付けと作動を示している。

メイン・ランディング・ギアは、上部にあるトラニオンで機体に取付けられ、上下・前後方向の荷重を受け持ち（ドラッグ・ストラットを追加して前後方向の荷重を受けている機体もある）、ここを支点にして内側にスイングして、胴体中央下側にあるホイール・ウェル（Wheel Well：脚格納室）

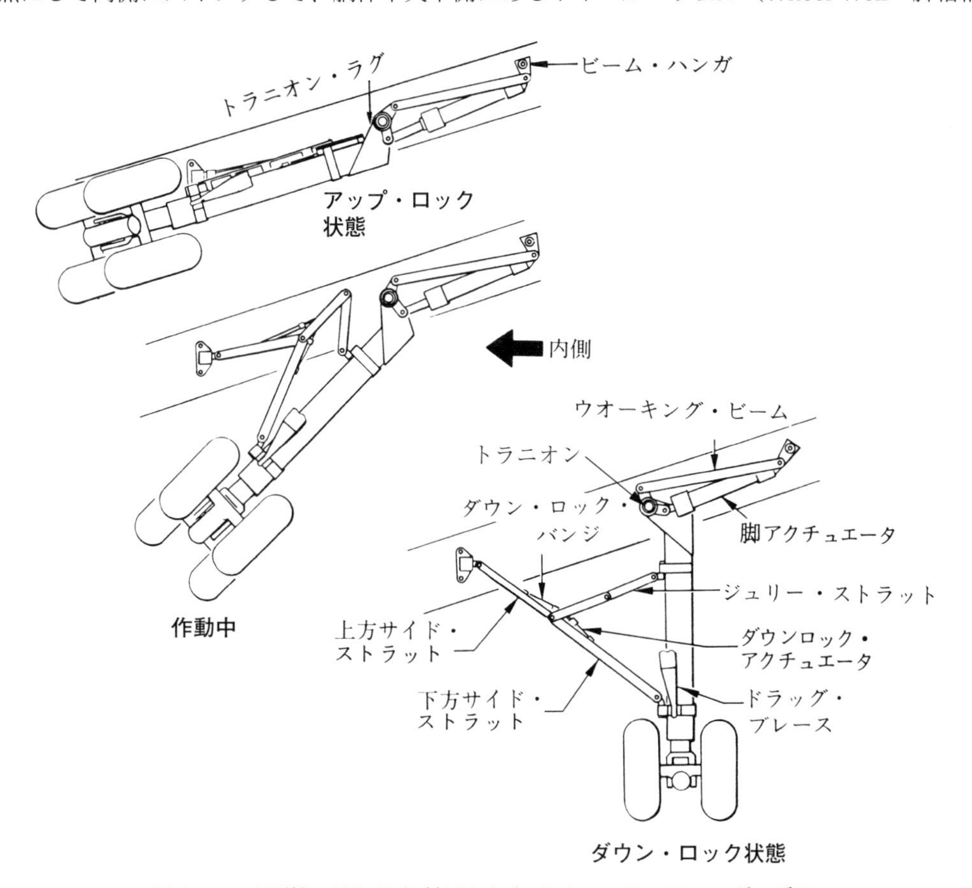

図 2-14　大型機の翼に取り付けられたメイン・ランディング・ギア

に格納される。

図 2-13 とは異なり、オーバー・センターしているのはジュリー・ストラットで、ダウン・ロック・バンジ（Down Lock Bungee）によりオーバー・センターを保って、上下サイド・ストラットの接続点を支えており、上下サイド・ストラットが 1 本のストラットのようになっている。

サイド･ストラットの上下各接続点と､トラニオンの機体への取付け点によって出来る三角構造（トラス : Truss）により､地上で受ける横方向の荷重に耐えると共に､ギアが引込まないようにしている。

ギア・アップ時は、ダウン・ロック・アクチュエータがジュリー・ストラットのオーバー・センターを解除してダウン・ロックを外し、上側に折れ曲がることにより、サイド・ストラットも上側に折れ曲がり、ギアを上げることが出来る。

ギアの上部にあるギア・アクチュエータが、油圧によりギアをアップ・ダウンさせるが、ウォーキング・ビームとビーム・ハンガーを用いることにより、非常に大きい力を機体構造にかけることなく、ギアをアップ・ダウンさせることが出来る。

アクチュエータ内側ロッド・エンドとウォーキング・ビームの内側エンドは、トラニオンラグの異なるところで取付けられており、アクチュエータとウォーキング・ビームの外側エンドは結合されて三角形を作り、機体構造に取付けられたビーム・ハンガーによりピボット止めされている。

もし、ウォーキング・ビームとビーム・ハンガーが無ければ、脚上げに必要なモーメントのアームは、トラニオンの中心からアクチュエータの取付け点までの短い長さである。ところが、ウォーキング・ビームとビーム・ハンガーがあれば、モーメントのアームは、トラニオンの中心からビーム・ハンガーを取付けている点までの長さなので、機体構造に伝わる力は少なくてすむことが分かる。

アクチュエータ、ウォーキング・ビーム、ビーム・ハンガーの組合せは、着陸装置だけでなく、主翼、水平尾翼、垂直尾翼の各後縁部分の、薄くて狭い場所にある操縦舵面を動かす必要のある大型機に良く用いられている。

2-3-4　大型機の前脚（Nose Landing Gear：ノーズ・ランディング・ギア）

図 2-15 は、大型機の代表的なノーズ・ランディング・ギアの取付けと作動を示している。

ノーズ・ランディング・ギアは、上部にあるトラニオンで機体に取付けられ、上下・左右方向の荷重を受け持ち、ここを支点にして前方にスイングして、ホイール・ウェル（Wheel Well：脚格納室）に格納される。

ロック･リンクは、ロック･バンジー（Lock Bungee）によりオーバー･センターを保ち、上下ドラッグ・ストラットの接続点を抑えており、上下ドラッグ・ストラットが 1 本のストラットのようになっている。

ドラッグ・ストラットの上下各接続点と、トラニオンの機体への取付け点によって出来る三角構造（トラス：Truss）により、地上で受ける前後方向の荷重に耐えると共に、ギアが引込まないようにしている。

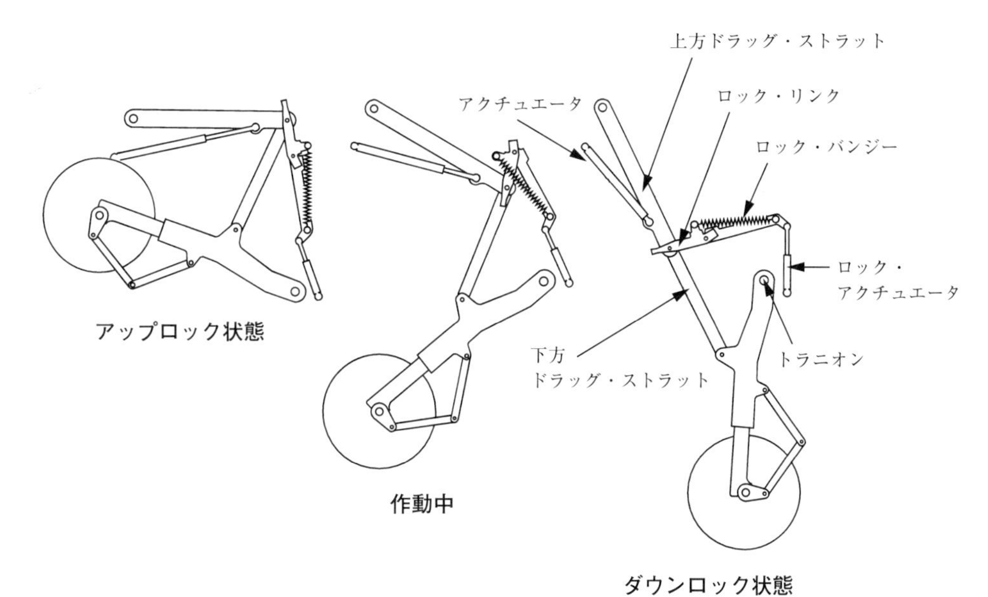

図 2-15　大型機のノーズ・ランディング・ギア

ギア・アップ時は、ロック・リンクのオーバー・センターを解除してダウン・ロックを外して、上側に折れ曲がり、上下ドラッグ・ストラットの接続点を後方に折り曲げ、ギア・アクチュエータによってさらに後方へ折り曲げることによりギアをアップさせる。

メイン・ギアのジュリー・ストラットに相当するロック・リンクは、ダウン・ロックだけでなく、アップ・ロックにも用いられる。ロック・リンクの後方は機体に接続されており、ギア・アップ時、再びオーバー・センターすることで、上方ドラッグ・ストラットの両端とロック・リンクの機体との接続点による三角構造を形成して、下方ドラッグ・ストラットによりノーズ・ランディング・ギアをアップ位置に吊り下げている。

2-3-5　電気式脚引込装置

図 2-16 は電気式脚引込装置で、電気的に駆動されるリンク機構によりランディング・ギアのアップ・ダウン（Gear Up Down：脚の上げ下げ）を行うものである。

A．構成

(1)　電気エネルギを回転運動に変換するためのモータ。

(2)　回転を減速して回転力を増す減速装置（Gear Reduction System）。

(3)　ギアの各ストラット・リンクやドアへ往復運動を伝えるためのリンク機構

B．作動

(1)　操縦室のギア・スイッチを「アップ（Up：上げ）」位置にすると減速装置に取付いている電動モータがアップ側に作動する。

(2)　この力は減速装置内のウォーム・ギヤ、セクター・ギヤで減速され、減速装置の上下面にあ

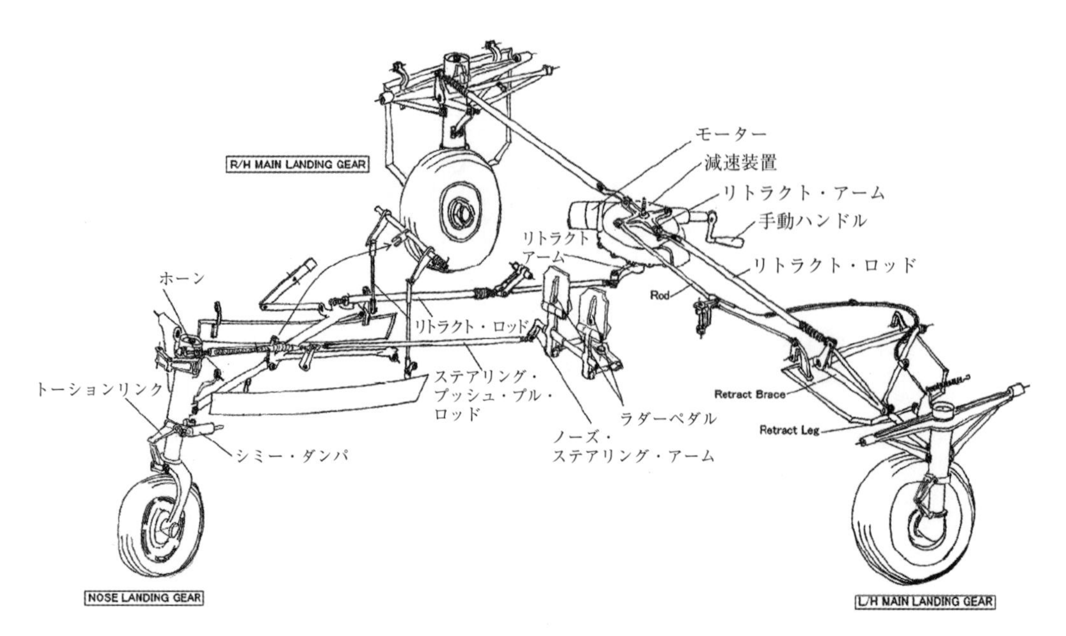

図 2-16　電気式脚引込装置

（提供：航空大学校、中日本航空専門学校）

るアームを回転させる。

⑶　このアームには、各ギア（脚）のドラッグ・ストラットやサイド・ストラットのリンク機構及びドアを作動させるロッドに繋がっているので、ギアは引き込まれてロックされ、ドアは閉まる。

⑷　スイッチを「ダウン（Down：下げ)」位置にすればモータは逆回転し、アップ時の逆の動きでギアはダウンしてロックされる。ギアとドアの動く順序は、次に述べる油圧駆動のギアと同じである。

⑸　電気的に作動させることが出来ない場合は、減速装置に付いている手動ハンドルを回すことによりギアを作動させる。

2-3-6　油圧式脚引込装置

図 2-17 ⒜は油圧式脚引込装置の系統図の一例で、油圧系統によってアクチュエータ（Actuator）を動かし、これによりランディング・ギアのアップ／ダウンを行う。

メイン･ギアは 2-3-3 の「大型機の主脚」で、ダウン･ロックは、ジュリー･ストラットで行い、アップ・ロックやドアのクローズ･ロックはフックで行う。ノーズ・ギアは 2-3-4 の「大型機の前脚」で、ダウン・ロックやアップ・ロックはロック・リンクで行い、ドアは油圧ではなく、ギアの動きを機械的にドアに伝えて作動させるタイプのものである。

A．主要構成部品（構成部品の名称は一例であり、機種により異なるが、機能は同じである）

⑴　メイン（主脚）・ランディング・ギア

ａ．メイン・ギア・アクチュエータ（Main Gear Actuator）

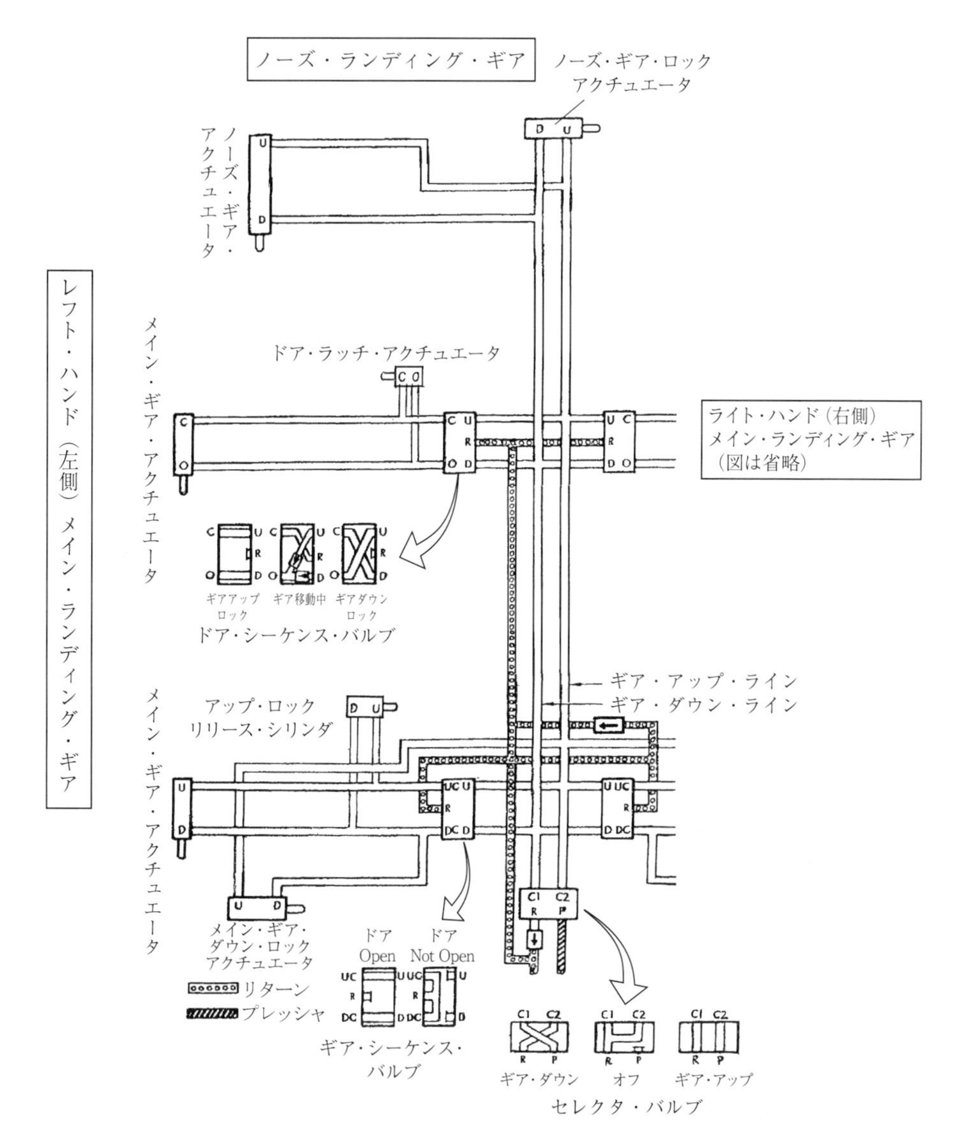

図 2-17(a)　油圧式脚引込装置の系統図

b．ダウン・ロック・アクチュエータ（Down Lock Actuator）

c．アップ・ロック・リリース・アクチュエータ（Up Lock Release Actuator）

(2)　ノーズ（前脚）・ランディング・ギア

a．ノーズ・ギア・アクチュエータ（Nose Gear Actuator）

b．ロック・アクチュエータ（Lock Actuator）

(3)　ギア・ドア

a．ドア・アクチュエータ（Door Actuator）

b．ドア・ラッチ・アクチュエータ（Door Latch Actuator）

(4)　バルブ

a．セレクタ・バルブ（Selector Valve）

b．ギア・シーケンス・バルブ（Gear Sequence Valve）

c．ドア・シーケンス・バルブ（Door Sequence Valve）

B．主要部品の機能について

⑴　ノーズとメイン・ランディング・ギア・アクチュエータ、ドア・アクチュエータ

各ギアのアップ・ダウン（上げ下げ）、ドアのオープン・クローズ（開閉）を行う。

⑵　ダウン・ロック・アクチュエータ

メイン・ギアのダウン・ロックは、「2-3-3 大型機の主脚」で示すサイド・ストラットとショック・ストラット間にある、折り畳み方式のジュリー・ストラットのオーバー・センターで行っているが、ダウン・ロック・アクチュエータはこのジュリー・ストラットをオーバー・センターの状態にしたり解除したりする。

⑶　ロック・アクチュエータ

ノーズ・ギアのダウン・ロックやアップ・ロックは、「2-3-4 大型機の前脚」で示すロック・リンクのオーバー・センターで行っており、ロック・アクチュエータの縮む力は、ダウン・ロックの解除方向に働くと共に、アップ・ロックをかける方向にも働き、逆に伸びる力は、アップ・ロックの解除方向に働くと共に、ダウン・ロックをかける方向にも働く。

⑷　ドア・ラッチ・アクチュエータ／アップ・ロック・リリース・アクチュエータ

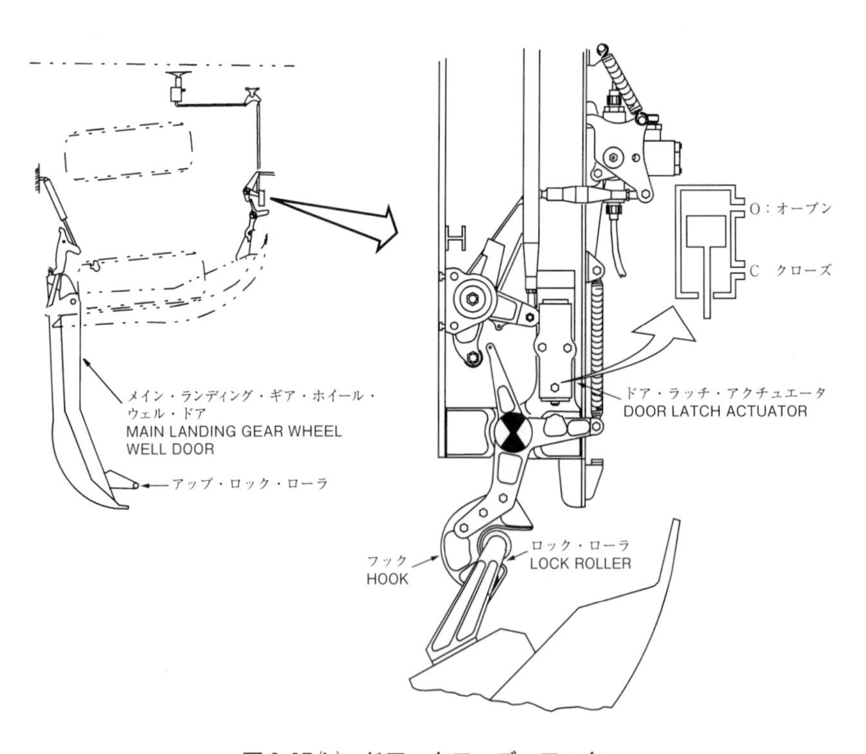

図 2-17⒝　ドア・クローズ・ロック

ドアのクローズ・ロックや、ギアのアップ・ロックは、通常脚格納室に設けられており、一般的に機械的なフック（爪）を持つ機構で、ロックする。

ドアは図 2-17 (b)のように、ドア側にあるロック・ローラがフックを押し上げてロックがかかる。

ショック･ストラットのアップ･ロックは、図 2-17 (c)左図のストラット側にあるロック･ローラが、フックを押し上げ、右図のようにクランクとリンクがオーバー・センターしてフックがロック・ローラを抱え込んで行う。

ドア・オープン時やギア・ダウン時は、ドア・ラッチ・アクチュエータやアップ・ロック・リリース・アクチュエータを用いてフックを外し、クローズおよびアップ・ロックを外す。

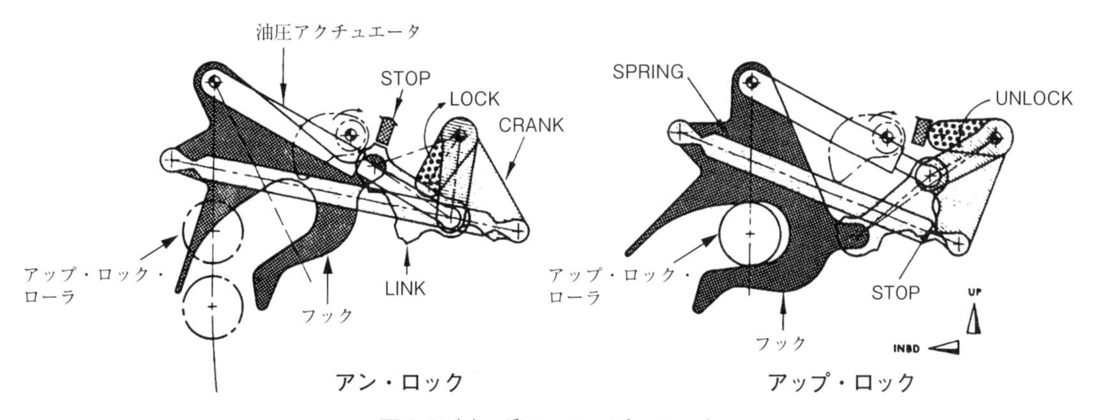

図 2-17 (c)　ギア・アップ・ロック

(5)　セレクタ・バルブ

操縦室にあるギア・レバーをアップ・ダウンさせると、セレクタ・バルブ内部の油路が切り替わって､脚引込装置に油圧を送る。ギア･レバーの位置は通常､下から順に｢ダウン(脚下げ)｣､｢オフ｣､｢アップ(脚上げ)｣の３つ位置があり､これらの各位置に対応してバルブが切り替わる。最近の旅客機は、「アップ」、「ダウン」の２つの位置しかないものもある。

図 2-17 (a)は、ノーズとメイン・ギア共通のものであるが、機体によってはノーズ用とメイン用に、それぞれセレクタ・バルブが取付けられている機体もある。

(6)　ドア・シーケンス・バルブ（順序決め弁）

ギア・アップ、ダウンに伴う脚格納室ドアとギアの作動順序を制御するバルブで、メイン・ギアの動きをリンク機構によってバルブに伝え、バルブ内の油路を切り替える。

ギア・アップ時には、先ずドアをオープンさせ、ギアがアップ位置になった後、最後にドアをクローズさせる。

ギア・ダウン時には、先ずドアをオープンさせ、ギアがダウン位置になった後、最後にドアをクローズさせる。

(7)　ギア・シーケンス・バルブ（順序決め弁）

ギア・アップ、ダウンに伴う脚格納室ドアとギアの作動順序を制御するバルブである。脚格納室ドアの動きを開閉機構によってバルブに伝え、バルブ内の油路を切り替える。

ギア・アップ時には格納室のドアがオープンした後にギアを上げ、ギア・ダウン時にもドアがオープンした後にギアを下げる。

C. 油圧によるギア・アップ／ダウンの作動について

図 2-17 (a)は主脚ドアが、ギア・アップ / ダウン後にクローズしている代表的な油圧回路である。

(1) 操縦室のギア・レバーを、ダウン位置から、アップ位置へ上げる。（誤操作防止機構があり、機体が地上にあると、整備作業やオーバー・ライド操作で解除されない限り、ギア・レバーをアップ位置に動かすことはできない）

(2) ギア・レバーをアップ位置にすると、セレクタ・バルブはギア・アップ位置に切り替わり、油圧系統からの油圧がギア・アップ・ラインを加圧する。

(3) ノーズ・ギアにあるロック・アクチュエータとギア・アクチュエータの、ギア・アップ側に油圧がかかり、ノーズ・ギアのダウン・ロックは解除されてアップの作動が始まる。ノーズ・ギアがアップし、再びロック・リンクがオーバー・センターすることによりノーズ・ギアはアップ位置に保持される。ノーズ・ギア・ドアは、ギアの動きを機械的に伝えて開閉する。

(4) ドア・シーケンス・バルブはギア・ダウン・ロック位置にあるので、油圧はそのままドア・ラッチ・アクチュエータとドア・アクチュエータのドア・オープン側（開側）を加圧し、クローズ・ロックが解除されドアが開き始める。

(5) メイン・ギアにあるダウン・ロック・アクチュエータのギア・アップ側は加圧されて、ダウン・ロックは解除されるが、まだメイン・ギア・ドアは開ききっていないので、ギア・シーケンス・バルブはドア Not Open 位置にあり、メイン・ギア・アクチュエータのギア・アップ側は加圧されていないので、ギアは動かない。

(6) メイン・ギア・ドアが完全に開くとドア開閉機構がギア・シーケンス・バルブをドア Open 位置に切り替え、メイン・ギア・アクチュエータおよび、アップ・ロック・リリース・アクチュエータのギア・アップ側に油圧がかかり、メイン・ギアのアップ作動が始まる。

(7) メイン・ギアの動きがリンク機構を介してドア・シーケンス・バルブに伝えられ、バルブはギア移動中の位置に切り替わるが、この状態でもドア・オープン側への油圧回路は形成されているのでドアは開いたままである。メイン・ギアのアップ・ロック・フック機構は、**図 2-17 (c)** 左図のようにアン・ロック側にオーバー・センターしているが、メイン・ギアがそのまま上がると、アップ・ロック・ローラーがフックに当たってアン・ロック側のオーバー・センターを解除して同右図のアップ・ロック状態となり、ギアは保持される。

(8) メイン・ギアのアップ・ロックが完了すると同時にドア・シーケンス・バルブはギア・アップ・ロック位置に切り替わり、ドア・アクチュエータのドア・クローズ側に油圧がかかりドアは閉まる。ドア・ラッチ・アクチュエータのクローズ側にも油圧がかかって、フックの自由な動きを妨げないので、ロック・ローラがフックに当たり、図 2-17 (b)のようにドア・クローズ・ロック状態になる。

(9) ギア・ドアがクローズすると、ドア開閉機構を介してギア・シーケンス・バルブはドア Not Open 位置に切り替わり、ギア・アクチュエータとアップ・ロック・リリース・アクチュエータのギア・アップとダウンのラインは、すべてリターン・ラインにつながり減圧される。

(10) ギア・アップが完了したことを、操縦室の計器盤上の表示で操縦士に伝えられると、操縦士はギア・レバーをオフ位置に操作する。この操作はセレクタ・バルブを中立位置に切り替えるため、油圧は遮断され、ギア系統の油圧ラインはすべてリターン・ラインにつながる。これによりセレクタ・バルブより下流で発生するかもしれない油圧のリーク（漏れ）を防止する。

(11) 次に、ギア・レバーをダウン位置にすると、セレクタ・バルブはギア・ダウン位置に切り替わり、油圧系統からの油圧はギア・ダウン・ラインに導かれ、ギア・アップと同じ順序に従ってギア・ダウンの作動が行われる。

2-4　非常脚下装置（Emergency Extention System）

非常脚下装置はランディング・ギアのアップ・ダウン（上げ下げ）に要する主動力系統が故障した場合、アップしているギアをダウンするために使用される。

A. ドアのクローズ・ロック、ギアのアップ・ロックの解除

油圧で作動する着陸装置の場合は、脚を下げる工程のために、ギア・レバーをオフ位置にするか、その他必要な操作を行って油路を切り替えることが要求されている。

操縦室には、エマージェンシ・リリース・ハンドル（Emergency Release Handle）が装備されており、リンクやケーブルを介してドアのクローズ・ロックとギア（脚）のアップ・ロック機構に機械的に接続されている。このハンドルを操作すると、ドアとギアのロックは解除される。また、スイッチ操作により電動式アクチュエータや圧縮空気とアクチュエータを組み合わせたものを用いてロックを解除しているものもある。

B. 脚を下げる

脚は、自重によるフリー・フォール（Free-fall）で下げるが、自重と空気力（Air load）だけでは設計上不可能か適当でない飛行機の場合、作動油又は圧縮空気を使って強制的に脚を下げる装置が用意されている。非常脚下装置の操作に必要な油圧は、手動ポンプ、アキュムレータ（蓄圧器）または電動ポンプから供給される。

電気式脚引込装置では、図 2-16 にある手動ハンドルを回して脚下げを行うことができる。

2-5　ランディング・ギアの安全装置

地上で、ランディング・ギアが不用意に引込むのを防止するために、機械的なダウン・ロック、安全スイッチ等の安全装置が装備されており、その他グラウンド・ロック等がある。

機械的なダウン・ロック機構は、脚の引込装置に組み込まれている。地上で、不用意なギア・レバーの操作により、ダウン・ロックがアン・ロック（解除）されないように、電気的な安全スイッチを装備しており、その他駐機、牽引、整備時等には、機械的なグラウンド・ロックを施してアン・ロックにならないようにする。

2-5-1　安全スイッチ（Safety Switch）

脚の安全スイッチは、機体が地上にあるか空中にあるかを、ショック・ストラット（緩衝支柱）の伸び縮みを利用して識別するもので、シザーズ・スイッチ（Scissors Switch）、スクワット・スイッチ（Squat Switch）、エア・グラウンド・センサー（Air Ground Sensor）等と呼ばれている。他にショック・ストラットの伸び縮みではなく、ショック・ストラットに加わっている荷重を感知して機体が地上にあるか空中にあるかを識別するウエイト・オン・ホイール・プロキシミテイ・スイッチ（WOW：Weight-on-Wheel Proximity Switch）を使っている機体もある。

図 2-18 (a)は、ランディング・ギアに装着されたスクワット・スイッチである。ショック・ストラットの伸び縮みがトーション・リンク、ロッドに伝わり、スイッチを作動させている。

同図(b)は、このスクワット・スイッチを利用した電気回路の一例で、他に様々なシステム（系統）

(a)　スクワット・スイッチ
（提供：中日本航空専門学校）

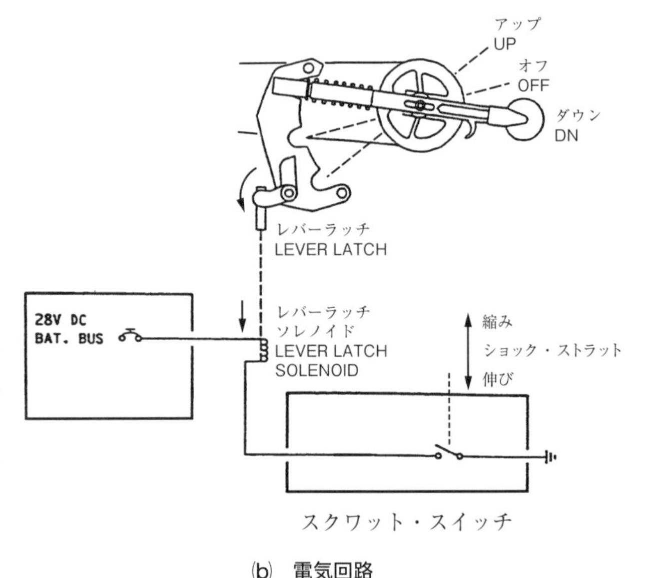

(b)　電気回路

図 2-18

に利用されている。

機体が地上にあるときは、ショック・ストラットは縮んでおり、トーション・リンクは安全スイッチを作動させないので電気回路はこの状態で、ギア・レバーはオフ（Off）位置まで上げることが出来るが、それ以上はレバー・ラッチが邪魔をしてアップ（Up）位置まで上げることは出来ない。

離陸すると、ランディング・ギアに加わっていた荷重は無くなり、ショック・ストラットは伸びて、トーション・リンクが動き、トーション・リンクに取付いているロッドによってスクワット・スイッチが押され、電気回路を閉じる。

電気回路が閉じると、レバー・ラッチ・ソレノイドはグラウンド回路が形成されて励磁され、レバー・ラッチが反時計方向に回されるので、ギア・レバーをアップ（Up）位置まで動かすことができる。

2-5-2　グラウンド・ロック（Ground Lock）

航空機は駐機、牽引、整備時等に、脚が引込まないように、グラウンド・ロックと呼ばれる安全装置を施す。

図 2-19 はジェット旅客機のグラウンド・ロックで、ギアのダウン・ロックのためにオーバー・センターしているジュリー・ストラットやロック・リンクにピンを入れてオーバー・センター状態を保持するものである。

この他に、2つ以上の支持部材をスプリングのついたクリップで保持する形式もあるが、どのような形式のグラウンド・ロックであっても、飛行する前には必ず取り外さなければならないので、グラウンド・ロック・ピンが装着されていることを示す赤色の吹き流し（Red Stream）が取り付けてある。

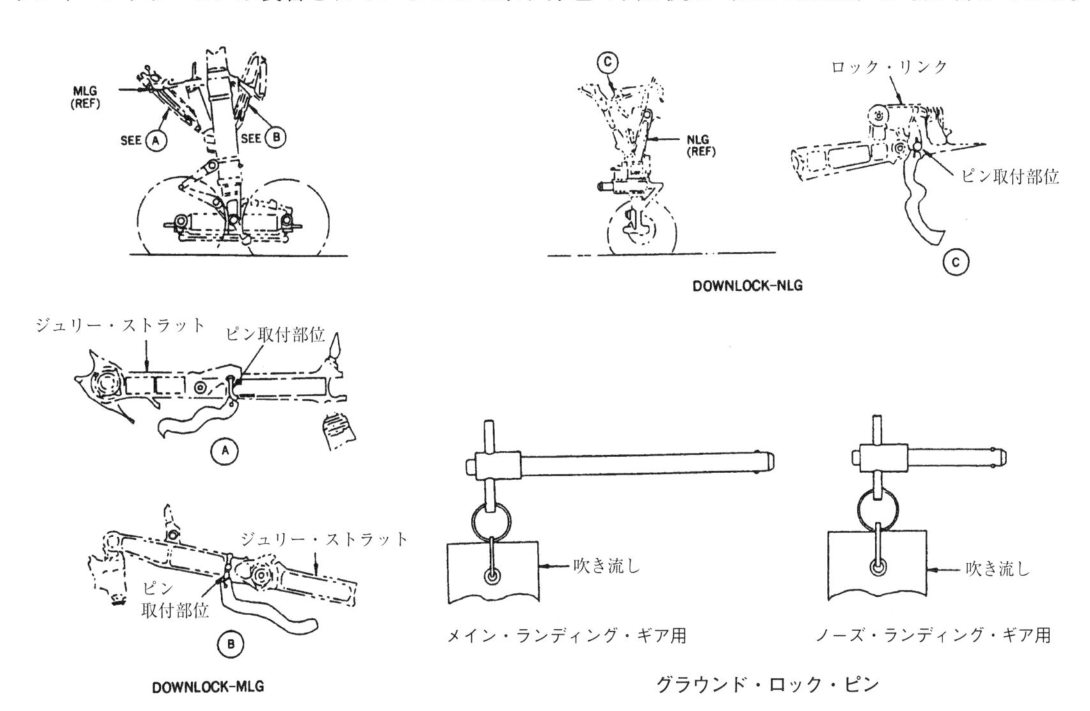

図 2-19　グラウンド・ロック

2-5-3　脚位置指示器（Gear Position Indicator）と脚警報装置（Gear Warning）

引込脚を装備した航空機の操縦室には、ランディング・ギアの位置と状態を視認させるギア・ポジション・インジケータ（脚位置指示器）と、着陸するような態勢になっているにもかかわらず、ギアが1本でもダウン・ロックされていないときに、ホーンによる聴覚と赤色警報灯による視覚により乗員に警告を与えるギア・ウォーニング（脚警報装置）が備えられている。着陸するような態勢とは、エンジン・スロットル・レバーやフラップの位置から電気回路に設定しているが、高度も組み合わせている機体もある。

A．脚位置指示器の表示形式

脚位置指示器には、いろいろな形式があるが、その主なものは次のものである。

(1)　ミニチュアのギアを電気的にギアの動きに合わせて動かし、指示させる形式。

(2)　ダウン・ロックがかかると1つから数個の緑色のライトが点灯する形式。

(3)　**図2-20(a)**は、タブ・タイプの指示器を使用した形式。

(a)　ギアがアップ位置にロックされると、**図(a-1)**の「UP」と記されたタブが表示。

(b)　ギアのロックが外れていると、**図(a-2)**の赤と白の斜線が表示。

(c)　ダウン位置にロックされると、**図(a-3)**のギアのシルエットが表示。

(4)　**図2-20(b)**は、上が赤色、下が緑色のライトによりギア位置を表示する形式。

(a)　ギアがアップ位置にロックされると、両方消灯。

(b)　ギアのロックが外れていると、赤色ライトが点灯。

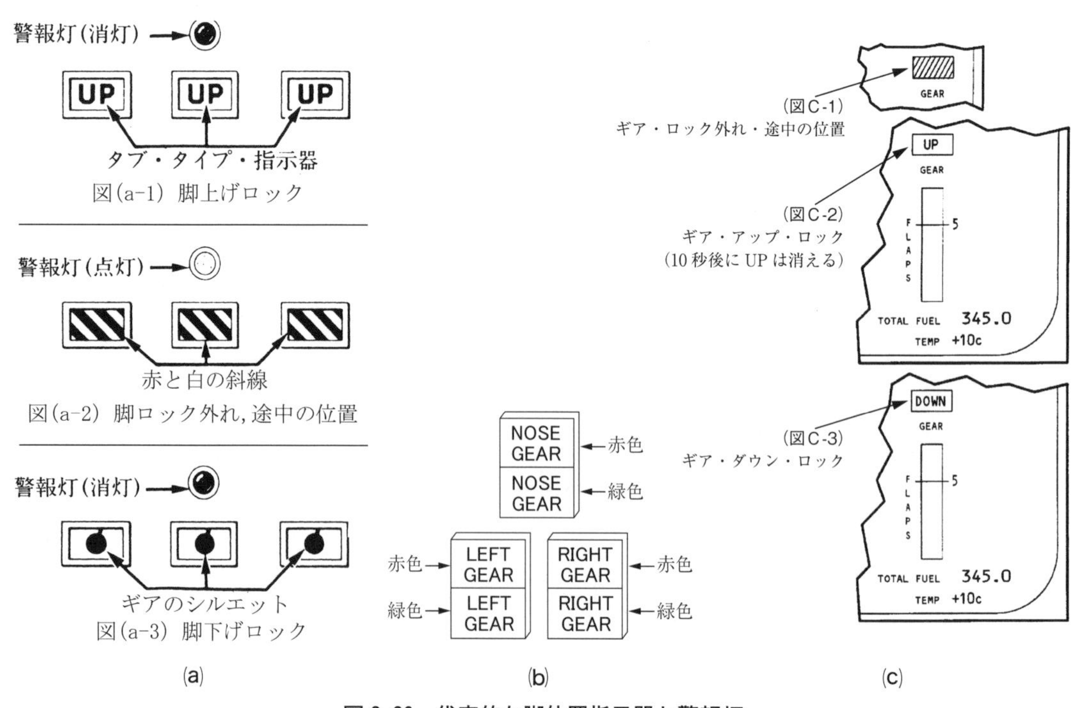

図2-20　代表的な脚位置指示器と警報灯

(c)　ダウン位置にロックされると、緑色ライトが点灯。

(5)　**図 2-20 (c)**は、中央計器盤に設置された蛍光管画面（CRT）や液晶画面（LCD）に文字とハッチによりギアの状態を表示させる形式。

(a)　アップ位置にロックされると、**図 (c-2)**の「UP」を表示し 10 秒後には消える。

(b)　ロックが外れていると、**図 (c-1)**の「▨▨▨」（ギア作動中）のハッチ表示。

(c)　ダウン位置にロックされると、**図 (c-3)**の「DOWN」を表示。

B．脚位置指示器と警報装置の作動

図 2-21 は、**図 2-20 (b)**の上が赤色、下が緑色のライトによりギアの位置と状況を表示する形式を採用している配線図の一例である。以下はその配線図に沿ったものであり、飛行機によってはそれぞれ条件等が異なる。

この配線図は現在、ギア・レバーはダウン位置にあって、すべてのギアはダウン・ロックが入っており、3 つの緑色ライトは点灯、3 つの赤色ライトは消灯している状態である。

（前脚は、アップでもダウンでも同じロック機構を使うので、アップ・ロックやダウン・ロックでもロック状態になれば、前脚ロック・スイッチは Lock 位置になる。）

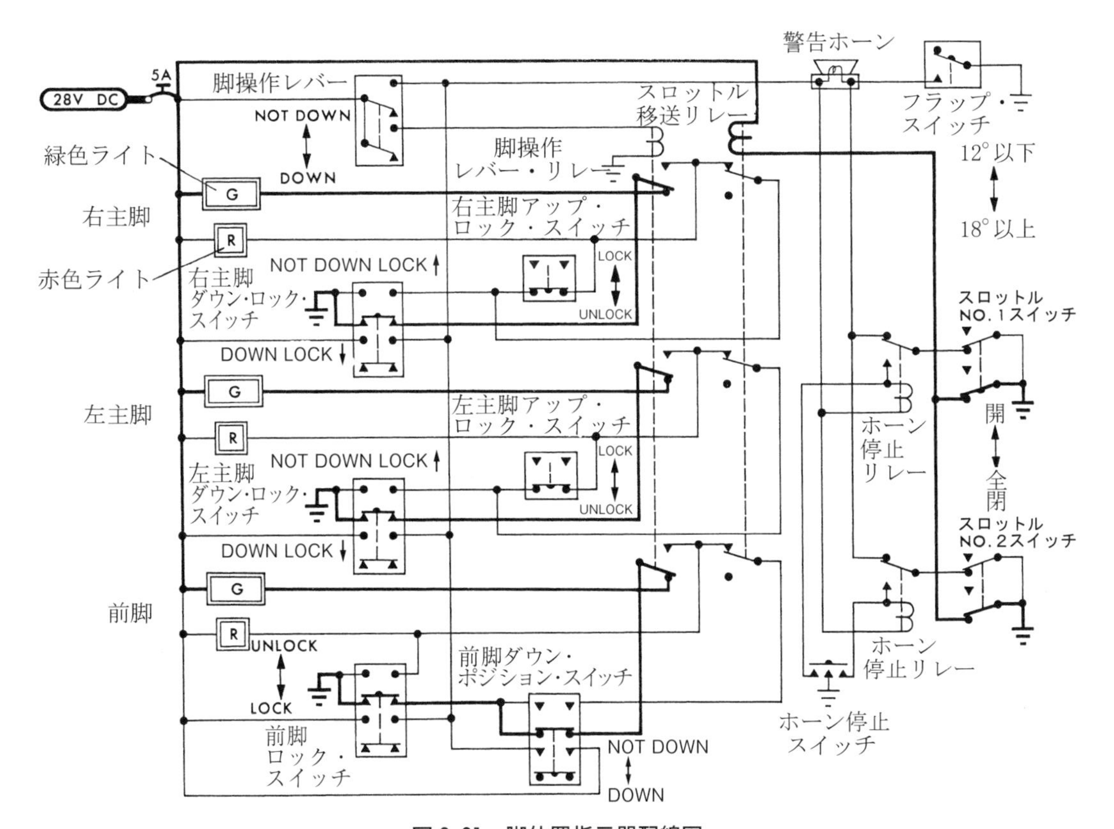

図 2-21　脚位置指示器配線図

⑴　脚位置指示について

⒜　ギア・レバー・ダウン位置

メイン・ギアは、ダウン・ロックが入っていると、緑色ライトは点灯している。ノーズ・ギアは、ノーズ・ギア・ダウン位置でロックが入っていると緑色ライトは点灯する。

⒝　ギア・レバー・ダウンからアップへの操作（ダウン以外へ）

緑色ライトは消え赤色ライトは点灯する。メイン・ギアは、ダウン・ロックが外れてアップ・ロックが入ると赤色ライトは消灯する。ノーズ・ギアは、ダウン位置になくロックが入ると赤色ライトは消灯する。

⒞　ギア・レバー・アップからダウンへの操作

メイン・ギアは、アップ・ロックが外れると赤色ライトは点灯し、ダウン・ロックが入ると赤色ライトは消灯して緑色ライトが点灯する。ノーズ・ギアは、ロックが外れると赤色ライトは点灯し、ノーズ・ギア・ダウン位置でロックが入ると赤色ライトは消灯して緑色ライトは点灯する。

⑵　脚警報装置（Gear Warning）について

⒜　ギア・レバーがダウン位置でないとき

いずれかのエンジン・スロットル・レバーをアイドル（Idle）まで戻すと、全てのギアの赤色ライトが点灯して警報ホーンが鳴る。又は、フラップを 18° 以上ダウンすると、警報ホーンが鳴る。これにより、ギア・レバーがダウン位置にないことを操縦士に警報する。

スロットル・レバーの場合のみ、ホーン停止スイッチにより警報音を止めることが出来るが、全ての赤色ライトは点灯のままである。

⒝　ギア・レバーがダウン位置で、ギアが 1 つでもダウン・ロックされていないとき

そのギアの緑色ライトは点灯せず赤色ライトが点灯して操縦士にダウン・ロックしていないことを表示しているが、その状態でいずれかのエンジン・スロットル・レバーをアイドル（Idle）まで戻すか、フラップを 18° 以上ダウンすると、警報ホーンが鳴り、ダウン・ロックが入っていないことを警報する。スロットル・レバーの場合のみ、ホーン停止スイッチにより警報音を止めることができる。

⒞　ギア・レバーがダウン位置で、すべてのギアがダウン・ロックのとき

警報ホーンへの電源供給回路は遮断されているので、エンジン・スロットル・レバーやフラップ位置による警報音は鳴らない。

2-6　前脚操向装置（Nose Gear Steering System）

2-6-1　小型飛行機のノーズ・ギア・ステアリング

小型飛行機の前脚操向装置は、一般的には方向舵ペダル（Rudder Pedal）の動きを機械的に伝える簡単な装置である。

図 2-22 はもっとも一般的なもので、ラダー（方向舵）ペダルとノーズ・ギア・ストラット（前脚支柱）に取り付けられたホーン（Horn）と、ケーブルで結合した形式である。

図 2-22
（提供：日本航空専門学校）

2-6-2　中・大型機のノーズ・ギア・ステアリング

中・大型機では、機体の重量が大きく、より大きなステアリング・アングル（操向角）を必要とするため、ステアリング装置に動力（油圧）を使用しており、機種によって

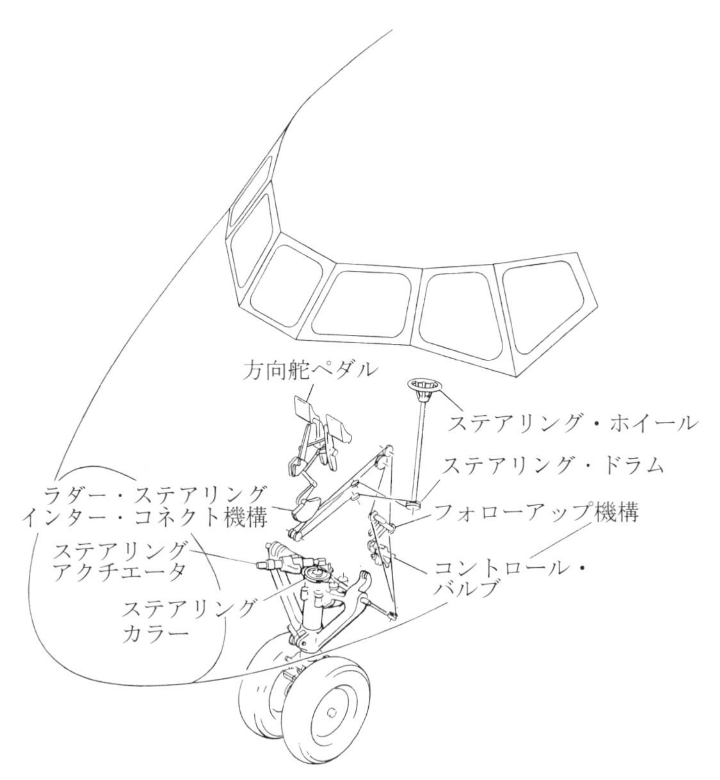

図 2-23　ノーズ・ギア・ステアリング・システム

構造等は、それぞれ異なってはいるが、作動原理はほとんど同じである。

機械的なコントロール・ケーブル等は使わず、操縦系統に使用されるフライ・バイ・ワイヤのように、ステアリング・ホイールやラダー・ペダルの操作量を電気的に変換し、ブラック・ボックスがステアリングの位置や機体の速度等を加味してコントロール・バルブを動かし、ノーズ・ギア・ステアリングを行う機体もある。

A．ステアリング・ホイールとケーブル（索）

図 2-23 はノーズ・ギア・ステアリング・システムである。機長により操作されるステアリング・ホイールの動きは、１本の軸を介して床下内にあるステアリング・ドラムに伝えられる。副操縦士もステアリング操作が出来るように、副操縦士側にもステアリング・ホイールがある機体もある。

ラダー・ペダルからの操作は、ラダー・ステアリング・インターコネクト機構を介してステアリング・ドラムのケーブルにつながり、フォロー・アップ機構に入る。

ラダー・ステアリング・インターコネクト機構は、ラダー・ペダルの操作でステアリングを

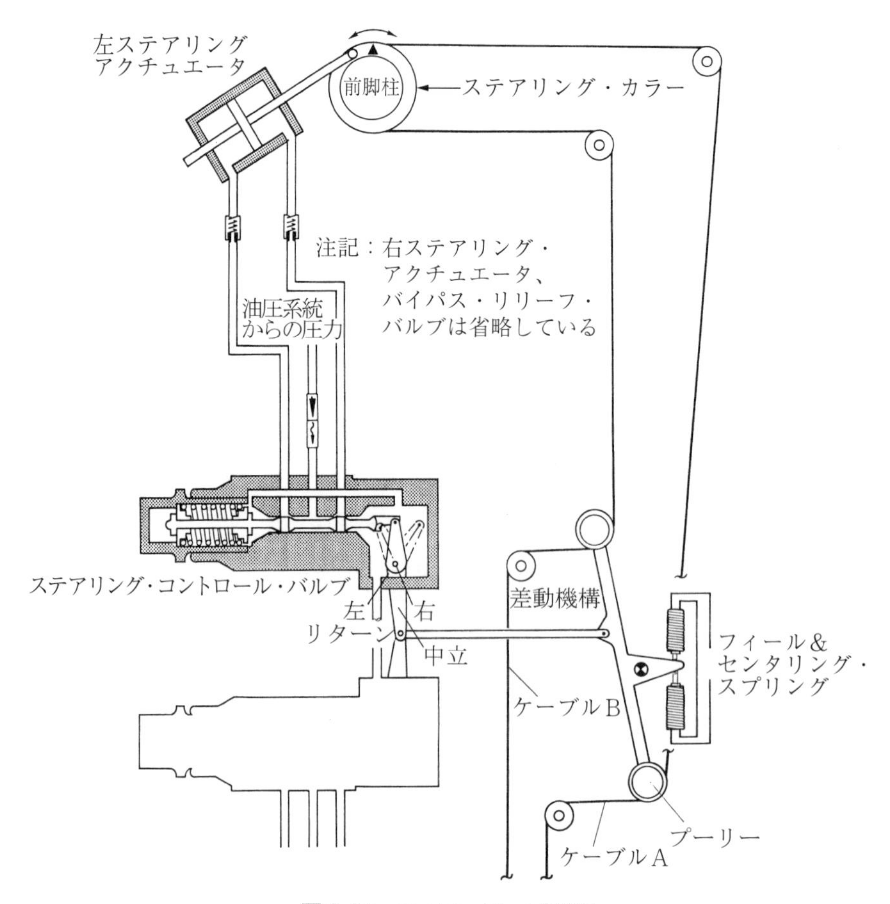

図 2-24　フォローアップ機構

作動させるが、ステアリング・ホイールを操作してもラダーは動かないようにしている。

図 2-24 のフォロー・アップ機構に入ったケーブル A と B は、差動機構（Differential Assembly）のプーリーを介して、ステアリング・カラーに固定されている。

ステアリング・カラーには、2 本のステアリング・アクチュエータのロッド・エンドとトーション・リンクが取付けられており、アクチュエータが動くとカラーが回され、トーション・リンクによってショック・ストラットのインナー・シリンダが回転し、ステアリングが出来るようにしている。

B．差動機構

ステアリング・ホイールを右に操作すると、**図 2-24** のケーブル A は引っ張られ、ケーブル B は緩められる。両方のケーブルはステアリング・カラーに固定されているので、差動機構のプーリー A は左に動き、反対側のプーリーは右に動く。この動きで、ステアリング・コントロール・バルブは右操向側に切り替えられる。フィール&センタリング・スプリングは下側に圧縮

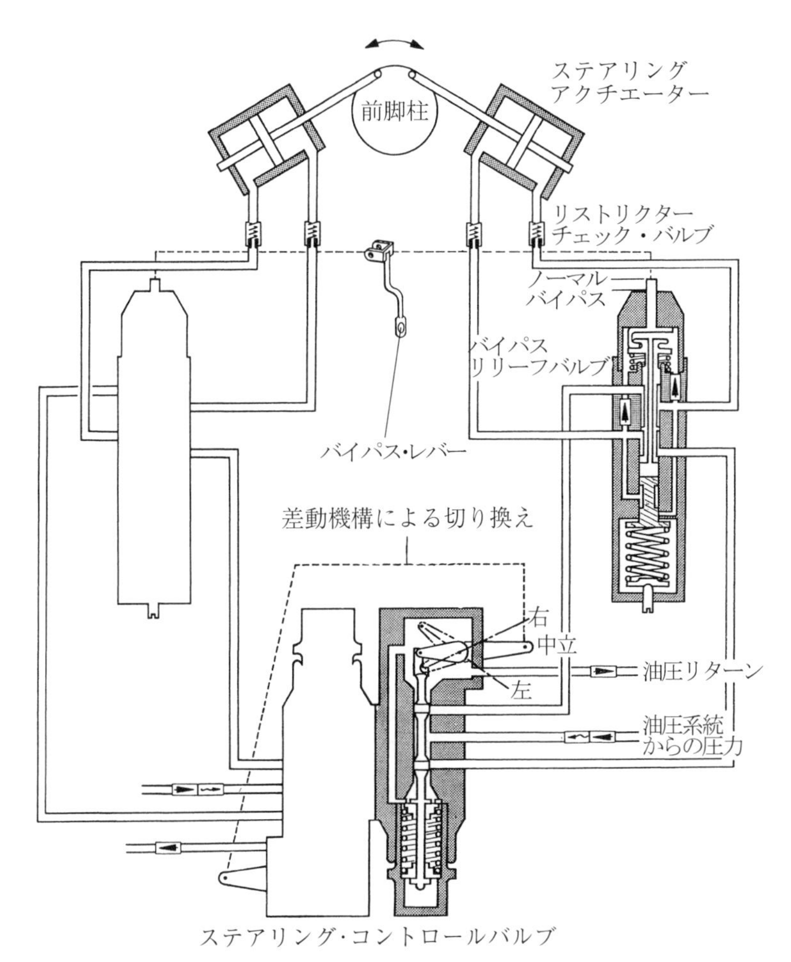

図 2-25　ノーズ・ギア・ステアリングの油圧系統図

されるが、これによりステアリング・ホイールに操作した分だけフィーリングを与えることになる。

C．コントロール・バルブとステアリング・アクチュエータ

図2-25はノーズ・ギア・ステアリングの油圧系統図で、油圧系統からの油圧は、ステアリング・コントロール・バルブに供給されている。ステアリング・ホイールを右操向側に回すと、差動機構を介してコントロール・バルブを右操向側に切り替え、高圧作動油はバイパス・リリーフ・バルブ → リストリクタ・チェック・バルブを経由して、各ステアリング・アクチュエータの左側チェインバ（Chamber）に送り込まれる。（コントロール・バルブとバイパス・リリーフ・バルブの内部は、右側しか表示していないが、左側についても同じである）

各アクチュエータの右側チェインバ内の作動油は、リストリクタ・チェック・バルブ → バイパス・リリーフ・バルブ → コントロール・バルブを経由して油圧リターンに帰るため、アクチュエータは、ステアリング・カラーを右に回転させ、トーション・リンクによってインナー・シリンダは右に回転し、ノーズ・ホイールを右方向に向ける。

D．フォローアップ・リンク機構

図2-24で、ステアリングが右に動きだすと、ステアリング・カラーに固定されているケーブルAの張力が少しずつ緩み、ケーブルBは引っ張られ、中立スプリングの助けも借りて差動機構が中立位置方向へ戻り始める。コントロール・バルブもそれに従い中立位置方向へ動く。ステアリング・ホイールで操作した分、ノーズ・ホイールが右に動くと、ケーブルAとBの張力が同じになって差動機構が中立位置に戻り、コントロール・バルブも中立位置に戻ってステアリングの作動は止まり、ステアリング・アングルを一定に保つ。

E．シミー・ダンパとしての機能

コントロール・バルブが中立位置に戻されと、コントロール・バルブの加圧とリターンの両ラインは閉ざされて、アクチュエータはその位置を保持する。作動油は非圧縮性であるため、アクチュエータのピストンは固定された状況に置かれ、シミー・ダンパとして働く。

F．バイパス・リリーフ・バルブ（**図2-25**参照）

(1)　バイパス機能

バイパス・リリーフ・バルブを手動によりバイパス位置にすることにより、アクチュエータの左右チェインバはつながり、作動油が左右チェインバ間を自由に流れるため、ステアリングは自由になるので、地上における機体牽引作業時に利用される。

(2)　リリーフ機能

外力もしくは作動油の熱膨張によりアクチュエータ・チェインバ内の圧力が規定値を越すと、バルブ内下側滑り弁を押し下げ、高圧油をリターン・ラインに逃がすことによりステアリングの油圧系統を高圧から守る。

2-7　メイン・ギア・ステアリング（Main Gear Steering：主脚操向装置）

Boeing 777 では、ノーズ・ギア・ステアリング（前脚操向装置）で回転しようとしても、1 本のメイン・ギア（主脚）に 6 本の主輪を装備しているので、ボギー・ビーム（B777 では Truck と呼ばれる）が長くなり、タイヤが横滑りして回転しづらく、また希望する小さい回転半径を得ることができない。そのため、**図 2-26** のメイン・ギア・ステアリング（主脚操向装置）を装備している。

この装置はノーズ・ギア・ステアリングと連動しており、ノーズ・ギア・ステアリングからの電気信号をコンピュータで処理してメイン・ギア・ステアリングへ送り作動させる。

ノーズ・ギア・ステアリング・アングル（前脚操向角）が 10° を超えると、メイン・ギア・ステアリングのアクチュエータが作動して最後方の車軸を左または右へ最大 8° まで回転させる。

メイン・ギアが 4 本ある大型機にも、形式は違うが同様な装置を装備している。

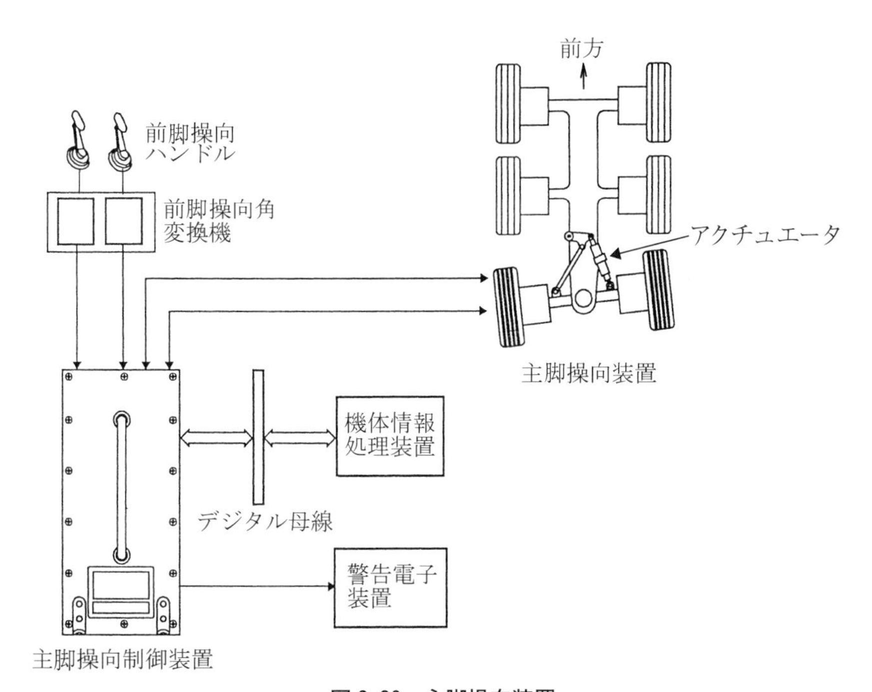

図 2-26　主脚操向装置

2-8　シミー・ダンパ（Shimmy Damper）

シミー・ダンパは、作動油を用いた減衰作用（Hydraulic Damping）によって、振動又はシミーを制御するもので、作動油を使わないものもある。ダンパは、ノーズ・ギア（前脚）に内蔵又はボルト止めしてあり、航空機の地上走行や離着陸時の際のシミーを防止するが、メイン・ギアにも装備された機体もある。

⑴　ピストン式
⑵　ベーン式
⑶　ノーズ・ホイール・ステアリング（前脚操向装置）内の油圧系統に内蔵された形式

2-8-1　ピストン式シミー・ダンパ（Piston Type）

図2-27はピストン形式のシミー・ダンパで、バレル、小さなオリフィスがあるピストン、ピストン・ロッドから構成され、ピストンとピストン・ロッドは固定されている。

バレル内には作動油が満たされており、ピストンが動き出すと作動油はピストンの小さなオリフィスを通って左右に移動する。この時の抵抗によってシミーを吸収するようなっている。

ピストン・ロッド・エンドは、ステアリング機構と結合されており、ノーズ・ホイール（前車輪）にシミーによる振動が発生すると、その振動はピストン・ロッドによってシミー・ダンパに伝えられ、その振動をおさえるように働く。

表面効果ダンピングを利用したノン・ハイドローリック・シミー・ダンパもある。バレルと接するピストン部は金属ではなくゴム製で、作動油は入っていない。ゴムには薄いグリス膜があり、バレルの内側（内径部）を押し付けることにより生ずる摩擦作用によりダンピングをしている。このタイプのシミー・ダンパは、給油無しで長い耐用年数がある。

2-8-2　ベーン式シミー・ダンパ（Vane Type）

ベーン形式のシミー・ダンパは、ノーズ・ギア・ショック・ストラット内部や、外部に取り付けられている。ストラット内部に取り付けられた形式では、シミー・ダンパのハウジングはストラット内

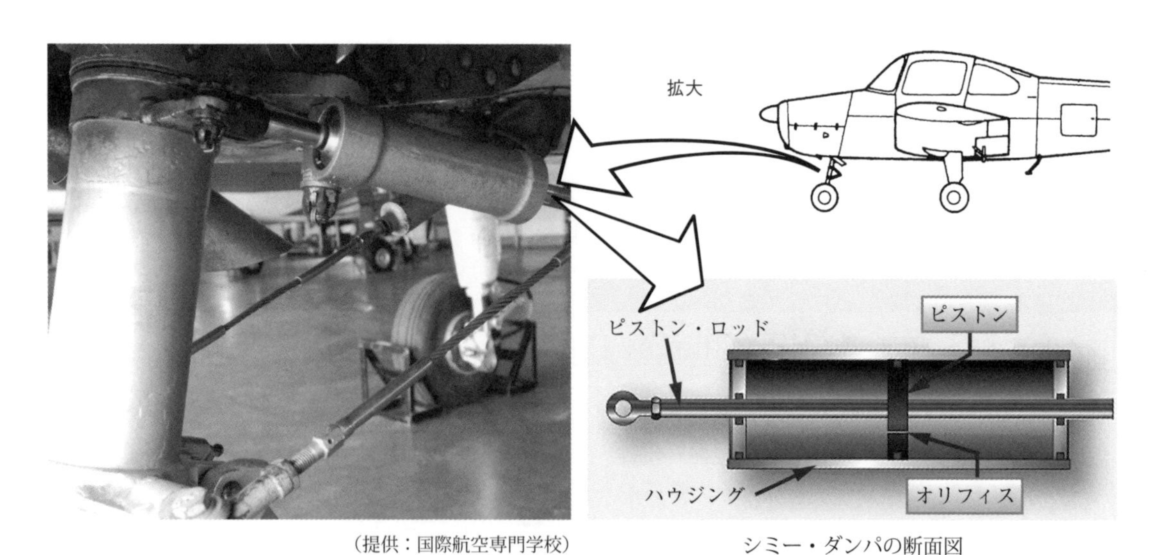

（提供：国際航空専門学校）　　シミー・ダンパの断面図

図2-27　ピストン式シミー・ダンパ

部に固定され、シャフトはノーズ・ギアにスプラインで結合されている。逆に、外側に取り付けられる形式では、シミー・ダンパのハウジングはノーズ・ギアの横にボルトで結合され、ウイング・シャフトはリンク機構でストラットに接続されている。

図 2-28 のハウジングは、次の３つの主要部分で構成されている。

⑴　補充室（リプレニッシング・チェインバ：Replenishing Chamber）

⑵　作動室（ワーキング・チェインバ：Working Chamber）

⑶　下部パッキング室（ロアー・シャフト・パッキング・チェインバ：Lower Shaft Packing Chamber）

補充室はハウジングの上部にあり、作動油が満たされている。この作動油には、スプリング力のかかったリプレニッシング・ピストンにより圧力がかけられており、作動室の作動油が漏れて作動室の圧力が下がると、リプレニッシングチェック弁を開けて作動油を補充する。ピストン・シャフトは上方ハウジングを通して外に突き出ており、作動油の油量計の役目をしている。ピストン上部はハイドロリック・ロック（Hydraulic Lock）を防止するため大気に開放されており、油漏れを防止するためピストンにはＯリングが取り付けられている。

ノーズ・ホイールがどちらかの方向に回転すると、ストラットのリンク機構を介してウイング・シャフトならびにシャフトと一体構造である作動室内の回転弁を回転させる。今、仮に **図 2-28** に示す回転弁を時計方向に回そうとするとチェインバＡの容積が大きくなり、チェインバＢの容積が小さくなる必要がある。この容積変化はウイング・シャフトに設けられた各々の作動油ポートと、これらをつなぐシャフト内のバルブ・オリフィスを作動油が流れることにより可能となる。回転弁の動く速さは隣の室に作動油が移動する速さに支配される。作動油は、軸内のバルブ・オリフィスを通って隣室に移動するが、このときの抵抗は流れの速さに比例する。従って、このシミー・ダンパは通常の地上旋

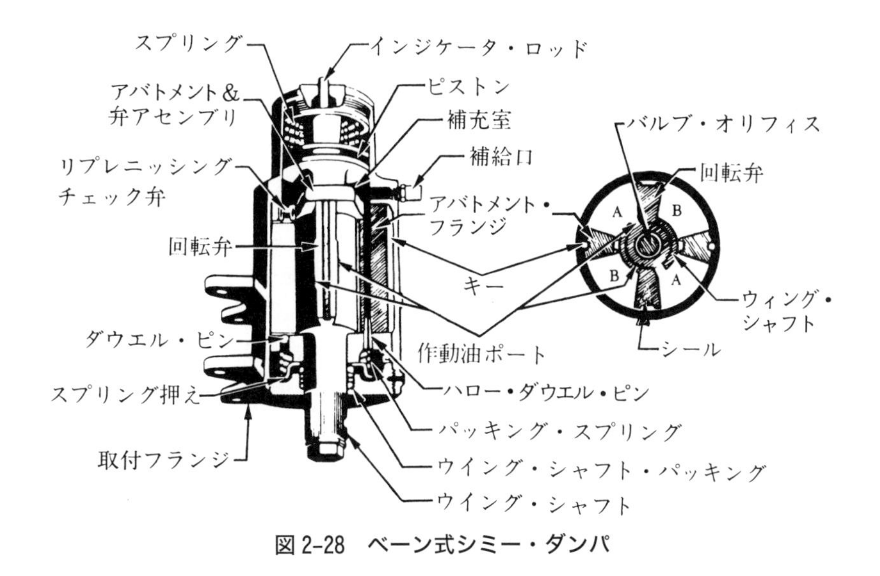

図 2-28　ベーン式シミー・ダンパ

回のようなゆっくりした動きに対して抵抗は少ないが、離着陸・高速走行等のときに起こるシミーに対しては大きな抵抗力となる。

2-8-3　ステアリング・ダンパ（Steering Damper）

前述のように、油圧によるステアリング (操向装置) を持っている中・大型機は、必要なダンピングを得るために、ステアリング・シリンダ内に油圧を保っている。 これがステアリングによるダンピングである。

2-9　ブレーキおよびブレーキ系統

2-9-1　ブレーキ系統

ブレーキは、地上滑走走行中の飛行機の減速と停止、エンジン作動中の飛行機の停止、地上停留、或いは地上での旋回等に使用され、このブレーキ機能が正常に働くことは極めて重要である。ブレーキは左右の主脚にある各ホイールに取り付けられており、ラダー・ペダルの上方にあるブレーキ・ペダルの操作で作動する。左側のブレーキは左側のブレーキ•ペダル、右側のブレーキは、右側のブレーキ・ペダルを操作して作動する。

ブレーキ系統は、次の３つの形式が一般的に使用されている。ただし、ブレーキ自体には数種類の異なった形式のものが使用されている。

A．マスタ・シリンダ・ブレーキ系統（Independent System）

通常マスタ・シリンダ・ブレーキ系統は、小型機に使用されている。

この形式のブレーキ系統は、系統自身のリザーバを持ち、航空機の油圧系統から独立しているので「独立ブレーキ系統」とも呼ばれる。

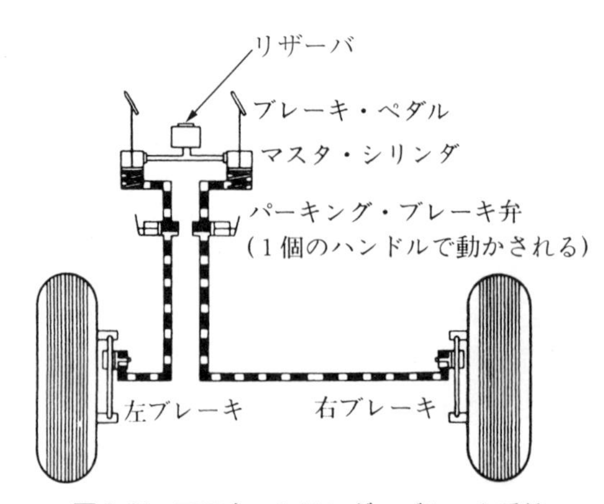

図 2-29　マスタ・シリンダ・ブレーキ系統

⑴　**図 2-29** は、このブレーキ系統で、普通の自動車のブレーキ系統と同じように、マスタ・シリンダを使用してブレーキを作用させる。この系統は、ブレーキ・ペダルとマスタ・シリンダを接続するリンク機構、1 個又は 2 個のマスタ・シリンダ、作動油の配管、ブレーキ・アセンブリ等で構成されている。

⑵　ブレーキ・ペダルを踏むと、マスタ・シリンダのピストンが押されて作動油に圧力を発生させ、配管を通してホイール（車輪）のブレーキ・アセンブリに圧力が伝わり、ブレーキ内のピストンが動いてホイールを止めるのに必要な摩擦力を作り出す。

ブレーキ・ペダルから足を放すと、マスタ・シリンダのピストンは、リターン・スプリングの力により「OFF」の位置に戻り、ブレーキ内のピストンは、リターン・スプリングによって「OFF」位置に戻る。ブレーキ内に入っていた作動油は、マスタ・シリンダに戻される。

⑶　ブレーキをオフにして、マスタ・シリンダがオフ位置にあるときは、コンペンセイティング・ポート又はバルブ（Compensating Port or Valve）が開いてリザーバとつながり、ブレーキ・ラインへ作動油が補給される。

小型飛行機の中には、マスタ・シリンダを 1 つしか装備していないものがある。この形式では、ブレーキは 1 本の手動レバーによって制御され、主脚の両方のブレーキは同時に作動するため、操向は前脚のみによって行われる。

マスタ・シリンダの形式は製造会社によって種々の設計があるが、内部構造が多少異なる程度で作動原理はほとんど変わらない。

B．動力ブレーキ操作系統（Power Brake Control System）

図 2-30 は動力ブレーキ操作系統で、多量の作動油を必要とする航空機（通常は大型機）に使用される。一般的に大型機は、大きなサイズのタイヤとブレーキを装備しなくてはならないので、ブレーキを作動させるには、高い圧力や作動油の量が必要で、独立したマスタ・シリンダ系統では能力不足である。動力ブレーキ操作系統では、航空機の主油圧系統から圧力が供給される。

⑴　主油圧系統からの高圧油は、まずチェック・バルブを通ってブレーキ系統に入る。チェック・バルブ下流にあるアキュムレータ（Accumulator：蓄圧器）は、主油圧系統からの圧力が無いときでも、蓄圧によりある程度ブレーキ操作が出来るようにしているが、主油圧系統が故障した場合、逆流して圧力が低下しないようにチェック・バルブがある。アキュムレータは、予備の圧力を蓄えると共に、ブレーキ油圧系統に生ずる脈動を吸収するためのサージ・チェインバ（Surge Chamber）としても機能する。

⑵　リリーフ・バルブは、圧力が規定値以上になると開いてリターン・ラインに圧力を逃がす。

⑶　左（右）のブレーキ・コントロール・バルブは、機長と副操縦士の左（右）のブレーキ・ペダルで操作され、左（右）のメイン・ランディング・ギアにあるブレーキを作動させるために必要な作動油の量と圧力を調整する。

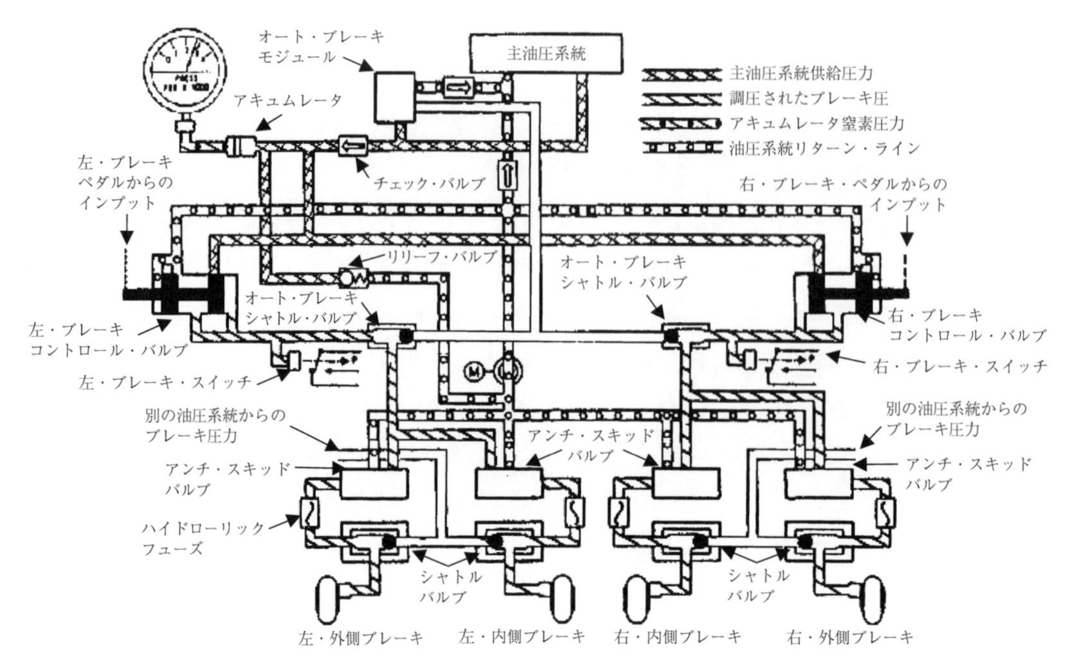

図 2-30　動力ブレーキ操作系統

⑷　通常、乗員のブレーキ・ペダル操作によりブレーキ・コントロール・バルブで調整された油圧は、オート・ブレーキ・シャトル・バルブを図のように切替え、アンチスキッド・バルブ、ハイドローリック・フューズ、シャトル・バルブを経由してブレーキをかける。

⑸　乗員がブレーキ･ペダルを操作しなくても、オート･ブレーキが働く条件になると、オート・ブレーキ・モジュールが作動し、調整された油圧は、オート・ブレーキ・シャトル・バルブを切替え、下流のアンチスキッド・バルブに入る。

⑹　オート・ブレーキが働いているとき、乗員のブレーキ操作でブレーキ・コントロール・バルブ下流の圧力が、設定圧以上になるとブレーキ・スイッチが働いてオート・ブレーキは解除され、オート・ブレーキ・シャトル・バルブは切替わり、乗員のブレーキ操作にかわる。

⑺　アンチスキッド・バルブは、タイヤがスキッドしないように、各ホイールの回転状態等をモニターしてブレーキにかかる圧力を抜いている。

⑻　ハイドローリック・フューズは、下流に作動油のリーク（漏えい）が生じたとき、流失を防ぐ。

⑼　各ブレーキ・ラインには、シャトル・バルブ（Shuttle Valve）があり、通常の油圧系統が故障した場合、別の油圧系統からのブレーキ圧力が入ってブレーキ操作が出来るようにしている。

⑽　**図 2-31** は、大型機のブレーキ・コントロール・バルブで、ブレーキ・メタリング・バルブと呼ばれたりする。メイン・ホイール・ウェル（Main Wheel Well：主脚格納室）に

取付けてあり、ブレーキ・ペダルを踏むと、ケーブルとリンクによって、インプット・クランクが時計方向に回される。バルブには、主油圧系統から油圧が入る圧力入口（System Press）と、ブレーキへ調圧された油圧を送る出口（Brake Press）、主油圧系統へ作動油を返す出口（Return）の3つポートがある。

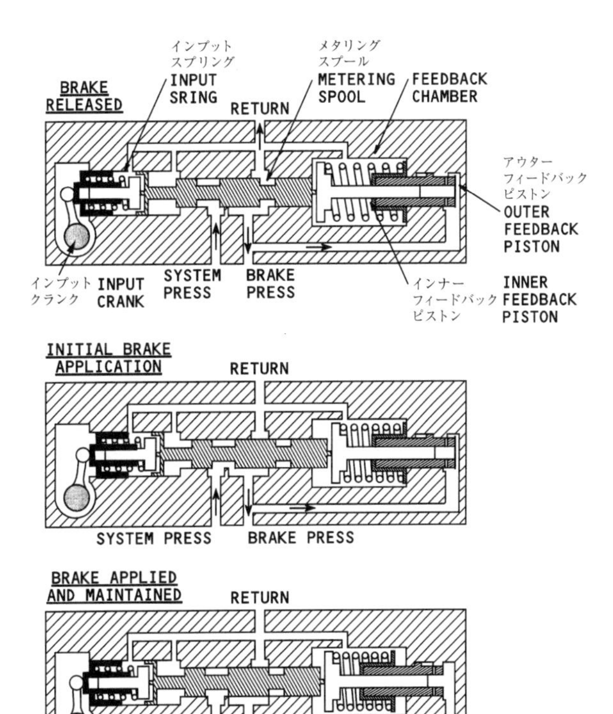

図 2-31　メタリング・バルブ

⑾ **図 2-31** の上の図は、ブレーキ・ペダルを踏んでいない状態で、インプット・クランクはインプット・スプリングに力を加えていないので、メタリング・スプールは左にあり、主油圧系統からの油圧はメタリング・スプールで止められる。ブレーキへ油圧を送る出口は主油圧系統へ作動油を返す出口とつながっているので、ブレーキは作動しない。

⑿ **図 2-31** の中の図は、ブレーキ・ペダルを踏み始めた状態で、インプット・クランクはインプット・スプリングに力を加え、インナー・フィードバック・ピストンのスプリングに打ち勝ってメタリング・スプールを右に動かす。これにより主油圧系統から油圧は、ブレーキへ油圧を送る出口を通ってブレーキに入り、ブレーキは作動する。メタリング・スプールを通った油圧の一部は、アウター及びインナー・フィードバック・ピストンの右側にかかる。

⒀ **図 2-31** の下の図は、メタリング・スプールを通った油圧の一部が、アウター及びインナー・フィードバック・ピストンの右側にかかってピストン全体が左に動いた状態で、メタリング・スプールも主油圧系統からの油圧を止める位置まで戻される。これにより、ブレーキに送られる圧力は調圧される。インプット・スプリング（Input Spring）も左に押されてインプット・クランクを押すことにより、調圧された圧力に応じてブレーキ・ペダルにフィール（Feel：感覚）を与えている。

C. 動力ブースト・ブレーキ系統（Power Boost Brake System）

一般的に動力ブースト・ブレーキ系統は、マスタ・シリンダ式ブレーキ系統を使用するには着陸速度が速すぎるが、動力ブレーキ系統を使う程ではない飛行機に使用される。

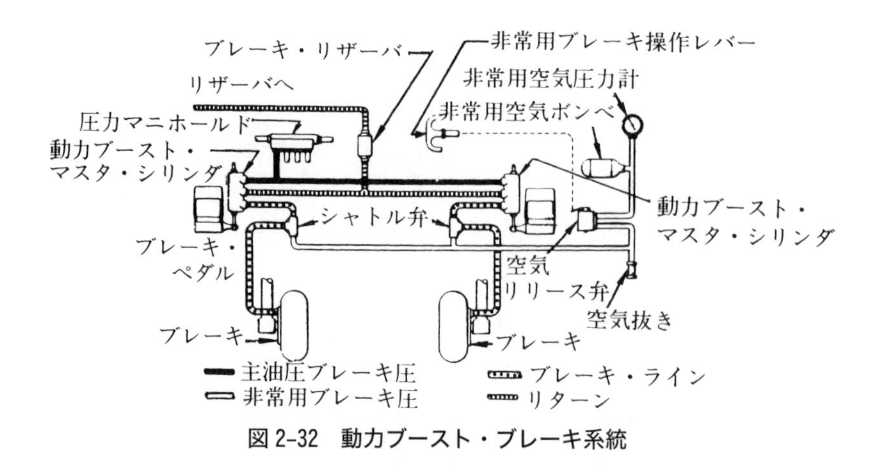

図 2-32　動力ブースト・ブレーキ系統

この形式のブレーキ系統は、主油圧系統の油圧を使用するが、直接ブレーキに主油圧系統の油圧をかけるのではなく、動力ブースト・マスタ・シリンダを介してペダルの動きの補助として使われるだけである。

図 2-32 は、代表的な動力ブースト・ブレーキ系統で、リザーバ、2個の動力ブースト・マスタ・シリンダ、2個のシャトル弁および各ホイール（車輪）のブレーキ・アセンブリで構成されている。非常用のブレーキとしては圧縮空気のボンベ（圧力計付き）、空気リリース弁（Release Valve）が装備されている。主油圧系統の油圧は、圧力マニホールドを介して動力ブースト・マスタ・シリンダまできている。ブレーキ・ペダルを踏むと、ブレーキ・ラインの作動油は動力ブースト・マスタ・シリンダを介して、シャトル弁を通ってブレーキにかかる。

ブレーキ・ペダルを放すと、マスタ・シリンダの主油圧系統のプレッシャ・ポートは閉じる。ブレーキ・アセンブリにかかっていた油圧は、ブレーキのピストンからリターン・ラインを通ってブレーキ・リザーバへ戻る。ブレーキ・リザーバは主油圧系統のリザーバと接続されており、ブレーキの作動に必要な作動油が確保される。

2-9-2　ブレーキ本体（Brake Assembly）

航空機に使用されるブレーキには、単板（Single-disk）、双板（Dual-disk）、多板（Multiple-disk）、セグメンテッド・ロータ（Segmented Rotor）の形式がある。単板および双板型は小型機に、多板型は中型機に、セグメンテッド・ロータ型は大型機に、それぞれ使用されるのが普通である。

A. 単板型ブレーキ（シングル・ディスク・ブレーキ：Single Disk Brake）

単板型ブレーキでは、ホイール（車輪）とキー（Key）で結合されている回転ディスク（Rotating Disk）の両面をライニングで押しつけ、その摩擦によりブレーキをかける。単板型ブレーキにはいろいろな変形があるが、シリンダの数やブレーキ・ハウジングの形式（一体型と分割型）が異なる程度の相違しかなく、作動原理は同じである。

図 2-33 はホイールを取外した単板型ブレーキの取付け状態を示したものである。ブレーキ・ハウジングは、ギアのアクスル（車軸）フランジにボルト付けされている。

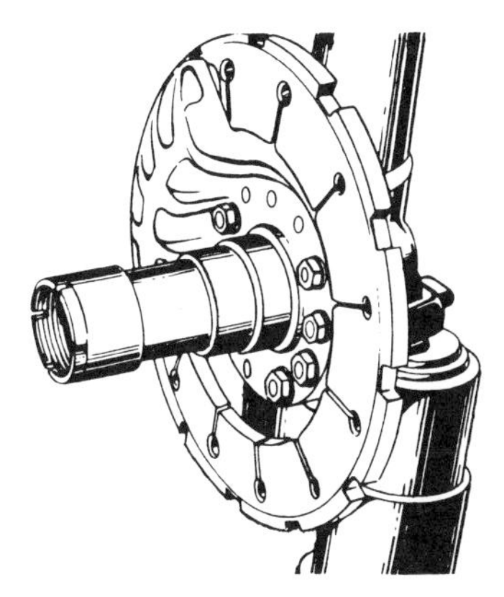

図 2-33　単板型ブレーキの取付図

図 2-34 は代表的な単板型ブレーキの分解図で、このブレーキは一体ハウジング（One-piece Housing）にシリンダが 3 個装備されている。ハウジングのそれぞれのシリンダには、ピストン、リターン・スプリング、自動調節ピン（Automatic Adjusting Pin）が内蔵されている。回転ディスクの内外両側には、それぞれ 3 個ずつブレーキ・ライニングが取付けられている。図中のライニングをパック(Puck)と呼ぶこともある。外側のライニングは、3 つのピストンに取付けられており、ブレーキが作動すると出入りする。内側のライニングはブレーキ・ハウジングに固定されている。

ブレーキ作動圧がブレーキ・シリンダに入ると、ピストンを介してライニングは回転ディスクに押しつけられる。ディスクはライニングで両側から、はさまれるような格好になり、ディスクの両側に同じブレーキ力が発生する。回転ディスクはホイールとキーで止められており、アクスル（車軸）方向の動きはある程度自由である。

ブレーキ作動圧が無くなると、ピストンはリターン・スプリングによって戻され、ライニングとディスクの間隔はあらかじめ調節された値になる。ブレーキには、ライニングとディスクの間隔を自動的に調節する装置が取付けられているため、ディスクが摩耗しても一定の間隔を

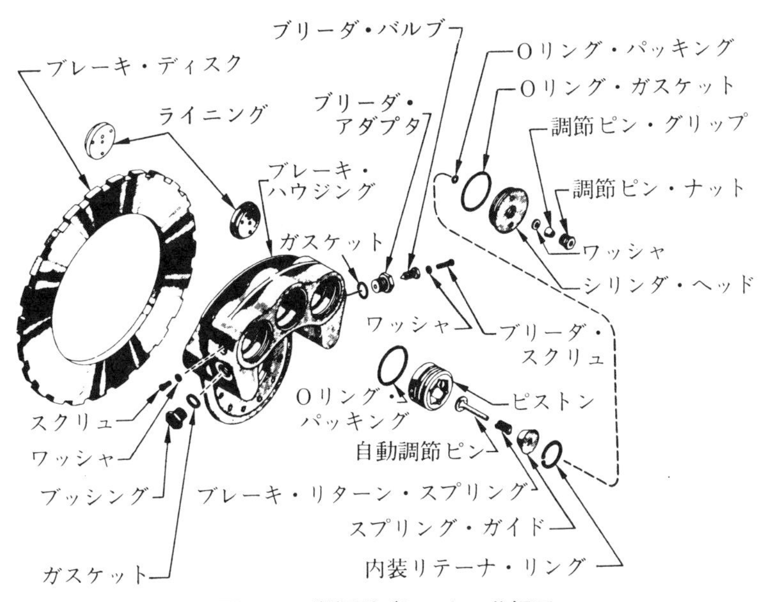

図 2-34　単板型ブレーキの分解図

保つようになっている。

B．双板型ブレーキ

双板型ブレーキは、単板型と非常に良く似ており、ディスクが 2 枚になっただけと考えてよく、単板型よりもブレーキ力が必要な航空機に使用される。

C．多板型ブレーキ（マルチ・ディスク・ブレーキ：Multi Disk Brake）

多板型ブレーキは能力の大きなブレーキであり、動力ブレーキ操作系統や動力ブースト・ブレーキ系統に使用するブレーキとして設計されている。

このブレーキは、軸受けキャリア（Bearing Carrier）、ロータと呼ばれる 4 枚の回転ディスク、ステータ（Stator）と呼ばれる 3 枚の静止ディスク、円筒型の作動シリンダ、自動調節器（Automatic Adjuster）等の主要部品で構成されている。

ショック・ストラット（緩衝支柱）のフランジに軸受けキャリアがボルト止めされており、これが円筒型のピストンのハウジングとなる。ブレーキへの油圧は自動調節器を通じて軸受けキャリアに入り、ピストンを外側へ押す。ロータはホイール（車輪）と、ステータは軸受けキャリアとそれぞれキーで固定されているので、ピストンが押されることによりロータとステータは互いに押し付けられてブレーキ力が発生する。

ブレーキにかかっていた油圧がなくなると、リターン・スプリングによりピストンは引っ込み、ブレーキに入っていた作動油は自動調節器を通してリターン・ラインに戻る。自動調節器は、あらかじめ決められた量の作動油をブレーキ内に残す働きがあり、これによりロータとステータ間の間隔を一定にする。

D．セグメンテッド・ロータ型ブレーキ（Segmented Rotor Brake）

⑴ **図 2-35 ⒜**は、セグメンテッド・ロータ型ブレーキで、動力ブレーキ操作系統と共に用いられ、特に高圧の油圧系統からの油圧を使用する。

このブレーキは多板型ブレーキと良く似ており、主要構成部品はキャリア、ピストン、プレッシャ・プレート、補助ステータ・プレート（Auxiliary Stator Plate）、ロータ・セグメント、ステータ、調整シム（Compensating Shim）、自動調節器、及びバッキング・プレート（Backing Plate：背板）等で構成されている。

プレッシャ・プレートは円板状で、ピストンの動きをステータとロータに伝達する。補助ステータ、バッキング・プレートのロータ側の面、ステータの両面にはライニングがあり、熱の発散を良くするために、いくつかのブロックに分けて取付けられている。

キャリアは、このブレーキの基本的な構成部品であり、ショック・ストラット（緩衝支柱）のアクスル（車軸）に取付けられ、これに他の構成部品が取付けられる。作動油はキャリアの外側に取り付けられている油圧ラインを通ってキャリアのシリンダに入る。

⑵ **図 2-35 ⒝**は分解図である。プレッシャ・プレートは円板状の固定板で、内周にノッチ（凹）があり、とつ状（凸）のステータ・ドライブ・スリーブに入っており、スリーブの

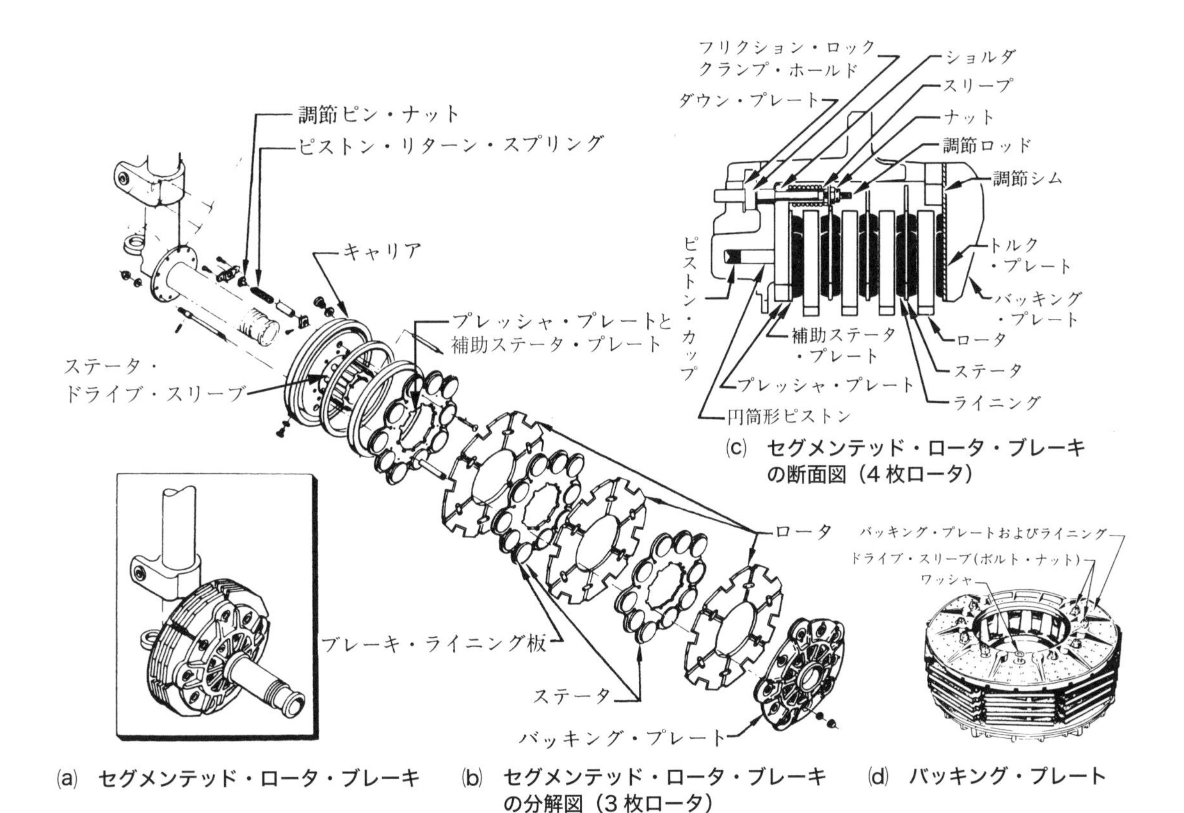

(a) **セグメンテッド・ロータ・ブレーキ**　(b) **セグメンテッド・ロータ・ブレーキの分解図（3 枚ロータ）**　(c) **セグメンテッド・ロータ・ブレーキの断面図（4 枚ロータ）**　(d) **バッキング・プレート**

図 2-35　セグメンテッド・ロータ・ブレーキ

軸方向にはスライド出来るが、回転は出来ない。プレッシャ・プレートの次に補助ステータ・プレート（Auxiliary Stator Plate）がある。このプレートもプレッシャ・プレートと同様に、内周にノッチが付いている。ブレーキ・ライニングは、この補助ステータ・プレートの片側に鋲付けされている。

この次は最初のロータ・セグメントである。各ロータ・プレートは外周にノッチ（凹）があり、これがホイール（車輪）内面にあるとつ状（凸）のキーに入ってホイールと一緒に回転すると共にアクスル（車軸）方向にスライド出来るようにしている。

(3)　**図 2-35 (c)**は断面図で、ロータ・セグメントを 4 組使用しているものである。このロータ・セグメントのそれぞれの間にステータ・プレートが組み合わされる。

ステータ・プレートは回転しない板であり、両面にブレーキ・ライニングがリベット付けされている。ライニングは数多くのブロックで作られ、熱の発散を助けるために分割されている。

(4)　**図 2-35 (d)**のバッキング・プレートは片面にブレーキ・ライニングをリベット付けした固定プレートで、ブレーキを作用させた際に発生するピストンの力を受け持つ。

ブレーキ制御装置から出た油圧はブレーキ・シリンダに入り、ピストン・カップとピストンに作用し、キャリアからその外側に力を加える。ピストンは、プレッシャ・プレートに力を加え、順に補助ステータを押す。

補助ステータは最初のロータ.・セグメントに接触し、次いで最初のステータ・プレートとつながる。横の動きはすべての制動面がつながるまで続く。

補助ステータ・プレートとバッキング・プレートは、ステータ・ドライブ・スリーブによって回転しないようになっている。このため、固定されたライニングはすべてロータと接触して力を加え、車輪を止めるに十分な摩擦力を生じる。

(5) **図 2-36** はオート・アジャスター（自動調節器）の取付け部と断面図である。オート・アジャスターはキャリアの中に取付いており、ブレーキがいくら摩耗しても「OFF」位置で一定のライニング間隙を保つように自動的に補正している。

オート・アジャスターは、アジャスター・ボールが取付いたアジャスター・ピン（調節ピン）、アジャスター・ボールが中を通ることにより変形するチューブ、リターン・スプリング、ワッシャー等で構成されている。

ブレーキがかかると、プレッシャ・プレートが動き、アジャスター・ピン、アジャスター・ボール、チューブ、ワッシャーが一体となって動く。チューブは、ワッシャーがキャリアに当たると止まり、アジャスター・ピンがそれ以上動くとアジャスター・ボールがチューブ内部を変形させながら動いていく。

ブレーキをオフにすると、プレッシャ・ビストンにかかった圧力は抜かれ、スプリング

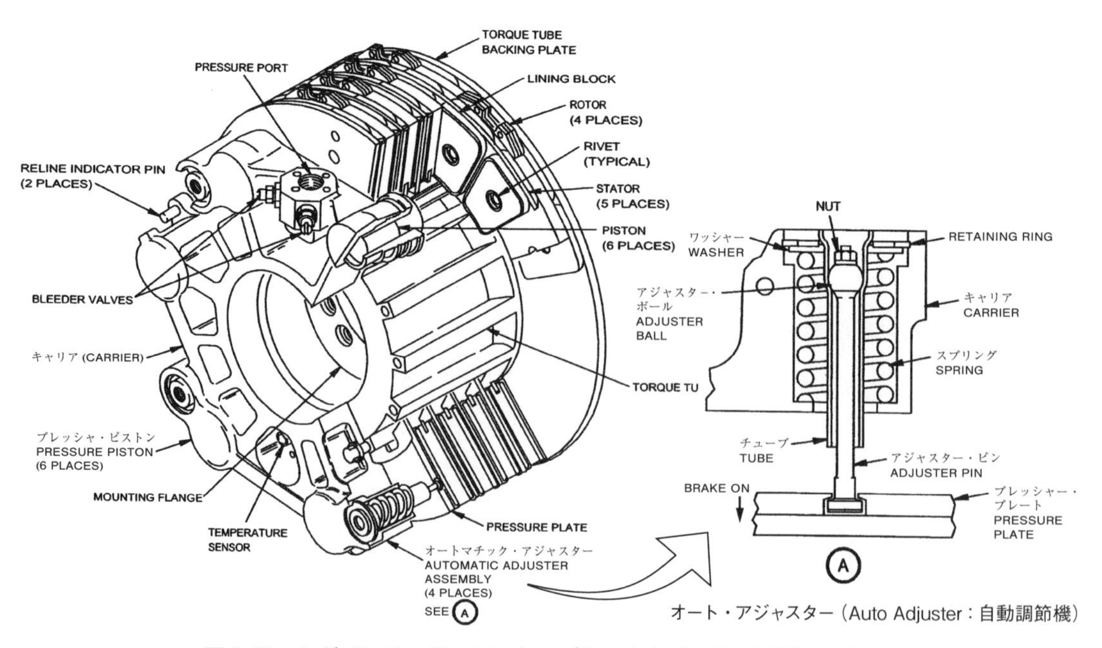

図 2-36　セグメンテッド・ロータ・ブレーキとオート・アジャスター

によってプレッシャ・プレートは元に戻されるが、戻る量はワッシャーが移動した分だけしか戻らない。これによりライニングが摩耗しても、ブレーキ「OFF」位置での間隙を一定に保っている。

(6)　ブレーキの形式による名称とは別に、カーボン・ブレーキと呼ばれるものがある。構造はセグメンテッド・ロータ型ブレーキと同じであるが、構成部品の重要な要素であるスチール製ロータ、あるいはディスクを熱容量の大きいカーボン複合材に置き換えることで、重量軽減とブレーキ性能の向上を図るものであり、大型旅客機への採用が進んでいる。

2-9-3　ブレーキ系統の点検と整備

ブレーキ系統が正常に作動することは安全上極めて重要なことであり、点検を度々実施し、適切な整備をしなければならない。

ブレーキ系統は、破損や系統に空気が入るのを防止するため、常に作動油の量を適切に保たなければならない。作動油が不足すると、泡が生じたり系統内に空気を吸い込んだりする原因となる。系統に空気が入ると、ブレーキ・ペダルを踏んだ場合、スポンジを押したような感じがしたり、空気の熱膨張によりブレーキを作動させないのにブレーキがかかり、ブレーキが過熱したりする。このような場合には、系統に入った空気の空気抜き（エア・ブリード：Air Bleed）をしなければならない。

ブレーキ系統のエア・ブリード（空気抜き）には2通りの方法がある。一つは**重力による方法**で、もう一つは**圧力による方法**である。どちらの方法をとるかは、ブレーキ系統の形式と設計によって決められるが、場合によっては使用可能な設備・器材によることもある。

A．重力によるエア・ブリード（空気抜き）(Gravity Method of Bleeding Brake)

図2-37は重力によるエア・ブリード 方法である。ブレーキに取り付けられたブリーダ・バルブ（Bleeder Valve：空気抜き弁）に空気抜き用のホースを取り付け、ホースの他端をきれいな作動油の入った容器の中にいれる。このときホースの端はリザーバの油面より下になければならない。次にブレーキを作動させれば、空気の混じった作動油が系統から送り出される。

ブレーキ・ペダルを「OFF」にする前にブリーダ・バルブを閉じるか、またはブリード・ホースを押さえて閉じなければならない。もし、そうしない場合には空気が逆流して系統に吸い込

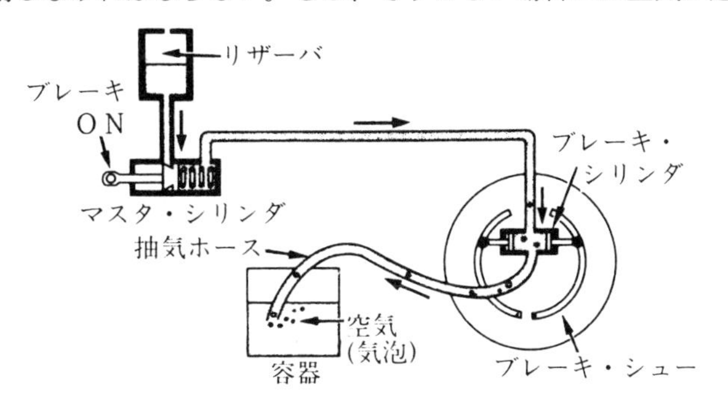

図2-37　重力によるエア・ブリード

まれてしまう。エア・ブリードは、ブリード・ホースから気泡が出なくなるまで行う必要がある。

B．圧力によるエア・ブリード（空気抜き）（Pressure Method of Bleeding Brake）

圧力によるエア・ブリードは、エア・ブリード・タンク方式と、油圧系統圧力方式がある。

(1)　エア・ブリード・タンク方式

図 2-38 はエア・ブリード・タンク方式で、ブレーキの作動油に圧力をかけることが出来るエア・ブリード・タンクを、ブレーキのブリーダ・バルブにホースで接続し、作動油を送り込んでブレーキ系統のリザーバ、もしくは特にエア・ブリード（空気抜き）のために備えられた所から系統内の空気を抜く方法である。飛行機によっては、ブレーキ・ラインの上方にブリーダ・バルブが取り付けられているものもある。ブリード・タンクは持ち運びできる小型のタンクで、空気弁、圧力計、シャット・オフ・バルブ（Shut-off Valve：遮断弁）が装備されているホース等が取付いている。

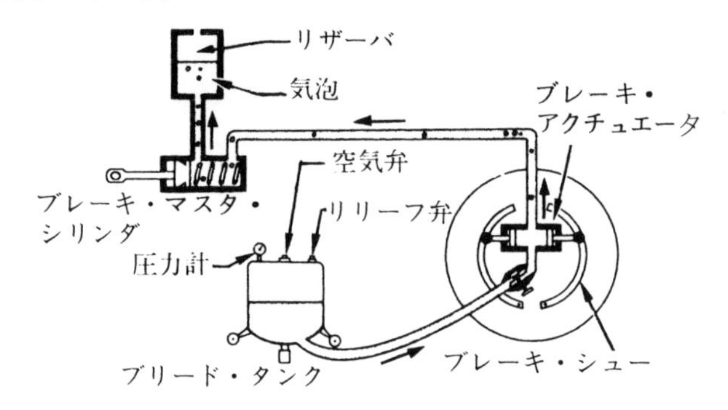

図 2-38　エア・ブリード・タンク方式によるエア・ブリード

(2)　油圧系統圧力方式

図 2-39 は油圧系統圧力による方式で、ブレーキに油圧系統で圧力を加え、ブレーキそのものに備えられたブリード・バルブからエア・ブリードする方法である。エア・ブリードに利用する作動油は油圧テスト・スタンドから供給するのが一般的であるが、エア・ブリードの必要

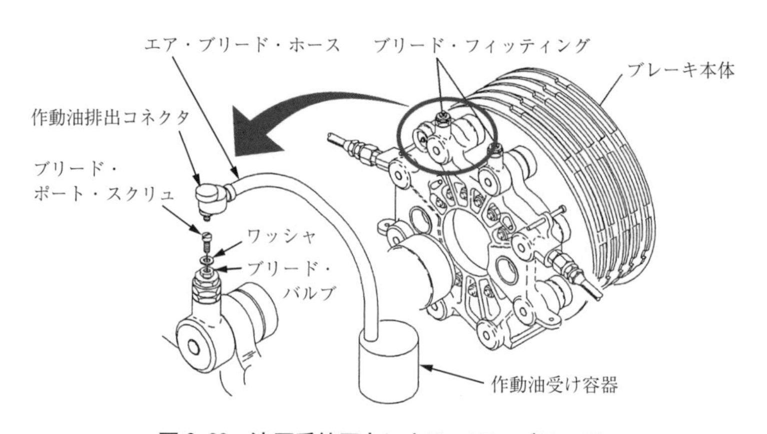

図 2-39　油圧系統圧力によるエア・ブリード

性の程度により飛行機の油圧系統から供給する場合もある。

まず飛行機の油圧系統を昇圧しておき、ブレーキ・ペダルあるいはパーキング・ブレーキを利用してブレーキ系統を作動させる。次にブレーキ本体上部にあるブリード・バルブを開け、作動油を排出させることにより作動油内に含まれている気泡も同時に排出させる。なお機種によっては油圧系統の油圧を間接的にブレーキに掛けているものもあるので、作業マニュアルに従う作業が必要である。

2-10　ホイール（Wheel：車輪）、タイヤ（Tire）等

航空機のタイヤ（Tire）は、ホイール（車輪）に取り付けられ、着陸の衝撃を緩衝し、地上にある飛行機を支え、走行、離着陸での滑走及び、地上制御を助ける役目を持っている。

ホイールは通常アルミニウムまたはマグネシウム合金で作られる。これらの材料は、どちらも軽量で強度が大きい。

2-10-1　ホイール（Wheel：車輪）

ホイールには次に述べるタイプがある。

A．スプリット・ホイール（Split Wheel）

(1)　大型ジェット輸送機のスプリット・ホイール

図 2-40 は、大型ジェット輸送機の代表的なホイールである。

a．メイン・ホイールは、チューブレスの鍛造アルミニウム合金製スプリット型である。

b．内側と外側ホイール・ハーフは、タイ・ボルト及びナットで締め付けられている。

c．両側ホイールの合わせ面からの空気漏れは、ホイール・ハーフの合わせ面に取付けられ

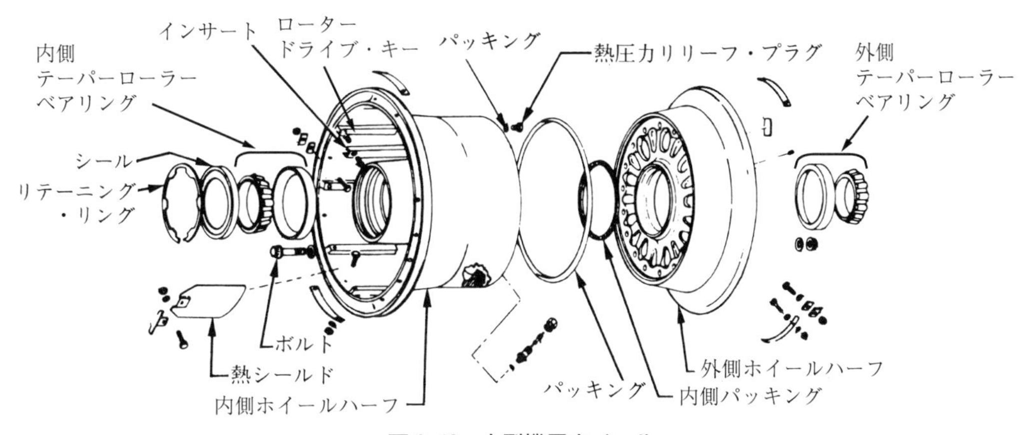

図 2-40　大型機用ホイール

たパッキングによって防ぐ。内側パッキングは、ホイール・ハブ部への泥や水気の侵入を防ぐ。

d．エア・チャージ・バルブは、内側ホイール・ハーフのウエブの中に取付けられている。

e．内部が熱で溶解する金属で作られた熱圧力リリーフ・プラグが、内側ホイール・ハーフの合わせ面の近くに取付けられている。ブレーキの過熱でタイヤに充填されている窒素ガス圧が過上昇して、それによりタイヤが破裂しないように溶けてタイヤ内の圧力を抜く。

f．ホイールは、内側ホイール・ハーフにある内側テーパー・ローラー・ベアリングと、外側ホイール・ハーフにある外側テーパー・ローラー・ベアリングを介してアクスル（車軸）に支えられている。

g．内側ホイール・ハーフの内面に取付けられたローター・ドライブ・キーは、ブレーキ・ローターのドライブ・スロットに入り、ホイールの回転をブレーキ・ローターに伝える。

h．内側ホイール・ハーフの内面に取付けられた熱シールドは、ブレーキで発生する熱からホイールとタイヤを保護する。

(2)　小型飛行機のスプリット・ホイール

図 2-41 は、小型飛行機に用いられている代表的なスプリット・ホイールである。

a．主脚ホイールは、チューブレスの鍛造アルミニウム合金製スプリット型である。

b．内側および外側ホイール・ハーフは、タイ・ボルトおよびナットで締めつけられる。

c．両側ホイール合わせ面からの空気漏れは、ホイール・ハーフ合わせ面に取付けられたゴム・パッキングによって防ぐ。

d．バルブ・ステムは外側ホイール・ハーフに取付けられ、チューブレス・タイヤが用いられる。

e．ベアリングのグリースを保持するシールが、内側ホイール・ハーフのベアリング・カップ及び外側ホイール・ハーフのベアリング・カップに取付けられる。

f．ホイールの内側リムの切り欠き部に取付けられたトルク・キーは、ブレーキ・ディスク

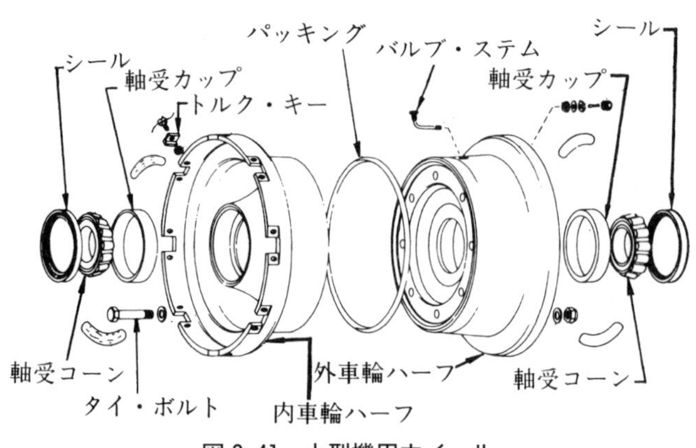

図 2-41　小型機用ホイール

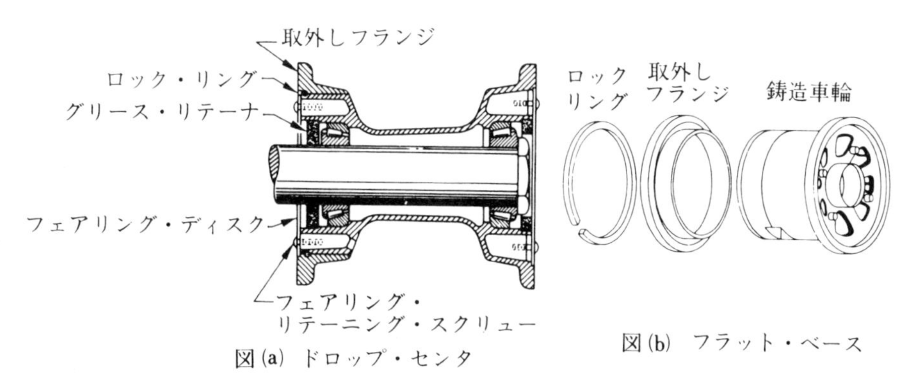

図 2-42　取外フランジ・ホイール

のドライブ・タブに結合され、ホイールと一緒にブレーキ・ディスクを回転させる。

B．取り外し可能フランジ・ホイール（Removable Flange Type）

図 2-42 は、ドロップ・センタ及びフラット・ベース取り外し可能フランジ・ホイール（Drop-center and Flat Base Removable Flange Wheel）で、リテーナ・スナップ・リング（Retainer Snap Ring）により止めた一体フランジを持っている。このホイールは、低圧容器として使用され、ドロップ・センタ又はフラット・ベースのどちらかの形状になっている。取り外しフランジを止めている、ロック・リングを取り外すと、取外しフランジはタイヤから簡単に外すことができる。

C．ドロップ・センタ固定フランジ・ホイール（Drop Center Fixed Flange Type）

図 2-43 は、ドロップ・センタ固定フランジ・ホイールで、軍用機などの高圧タイヤに用いられるが、旧型式機の一部にも用いられている。外側ラジアル・リブは、通常、外側ビート・シートでリブを支えるための補強となっている。流線型タイヤ（Streamline Tire）に用いられるホイールと平滑型タイヤ（Smooth Contour Tire）に用いられるものとでは、後者の方がリブの幅が広い。

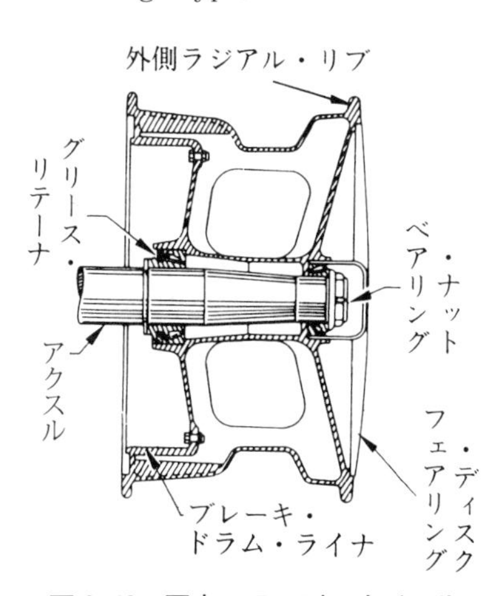

図 2-43　固定フランジ・ホイール

通常形式のブレーキ・ドラムをホイールの両側に取り付けると二重ブレーキとなる。ブレーキ・ドラム・ライナ（Brake-drum Liner）は内側に鋳物から突き出ているロック・ナットに鋼製ボルトで止められる。これはホィールのスポークを通して簡単に締め付けられる。ベアリング・レースは、通常、ホィール鋳物のハブの中に止められ、ベアリングが乗る面となっている。各ベアリングはコーンやローラ型である。

D．ホイール・ベアリング（Wheel Bearing：車輪軸受）

ホイールのベアリングは、テーパ形のローラ・ベアリングであり、ベアリング・コーン（Bearing Corn）、リテーニング・ケージ（Retaining Cage）のついたローラと、ベアリング・カップやアウタ・レースから形成されている。ベアリング・カップやレースは、各ホイールに押し込む形で取り付けられ、ベアリング外側の汚れを防ぐためにハブ・キャップを付けていることがある。ブレーキ・ライニングにグリースが流れ出さないよう、内側ベアリングの内側にはリテーナを付けて防いでいる。また、マルチ・ディスク・ブレーキに汚れが入らないようにフェルト・シールが付けられている。このシールは、水陸両用機の場合、水を防ぐ役目もする。

2-10-2　タイヤ（Tire）

タイヤは、地上にある航空機の重量を支え、着陸時の制動および停止のために必要な摩擦を得ると共に、地上走行や離着陸の衝撃の緩衝を助ける空気のクッションとなっている。従って航空機タイヤは、その過酷な運用条件（静的・動的応力、温度範囲等）に合致する能力を持っていなければならない。例えば、4発ジェット旅客機の主脚タイヤは400km/h（約250mph）までの着陸速度に耐えなければならず、そのときの静的・動的荷重は、それぞれ22トン及び33トンに達する。

航空機タイヤは、通常、国土交通省航空局の仕様承認を取得したもの、又は米国FAAの規格（TSOC 62）に合致したものを使用している。

民間航空機に使用されるタイヤは、通常、摩滅したものを何度か再生して使用して良い。このような再生タイヤを、**リトレッド**（Retread）、又は**リキャップ・タイヤ**（Re-cap Tire）と呼んでいる。摩滅したタイヤを再生できるか否かの判定基準、再生タイヤの判定基準等については当協会発行の「航空機整備作業の基準」を、タイヤの構造および各部の名称については、新航空工学講座4「航空機材料」を参照されたい。

A．チューブレス・タイヤの特徴

チューブレス・タイヤは、基本的にチューブ入りタイヤと同じであるが、チューブの代わりに、タイヤ圧力保持のための内側ライニングをもち、車輪のリム（Rim）にぴったりと締りはめ込まれる構造に作られている。チューブレス・タイヤは、チューブ入りに比べ、次のような特徴を持っている。

(1)　全体の重量が軽くできる（7.5％程度）。

(2)　運用中の温度上昇が少ない（約10℃）。

(3)　パンクの頻度が少ない。

(4)　チューブに関する不具合がない。

ただし、次の点に注意しなければならない。

(1)　タイヤの取付け取外し作業の際には傷を付けないように細心の注意が必要で、特別のタイヤ取外工具が必要である。

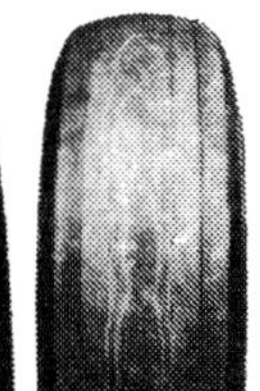
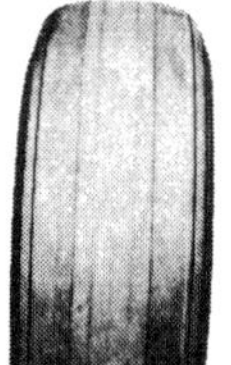

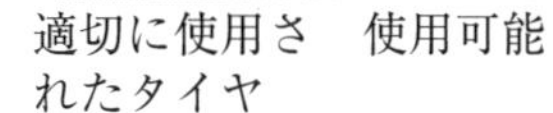

適切に使用されたタイヤ　使用可能　摩滅　膨張過大　膨張不足　カット　スキッドによる局部摩擦

図 2-44　タイヤの点検

⑵　内側および外側車輪の合わせ面からの空気漏れがないように注意する。

B．タイヤに対する注意

航空機タイヤの損傷は、走行中の自動車と同様、航空機の運航にとって致命的である。地上走行中のタイヤは、地表制御面と考えることができ、車の安全運転で道路面について注意するのと同じく、航空機でも滑走路面について注意深く点検する必要がある。

タイヤの点検には、適切な圧力（Pressure）や、切れ（Cut）・打傷（Bruise）等の損傷、トレッドの摩滅の徴候検査が含まれる（**図 2-44** 及び **2-45** 参照）。

適切な圧力は、タイヤ圧力ゲージを使用して測定することが、唯一確実な点検方法であるが、よほど圧力が高かったり低かったりすると、トレッドの目視点検でも発見できる。タイヤのショルダ（肩）部の極端な摩耗は圧力不足、タイヤ中央の極端な摩耗は圧力過大の徴候である。

ハード・ランディングの衝撃で大きな熱を発生すると考えるが、実際は地上走行中の発熱の方が、はるかに大きい。航空機タイヤは、自動車タイヤの２倍以上の可撓性を持つように作られている。この可撓性が、タイヤが転がることで内部応力と摩擦を生じさせて発熱し、これによりタイヤの強靭さが失われ、高温になるとタイヤのボディが破損する。タイヤの発熱に対する最良の対策は、地上走行を短く、走行速度を遅く、ブレーキの使用を最小限とし、タイヤの圧力を適正に保つことである。

極度のブレーキ操作や高速コーナリングは、トレッドの摩耗を増加させる。タイヤが適正にふくらんでいれば、たわみの量も適切で、最小限の発熱量に保ち、タイヤの寿命を増し、過度のトレッド摩耗を防ぐ。タイヤの圧力は、常に航空機の整備マニュアルやタイヤ製造会社から入手した資料に規定された値に保たなければならない。

また、切れや打傷等の損傷についても注意深く検査する必要がある。タイヤの切れや打傷を避ける最良の方法は、滑走路または誘導路の表面状態に応じて走行速度を下げることである。

航空機タイヤは、自動車タイヤが道路面を捕らえるのと同じ方法で滑走路面を捕らえているので、トレッドの溝の深さも重要であり、タイヤの下の水も逃がしている。濡れた滑走路上でのスキッド（Skidding）や、ハイドロプレーニング現象（Hydroplaning：高速回転中のタイヤと滑走路面との間に水の膜ができて、摩擦係数が極端に減少する現象）の危険を最小にするような十分な深さが必要である。タイヤのトレッドは、目視又は製造会社の規定した深さゲージ（Depth Gage）で検査する。

タイヤに付いたガソリンや油は、取り除かなければならない。これらの無機質の油は、ゴムを侵してタイヤの寿命を短くする。タイヤのオゾンによる劣化や風化についても点検する。空気中の酸素が電気的に変化したオゾンもゴムの劣化を促進する。

C．２車輪タイヤの組み合せ

２車輪または多車輪式構造の組み合せタイヤは、それぞれのタイヤが地面と同じ接触面積となり、同じ荷重を分担する必要がある。タイヤはホイールに取り付けて、常温の室温で少なくとも 12 時間完全にふくらませておいてから外形寸法を測り、メーカーの示す許容公差内にあるものを２車輪に一緒に組み合わせる。

2-10-3　タイヤ圧力表示装置（Tire Pressure Indication System）

タイヤ圧力の規定値を守ることは、タイヤの適正な接地面積が得られて、タイヤ性能が最大限に発揮されることになり、タイヤやホイールへの過度な負担を強いること無く、安全性、耐久性の面でも貢献度が高い。

通常、タイヤ圧力を正確に測定するためには、タイヤ圧力ゲージを使用し、かなり頻繁にその測定を繰り返す必要がある。この煩雑な作業を解消し、操縦室内で常にタイヤ圧力の確認を可能にしたの

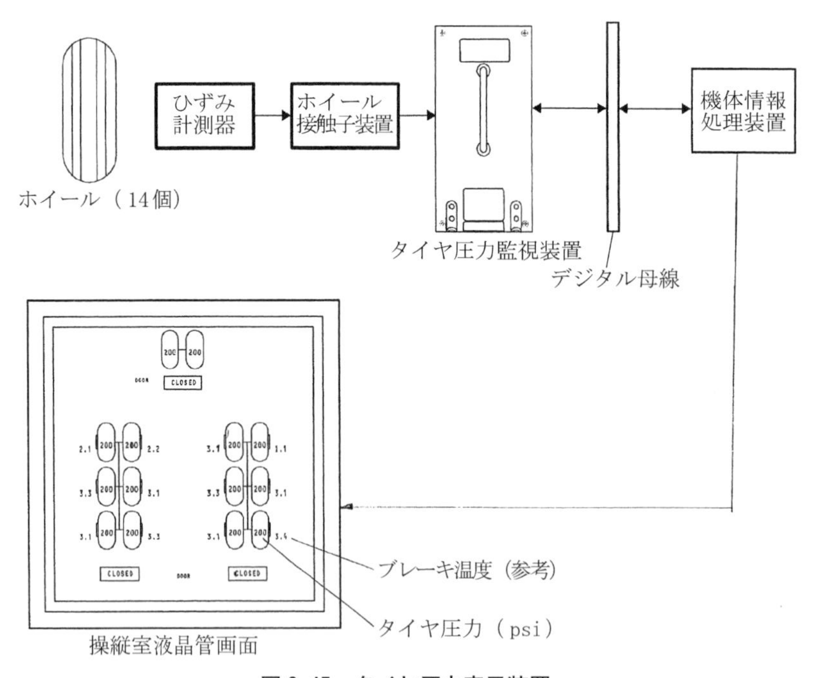

図 2-45　タイヤ圧力表示装置

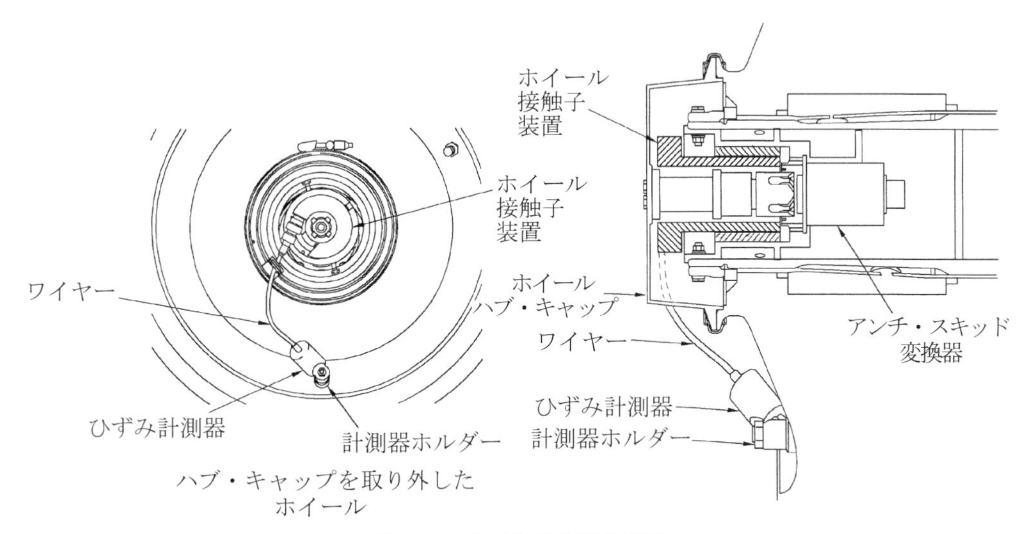

図 2-46　タイヤ圧力測定装置

がタイヤ圧力表示装置である。

図 2-45 はボーイング 777 に採用された圧力表示装置の概略で、**図 2-46** はホイールに取り付けられているひずみ計測器とホイール接触子装置である。

各ホイールに取り付けられているひずみ計測器（ストレイン・ゲージ）がタイヤの圧力を直流電圧で読み取る。この電圧は、ホイールと共に回転する回転子と、車軸内に固定された静止体で構成されるホイール接触子装置で周波数信号に変換され、タイヤ圧力監視装置（コンピュータ）に送られる。

タイヤ圧力監視装置では周波数信号をデジタル信号化し、デジタル母線を経由して機体情報処理装置(コンピュータ)に送り、操縦室内中央計器盤に設置された液晶画面上にタイヤ圧力を白色数字(psi)で表示する。

なお、タイヤ圧力監視装置はタイヤの異常圧力値も監視しており、異常値が検出されると、その情報を機体情報処理装置に伝え、圧力表示を白色から橙色に変更する。タイヤ圧力監視装置は、この他にも種々の異常監視機能を持っている。

2-10-4　タイヤの整備

すべての航空機タイヤ製造会社は、整備及びインストラクション・マニュアルを発行している。タイヤの取扱及び整備は、これらのマニュアルに従って行わなければならないが、ここでは一般論として説明する。

A. 適切なふくらみ（タイヤ空気圧力）

タイヤを適切にふくらませることは、航空機タイヤの安全および寿命を長くするために最も重要な整備作業である。タイヤの圧力は少なくとも一週間に一度または、それ以上の頻度で確実なゲージ（タイヤ圧力計）を用いて点検すべきであり、各飛行前にも点検することを推奨する。これを怠ると、2〜3日で空気が抜け、タイヤとチューブを損傷させてしまうことがある。空気圧はタイヤが冷えているときに行い、飛行後2時間、高温時は3時間待って点検する。

B. 新しく取り付けたタイヤ

新しく取り付けたタイヤ及びチューブは正規の膨張作業を行った後、数日間は少なくとも毎日点検すべきである。タイヤを新たに取り付けたときは、タイヤとチューブの間に漏れた空気のために、誤った圧力を示すことがあるので、この点検は必ず行う必要がある。漏れた空気は、タイヤのビードの下やホイールのバルブ穴まわりから浸みだし、1〜2日の間にひどい空気圧不足となることがある。

C. ナイロンの伸び

現在のすべてのタイヤはナイロン繊維（Nylon Cord）で作られている。新しく装着したナイロン・タイヤは最初の24時間の伸びによって、空気圧を5〜10%低下させることがある。従って、新しいタイヤは、ホイールに装着して常用圧力でふくらませた後、少なくとも12時間経過するまでは、航空機に取り付けてはならない。この時間を経過した後、ナイロン繊維の伸びによって生じた圧力低下を補正する。

D. チューブレス・タイヤの空気拡散ロス

最大許容拡散ロスは各24時間について5%である。しかしながら、タイヤを装着してふくらませ、少なくとも12時間経過するまでは正確な測定を行うことはできない。通常のナイロン繊維ボディの伸びと、タイヤ温度の変化のための圧力低下を補うために、12時間後に空気を補充する。この最初の期間中に、10%を超える圧力低下のあるタイヤ及びホイールは使用すべきではない。

E. 2ホイール（ダブル）タイヤの空気圧の均一化

主脚または前脚のどちらであっても、一つの車軸に2個装着したタイヤの空気圧の相違は、一方のタイヤが他方より多くの荷重を負担することを意味するので、注意が必要である。もし、0.35 kg/㎠（5 psi）を超える相違が出たときは、航空日誌に記載すべきである。この日誌は、その後のタイヤの内圧点検の度に参照する。差し迫ったタイヤまたはチューブの破損を、この方法によってしばしば発見できる。圧力差を発見したら、バルブ・コアの端にリーク・チェック液をつけてバルブからの空気漏れを点検する。泡ができなければ、バルブ・コアからの漏れはないと考えることができる。

F. 膨張不足の影響（タイヤ圧力の不足）

膨張不足は、有害で潜在的に危険な結果をもたらす。膨張不足になっているタイヤは、着陸やブレーキをかけたときにホイールのクリープ（Creep）や、滑りを起こしやすい。このような状態のもとでは、バルブは引きちぎられ、タイヤ、チューブおよびホイール全体が破壊することがある。圧力が低過ぎると、トレッドの角や、その付近が急速に摩耗したり不均一な摩耗を生じさせたりする。

膨張不足のタイヤは、着陸時または航空機の運動中に滑走路の縁に衝突したりしたときに、ホイールのリム・フランジによってタイヤのサイド・ウォールまたはショルダを破壊させることがある。タイヤは、ホイール・フランジの上がたわみ、ビードと下側サイド・ウォール部分を損傷する可能性が大きく、タイヤのコード・ボディの打傷による破れ、又は破裂をおこす。

ひどい膨張不足のタイヤは、極端なたわみ運動によって生ずる激しい熱と応力のために、コードがゆるみ、タイヤが破壊することがある。この状態になると内側チューブのこすれを生じ、その結果チューブはパンクする。

G. 荷重の監視

タイヤは安全性と効率を増すことに主眼を置いて開発されてきた。しかし、いかなるタイヤも安全で効率的に負担できる荷重には限度がある。

注：過荷重を相殺するために、規定よりも空気圧を増やすと過大なタイヤの変形量を減らすことはできるが、ボディの歪を増し、切れ、たわみ、および衝撃破れに対する感受性が増す。

H. ナイロン・フラット・スポッティング

ナイロンを用いたタイヤは、航空機の重量による静荷重によって一時的なフラット・スポット（Flat Spotting）を起こす。フラット・スポットは、離着陸滑走中ひどい振動を発生し、乗員及び乗客の双方に不愉快な思いをさせることになる。このフラット・スポットの程度は、タイヤの内圧の低下に従って変わり、寒中はより激しくタイヤの整備作業もより困難になる。フラット・スポットの修正を行わなかったタイヤは、通常 25～50% の過大な局部的な変形を生じる。

正常状態にあるタイヤのフラット・スポットは、地上走行を行うことによって取り去ることができる。また、タイヤの下側になった面が上になるまで航空機を動かし、1 時間待てばフラット・スポットは修正される。3 日以上の長期間飛行しない航空機は、48 時間毎に移動させるか、タイヤに重量が加わらないような台に乗せておく。長期保存中の航空機も同様な台に乗せておく。

2-10-5　タイヤおよびチューブの保管

タイヤとチューブを保管する理想的な場所は、冷たく、乾燥し、暗く、空気の流れや汚れのない所である。低温（ただし 0℃ 以下にはしないこと）は差し支えないが 27 ℃ 以上の室温は有害であり避けるべきである。

A. 湿気とオゾンを避ける

濡れたり湿気があったりする状態は腐敗のもとであり、他の素材に含まれた湿気はゴムとコード布を腐敗させる。強い空気流はゴムを急速に劣化させ、酸素やオゾンの供給を増すことになるので避けるべきである。また、特に電動モータ、バッテリ充電器、電気溶接機、発電機及び類似の装置は、すべてオゾンを発生するので、保存タイヤからは遠ざけておく。

B．燃料および溶剤の危険

タイヤは滑油、ガソリン、ジェット燃料、作動油またはすべてのゴム溶剤に触れないように注意する。これらはゴムの天敵であり、ゴムの特性を急激に損なってしまう。油やグリースのついた床にタイヤを立てたり寝かしたりしないように特に注意する。エンジンや脚の作業を行う際は、タイヤに油がかからないように覆いをする。

C．暗室での保管

保管室は暗くするか、または少なくとも直射日光からは遮蔽する。窓は青色に塗るか黒色プラスチックで覆う。このどちらも日中の光の一部を拡散させる。黒色プラスチックは高温期間の室温を下げ、タイヤを窓に近づけて保管できるので、この方が好まれている。

D．タイヤ専用ラック

タイヤは通常のタイヤ・ラックに立てて保管する。できれば、タイヤが保管中に変形を起こさないように、タイヤの重量のかかる面に3～4 in 幅の台またはくぼみを付けておく。

タイヤを積み重ねると、変形し使用する際に不具合を起こすことがあるので、あまり高く積み重ねてはならない。変形は、特にチューブレス・タイヤにとっては深刻で、下積みとなったタイヤはビード間隔が狭まってしまい、修正しなければ使えないことがある。

E．チューブの保存

チューブは、光や空気の流れを防ぐために、常に最初の梱包のまま保管する。大量の紙で何層にもくるんだ状態にしたものでなければ、巻いたり棚に乗せたりしてはならない。

チューブは、わずかにふくらませ、同寸法のタイヤの中に入れて保管することもできる。しかし、このタイヤとチューブを組み立てて使用する前に、いったんタイヤからチューブを取り出し、タイヤの内面を注意深く点検する。これを怠ると、タイヤとチューブの間に異物がはさまっていて、双方に取り返しのつかない損傷を与えることがある。

いかなる事情があってもチューブを釘などに引っかけておくようなことをしてはならない。このような保存をすると必ずしわが残り、結局ゴム切れのもとになる。

2-11　アンチスキッド装置（Antiskid System）

ブレーキの目的の一つは、短い滑走距離で、航空機を速やかに安全に停止させることである。ブレーキが、機体の運動のエネルギを熱エネルギに変換して機体を停止させている。

もしタイヤがスキッドして路面を滑ってしまうと、ブレーキ効果は大幅に低下し、制動距離は急速に増大してしまうので、高性能機のブレーキ系統には、アンチスキッド装置を組み、ブレーキ効果を最大限に発揮できるようにしてある。この装置はブレーキ系統にとって、極めて重要なものである。

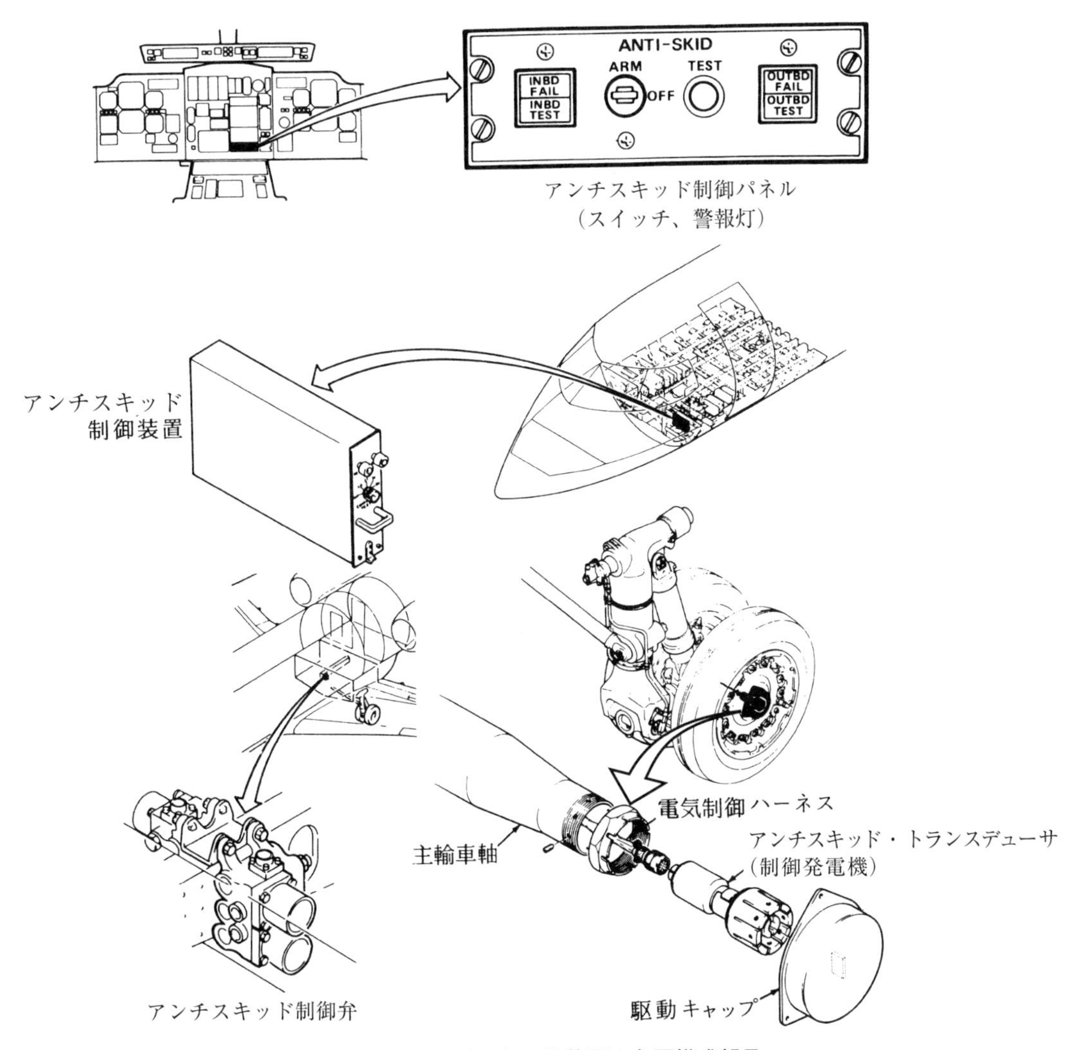

図 2-47　アンチスキッド装置の主要構成部品

A. アンチスキッド装置の主要構成部品（図 2-47 参照）

(1) アンチスキッド制御パネル（スイッチ、警報灯）

図 2-47 上側のアンチスキッド制御パネルは、操縦室前方の計器盤にあり、操縦者はアンチスキッド制御スイッチによりアンチスキッド系統の作動を切ることができる。この系統を切るか、又は系統に不具合が発生した場合、アンチスキッド警報灯が点灯する（**図 2-48 上側**）。最近の機体では、このスイッチは無く、アンチスキッド系統に不具合があった場合には自動的に切れて、警報灯の点灯とメッセージで操縦者に警報するものもある。

(2) アンチスキッド・トランスデューサ（アンチスキッド・制御発電機）

図 2-47 右下がアンチスキッド・トランスデューサで、ホイール回転速度を計測する装置であり、ホイール・スピード・センサ（Wheel Speed Sensor）とも呼ばれる。これは小型の発電

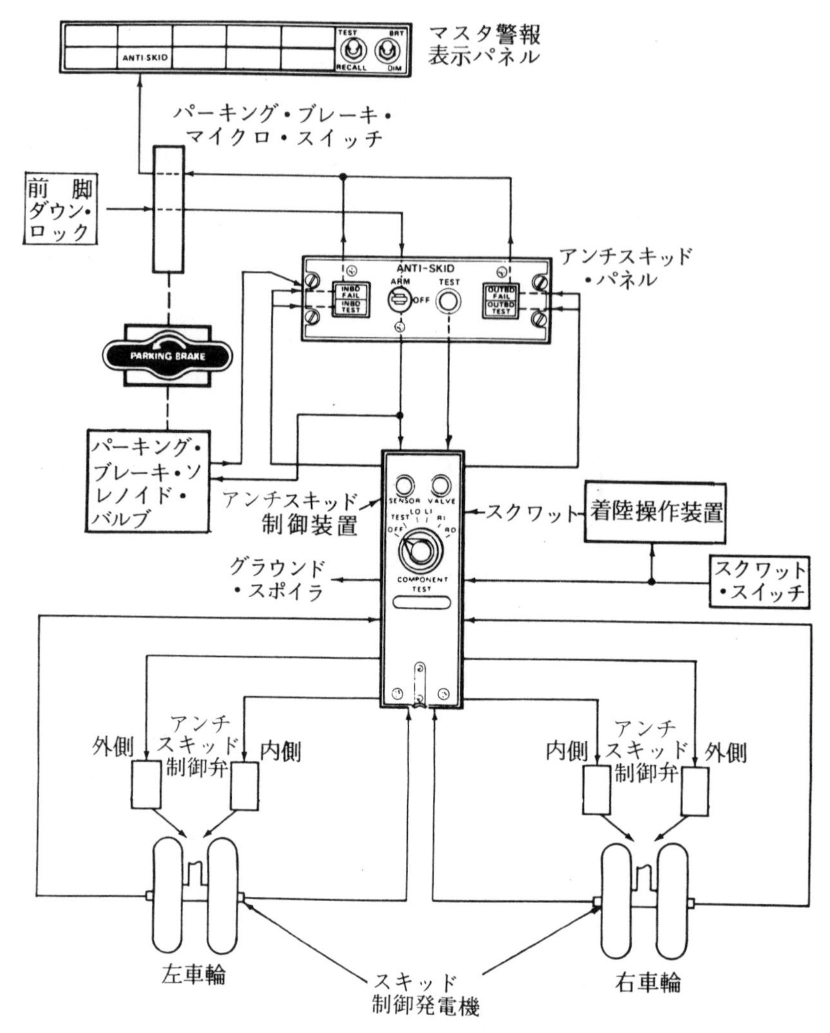

図 2-48　アンチスキッド系統

機で、各ホイールの車軸に 1 個取り付けられている。発電機のアマチュア（Armature：発電子）はホイールに取付けられているハブ・キャップによって回され、これが回転すると発電機はホイールの回転速度に応じた電気信号を発生させ、ハーネス（配線）を通してアンチスキッド制御装置へ送られる（**図 2-48**）。

⑶　アンチスキッド制御装置

図 2-47 左中央がアンチスキッド制御装置で、アンチスキッド・トランスデューサから伝えられた信号の強さの変化によってスキッド状況を解析し、アンチスキッド制御弁（**図 2-47 左下**）に、ブレーキ・リリース（Brake Release : ブレーキ解除）信号を送る。これによりブレーキにかかる油圧を逃がしてスキッドまたはロックしたホイールにあるブレーキの解除を行う。

⑷　アンチスキッド制御弁（Antiskid Control Valve）

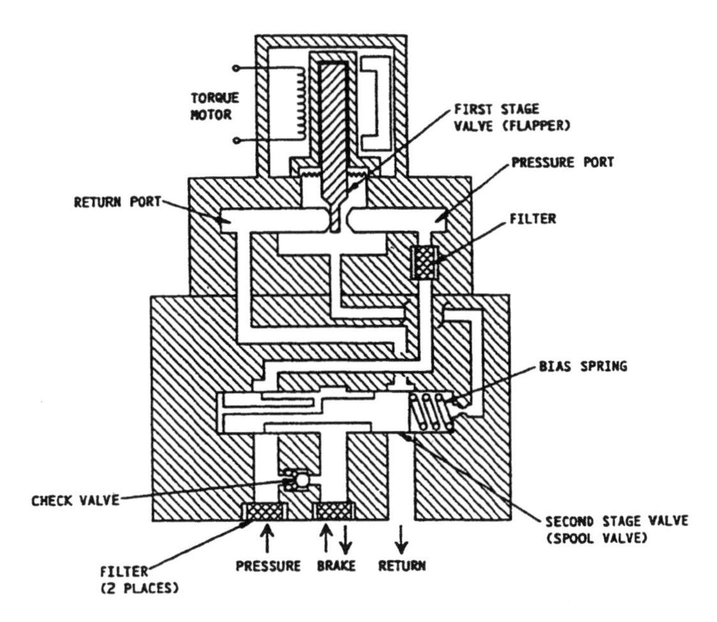

図 2-49　アンチスキッド制御弁

図 2-47 左下がアンチスキッド制御弁で、**図 2-49** はその断面図である。ブレーキ・メタリング・バルブから調圧された油圧が入る入口（**図 2-49** 中の Pressure)、その圧力をブレーキへ送る出口（**図 2-49** 中の Brake)、ブレーキへ送る出口の圧力を主油圧系統へ返す出口（**図 2-49** 中の Return）の３つのポートと、スキッドが発生してアンチスキッド制御装置からの電気信号によって働くトルク・モーターがある。

タイヤがスキッドしていないときは信号が無く、アンチスキッド制御弁はブレーキ作動に影響を及ぼさずに、ブレーキ・メタリング・バルブからの調圧された油圧をブレーキへ送る。

しかし、スキッドが起こると、アンチスキッド制御弁のトルク・モーターへブレーキ・リリース信号が送られて、ブレーキ・メタリング・バルブからの油圧は止められると同時に、ブレーキに加わっている圧力はすべて Return に逃がされブレーキは解除される。

⑸　スクワット・スイッチ（Squat Switch)

機体が地上にあるか空中にあるかの識別するもので、シザーズ・スイッチ（Scissors Switch)、スクワット・スイッチ（Squat Switch)、エア・グラウンド・センサー（Air Ground Sensor）等と呼ばれている。(**図 2-48** 中央右)。本書 2-5-1 安全スイッチ（Safety Switch）参照

B．アンチスキッド制御装置の４つの機能（数値や条件は、機体によって異なる）

⑴　通常のアンチスキッド制御

通常のアンチスキッド制御は、ホイール（車輪）の回転が低下し始め、停止しないうちに作動を始める。ホイールの回転の低下が起きたときは、ホイールのスキッド作用が始まったばかりで、まだ完全に停止するまでには至っていない。この状態のうちにアンチスキッド制御弁が

ブレーキの油圧を一部下げ、ホイールの回転を僅かに早くしてスキッドを止める。スキッドがより激しければ、ブレーキの制動力を更に減少させる。各ホイールのスキッド探知および制御は、それぞれ完全に独立しており、スキッドの強さはホイールの回転低下量によって計測される。

⑵　ロックしたホイールのスキッド制御

ロックしたホイールのスキッド制御は、ロックしたホイールのブレーキ圧力を完全に解除させるものである。ホイールのロックはタイヤの表面摩擦が減少する凍った滑走路で起こりやすく、またスキッド制御の機能が悪く完全なスキッドを防げないときにも起こることがある。ロックしたホイールには、通常のスキッド制御より長く圧力を下げ、回転速度を回復させる時間の余裕を与える。しかし、この制御は 24 〜 32 km/h（15 〜 20 mph）以下の速度では作動しない。

⑶　接地保護（Touchdown Protection）

着陸に於いて、タイヤが滑走路に接地するとき、すでにブレーキがかけられていると、タイヤ破裂の原因となる。接地保護回路は着陸進入中に乗員がブレーキ・ペダルを踏んでいても、ブレーキに油圧をかけないようにして、タイヤの損傷を防ぐものである。以下のどちらかの条件になるまでは、アンチスキッド制御装置はアンチスキッド制御弁にブレーキ・リリース信号を送り続け、ブレーキはかからない。

(a)　航空機の重量がホイールに加わり、スクワット・スイッチが作動する。

(b)　アンチスキッド・トランスデューサが設定された速度以上であることを検知する。

なお、機体によっては使う信号や条件は異なっているが、目的は同じである。

⑷　フェール・セーフ保護（Fail Safe Protection）

フェール・セーフ保護回路は、アンチスキッド制御系統の作動をモニタする。これはアンチスキッド系統に不具合が発生した場合、自動的に手動方式に戻すものであり、アンチスキッド警報灯を点灯させる。

2-12　オート・ブレーキ装置（Auto Brake System）

着陸時に要求される操縦士の繁雑な作業の軽減と、滑走路長、路面状況、気象状況に合わせて最も効果的な機体停止距離を得ることを目的に開発されたのがオート・ブレーキ装置である。

この装置は、2-11 で述べたアンチスキッド装置にあるアンチスキッド制御弁の上流にオート・ブレーキ制御弁を追加し、これらの両制御弁はホイール車軸に装備されたアンチスキッド制御トランスデューサが発生するホイール回転信号をコンピュータ処理した信号で制御される。また、このコンピュータには、操縦室に設置された何段階かに選択することが出来るオート・ブレーキ制御パネルからの指令信号も入力されている。

図 2-50 にはボーイング 777 に採用されているオート・ブレーキ装置の概略を示している。操縦室にあるオート・ブレーキ制御パネルには、RTO、OFF、DISARM、1、2、3、4、MAX AUTO のスイッチ・ポジションを持ったセレクト・スイッチがある。離陸前には Max Auto と同じ最大の減速率を得られる "RTO"（Reject Take Off：離陸中止）を選び、着陸前には最も弱い 1 から最も強い Max Auto までの 5 段階の内のいずれかの減速率を選ぶ。Auto Brake が不必要であると判断される条件になると、自動的に Auto Brake は解除される。

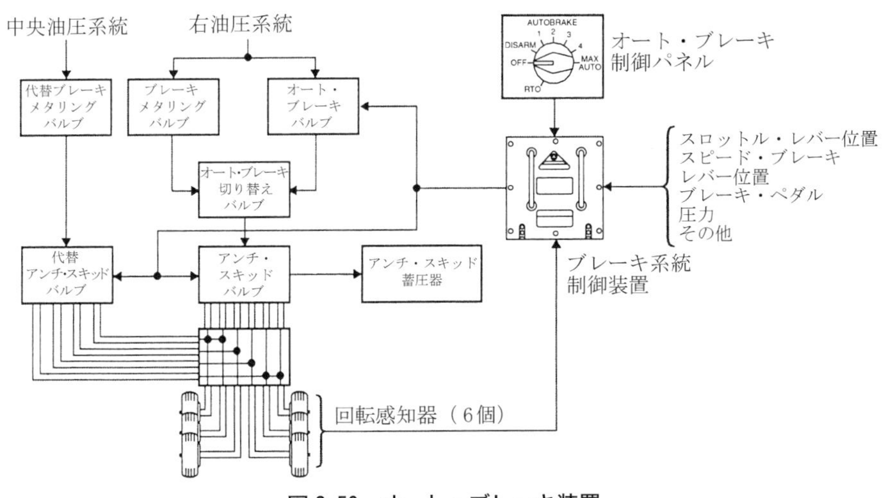

図 2-50　オート・ブレーキ装置

A．オート・ブレーキの作動

⑴　離陸中止時の作動

離陸前にオート・ブレーキ制御パネルで RTO（Reject Take Off：離陸中止）を選択しておく。離陸しようとしてある速度以上に達したが、離陸中止の決断をしてすべてのスロットル・レバーをアイドル位置に戻したとき、乗員がブレーキ・ペダルを踏まなくても、最大減速率でブレーキが自動的にかかる。

⑵　通常の着陸時の作動

着陸前に、オート・ブレーキ制御パネルで減速率の一つを選択しておく。接地して、ホイールのスピードが設定された以上あり、すべてのスロットル・レバーがアイドル位置に戻したとき、操縦士がブレーキ・ペダルを踏まなくても選択した減速率でブレーキが自動的にかかる。

⑶　オート・ブレーキの解除

オート・ブレーキは、機種により多少の違いはあるものの、その作動を不要とする信号がコンピュータに送られると解除される。それらの信号とは、

a．スロットル・レバーを出力増加方向に動かしたとき。

b．主翼にあるスピード・ブレーキを立ち上がらせているレバーを収納位置に戻したとき。

c．ブレーキ・ペダルを踏んだとき。

d．操縦室の制御パネル上のスイッチあるいはノブを指令解除位置に戻したとき。

等である。オート・ブレーキ装置が解除になると、機体を停止させるには通常のブレーキ・ペダルによるブレーキ操作が必要となる。

2-13　脚上げ時のブレーキ（Landing Gear Up Braking）

離陸直後に、高速回転になったホイールをそのままにして脚上げを行うと、ある時間内は完璧にバランスの得られていないホイールが回転し続け、機内に不快な振動を伝達する。これを防止するためにホイールの回転を止める必要がある。主脚にはブレーキ装置があるので、ブレーキ・ペダルを踏むか、或いはブレーキ・ペダルを踏まなくても脚上げ作動の油圧力を利用してブレーキ・メタリング・バルブを動かし、自動的にホイール回転を止めることができる。

しかしノーズ・ランディング・ギア（前脚）については、ほとんどの機体にブレーキの装備が無いので、それ以外の方法でホイールの回転を止める必要がある。

一般的にどの機種でも、ノーズ・ギア・ホイール・ウェル（前脚格納室）の天井部分に、タイヤの外周部分と接触させる対象物を取り付け、摩擦抵抗によりホイールの回転を止める方法を用いている。**図 2-51** には、耐久性と柔軟性のあるベルトの表面に比較的軟らかな金属板小片を多数取り付け、その部分にタイヤの外周部分を接触させる方法を一例として示す。

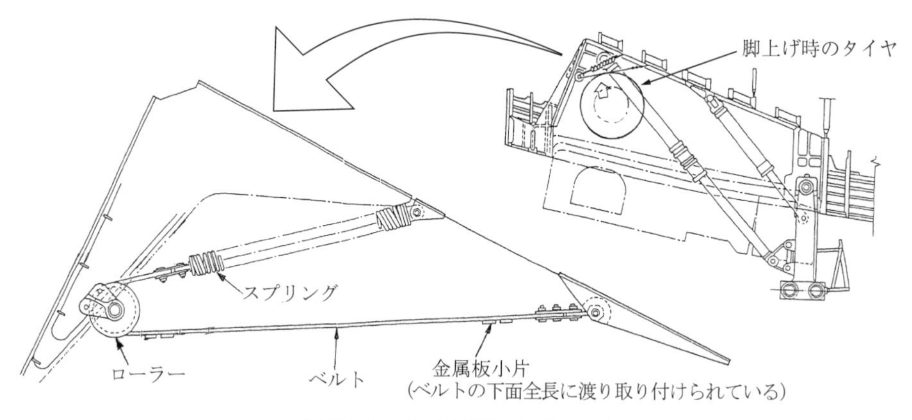

図 2-51　前脚上げ時のブレーキ

2-14　ブレーキ温度感知装置（Brake Temperature Sensing System）とブレーキ冷却装置（Brake Cooling System）

離陸中止とか短い停止距離を得ようとして強いブレーキ操作を行うと、ブレーキ・ディスクやライニングが高温になり、周辺のタイヤとかブレーキ・ホース類に損傷を与えることが予想され、大変危険な状況をまねく恐れがある。また、ブレーキが過熱した状態では効きが悪く、次の運航でのブレーキングに影響を与える。このような状況を回避するために、前もってブレーキ温度を操縦士に知らせるのがブレーキ温度感知装置であり、ブレーキ本体に取り付けられた温度センサーからの信号を操縦室内にあるライトの点灯、あるいは蛍光管画面（CRT）や液晶画面（LCD）上に表示して注意を喚起する。

この装置に加え、機体に装備した冷却ファンによりブレーキの冷却を積極的に行う機体もある。この装置がブレーキ冷却装置である。

ブレーキ温度を操縦士に知らせる表示方法は機種により異なる。**図 2-52** に示すのは操縦室中央前方にある液晶画面に表示させるもので、各ブレーキ温度を数値により表示させている。この機種の場合には最低温度の指標を 0.0、最高温度の指標を 9.9 に設定しており、ブレーキ温度をこの間の白色二桁数値で表示する。この数値が変化するとホイール外形線に接している四角の枠内の色が変わる。3.0 までは色は無く、3.0 を超えると白になり、5.0 を越すとブレーキ温度が高過ぎることを意味して白色から橙色に変わり操縦士に警告を与える。

図 2-53 は、ブレーキ冷却装置を装備した機体の表示ライトとスイッチ関連の配線図で、いずれかのブレーキ温度が設定値を越えると操縦士パネルにある警告ライトを点灯させる。この警告を受けライトの下部にあるブレーキ冷却ファンのスイッチを押せば、全ブレーキの冷却ファンが作動してブレーキを冷却する。なお、このファンは脚下げロックの掛かっているときのみ作動する。

図 2-54 は、代表的なブレーキ冷却ファン取付け部の断面図で、主脚車軸内に装備された 3 相モー

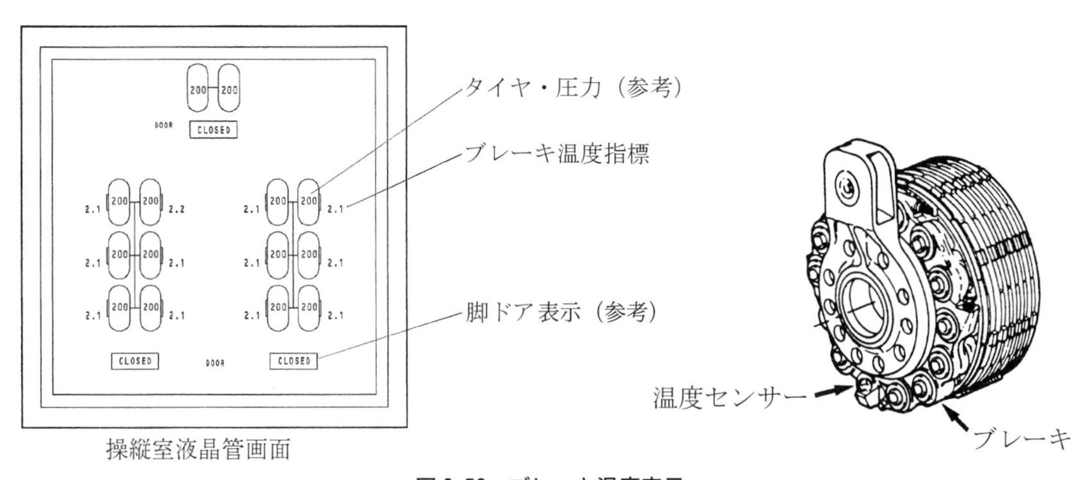

図 2-52　ブレーキ温度表示

ターがファンを駆動し、ブレーキ周辺の空気を用いてブレーキを冷却するものである。

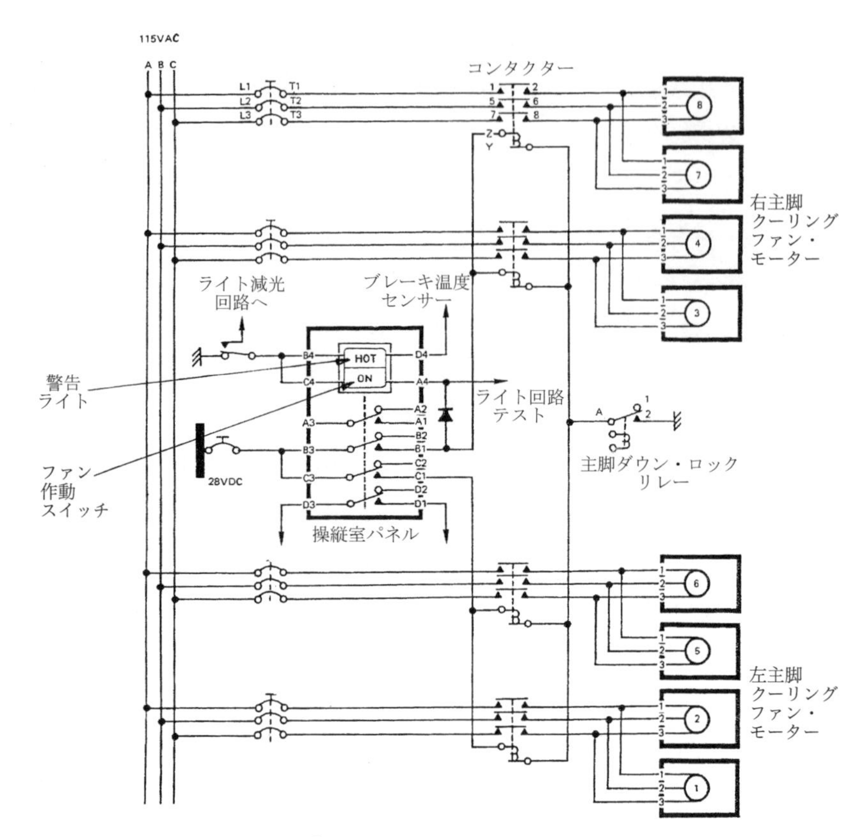

図 2-53　ブレーキ・クーリング・ファン回路図

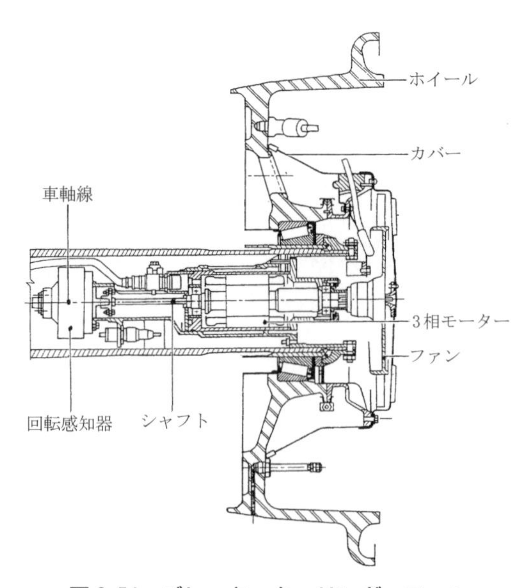

図 2-54　ブレーキ・クーリング・ファン

2-15　着陸装置の整備と作動試験

2-15-1　着陸装置の整備

着陸装置には大きな力や高い圧力がかかるため、高圧空気や作動油の点検、補給その他の整備を常に継続する必要がある。着陸装置の外観検査では、損傷を見逃さないように表面をきれいにして行う。

着陸装置の整備は定例的に実施する必要があり、特別な場合を除いて、必ず着陸装置のグラウンド・セーフティ・ロックが正しく取り付けられていることを確認してから行う。

2-15-2　着陸装置の作動試験

A．作動試験を行う時期

着陸装置の作動試験は次のような場合に実施するが、これは一つの例であり、すべての着陸装置には適用出来ない。特定の航空機については、必ず適用されるマニュアルに従って作業を行わなければならない。

⑴　定期検査のとき。

⑵　着陸装置の作動に影響を与えるような部品（例えば、脚アクチュエータ、リンク等）を交換してリンクの調整をしたとき。

⑶　ハード・ランディング（Hard Landing）またはオーバウエイト・ランディング（Over Wight Landing）をして着陸装置に損傷を与えたと思われるとき。

⑷　着陸装置の作動に不具合が生じたとき。

B．作動点検の項目

着陸装置の作動試験をするときの、点検すべき項目をあげる。着陸装置の作動試験では必要により、これらの全部または一部を実施する。これも一つの例であり、すべての着陸装置には適用出来ない。特定の航空については、必ず適用されるマニュアルに従って作業を行わなければならない。

⑴　脚の作動時間（上げ、下げに要する時間）が正常であること。

⑵　スイッチ、ライト、警報ホーンが正常に作動すること。

⑶　着陸装置ドアの間隙が正常であること。

⑷　着陸装置リンクの作動、調整、全体的な状態が正常であること。

⑸　ラッチ・ロックが正常に作動し、調整されていること。

⑹　非常脚下げ系統が正常に作動すること。

⑺　こすれたり、当たったりするような異音がないこと。

第3章　操縦装置

3-1　概　要

飛行機の操縦装置は、飛行機の姿勢を操縦者の意志と操作通りに変化させる制御装置で、操縦舵面を人の力で作動させる人力操縦装置と油圧等の力を借りて作動させる動力操縦装置がある。

動力操縦装置は操縦舵面を作動させるアクチュエータを機械的リンケージで制御するが、飛行機の性能向上に伴って、機械的リンケージでは難しい飛行機の安定や操縦を電子制御で増強させるものや、機械的リンケージそのものを無くして、すべて電子制御で行うものがある。

これらを合わせて、操縦装置は次の種類がある。

A．人力操縦装置

B．動力操縦装置

(1)　ブースタ操縦装置

(2)　不可逆式動力操縦装置

(3)　フライ・バイ・ワイヤ操縦装置

飛行機には、機体の３軸まわりの姿勢を変化させるエルロン（補助翼)、エレベータ（昇降舵)、ラダー（方向舵）の操縦系統の他に、各操縦翼面（舵面）のトリム、フラップ、エア・ブレーキ等の操作系統がある。これらの装置も含めて操縦装置と総称する事もあるが、その場合には、エルロン、エレベータ、ラダーを一次又は、主操縦装置（Primary or Main Flight Control System)、それ以外を二次又は、補助操縦装置（Secondary or Auxiliary Flight Control System）と呼び区別する。

3-1-1　操縦装置の種類

A．人力操縦装置と動力操縦装置

図 3-1 (a)は人力操縦装置で、重量・コスト・信頼性の面でも評価が高く逐次改善されてきたが、飛行機の高速化・大型化にはヒンジ・モーメントが増加して使用には限界があるので、動力操縦装置が用いられるようになってきた。

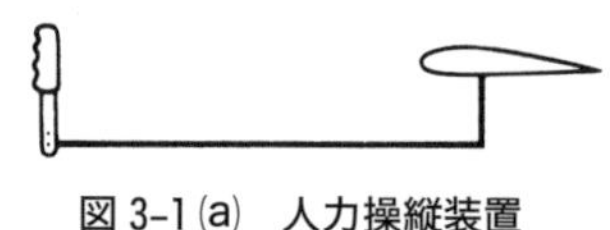

図 3-1 (a)　人力操縦装置

図 3-1 (b)は動力操縦装置の一つであるブース

タ操縦装置で、操縦者の操舵力に比例して油圧装置で倍力された力を操縦翼面に加え、操舵量も操縦桿の動きに比例させることが出来る。しかし操縦翼面を動かそうとしても操縦桿は動かない不可逆性の機構ではないので、空力特性が変化する超音速域では利用出来ない。従ってそれに代わり、**図 3-1 (c)**の不可逆式動力操縦装置が大型機や超音速機に広く用いられるようになった。操縦室から操縦翼面を動かす動力装置までは人力操縦装置と同じリンク機構である。操縦翼面の動きは操縦力とは対応しないので、人工感覚装置を併用している。

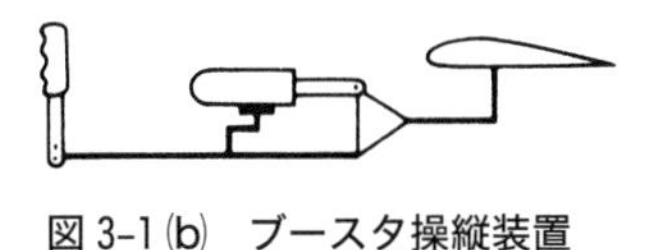

図 3-1 (b)　ブースタ操縦装置

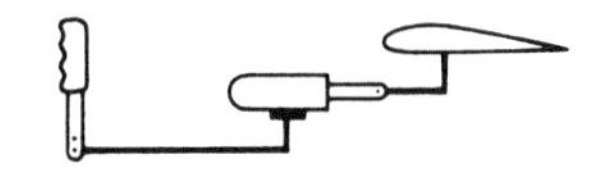

図 3-1 (c)　不可逆動力操縦装置

B．SAS（Stability Augmentation System：安定増強装置）と CAS（Control Augmentation System）

飛行機の性能が飛躍的に向上するにつれて、安定性、操縦性、飛行機の性能をうまく整合させた操縦制御系統を設計することが容易に出来なくなってきた。そこで、飛行機の性能と良好な操縦性を両立させるために、安定性を人為的に向上させる**図 3-1 (d)**の SAS が必要になってきた。

SAS は動的な応答特性（動応答）に減衰作用をもたらし、操縦性を改善するためのもので、SAS を装備するかどうかは、その機体がどのような動安定を示すかにより、装備されれば常時作動が求められる。ヨー・ダンパ（Yaw Damper）やマック・トリム（Mach Trim）等がそれである。

操縦者に余分な負担を与えないようにする反面、操縦者が操縦しようとするときにも、これを妨げる方向に作動する傾向を持つので、厳密な意味での操縦性を改善するものではない。

航空機がさらに高速化・高性能化するにつれて、上記のような不具合を持つ SAS では不十分となりまた、電子制御システムの信頼性が実用の域にまで達して来たことから、操縦系統に電子制御の利点を導入し、安定性と操縦性の両者を共に向上させるシステムが開発された。これが**図 3-1 (e)**の CAS と呼ばれるもので、操縦性を犠牲にすることなく、安定性を改善しようとするものである。また、電子制御を使用することにより、機械的リンケージが持つガタ等の非線形の影響を解消できるという特徴を持っている。

安定とコントロールを電子制御で強化

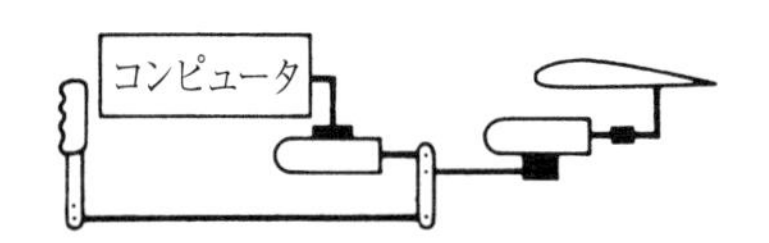

図 3-1 (d)　S A S（安全増強装置）

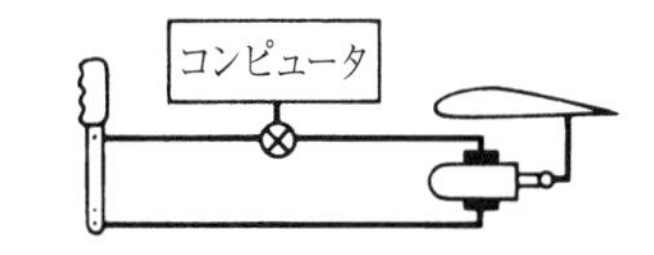

図 3-1 (e)　C A S（Control Aug System）

C．フライ・バイ・ワイヤ（Fly By Wire）

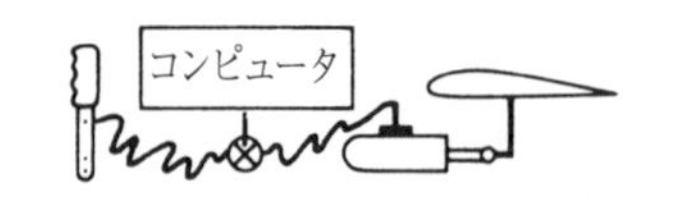

図 3-1(f)　フライ・バイ・ワイヤ操縦装置

図 3-1(f)はフライ・バイ・ワイヤ操縦装置で、機械的リンケージを電気的リンケージに置き換えただけでなく、電子制御の柔軟性を最大限に利用して最適な操縦性を実現することにある。操縦系統の中に、Autopilot の一部機能を組み込んだシステムということができる。

3-2　人力操縦装置（Manual Control System）

図 3-2は、人力操縦装置を用いた飛行機で、操縦者の操作する操縦桿（輪）ラダー（方向舵）・ペダルと操縦翼面を、**ケーブル操縦系統**、**ロッド操縦系統**、**トルク・チューブ操縦系統**の３種の形式もしくはこれらの組み合せと、**リンク機構**を用いてつなぎ、操縦者の加える力と操作量を、機械的に操縦翼面に伝える方式である。

この装置は、安価で工作や整備が容易であり、軽量で動力源を必要とせず、信頼性が高い等の利点が多く、今後も小・中型機に広く用いられる方式である。

しかし飛行機が大型化・高速化すると、大きな操縦力が必要となり、遷音速・超音速領域では飛行

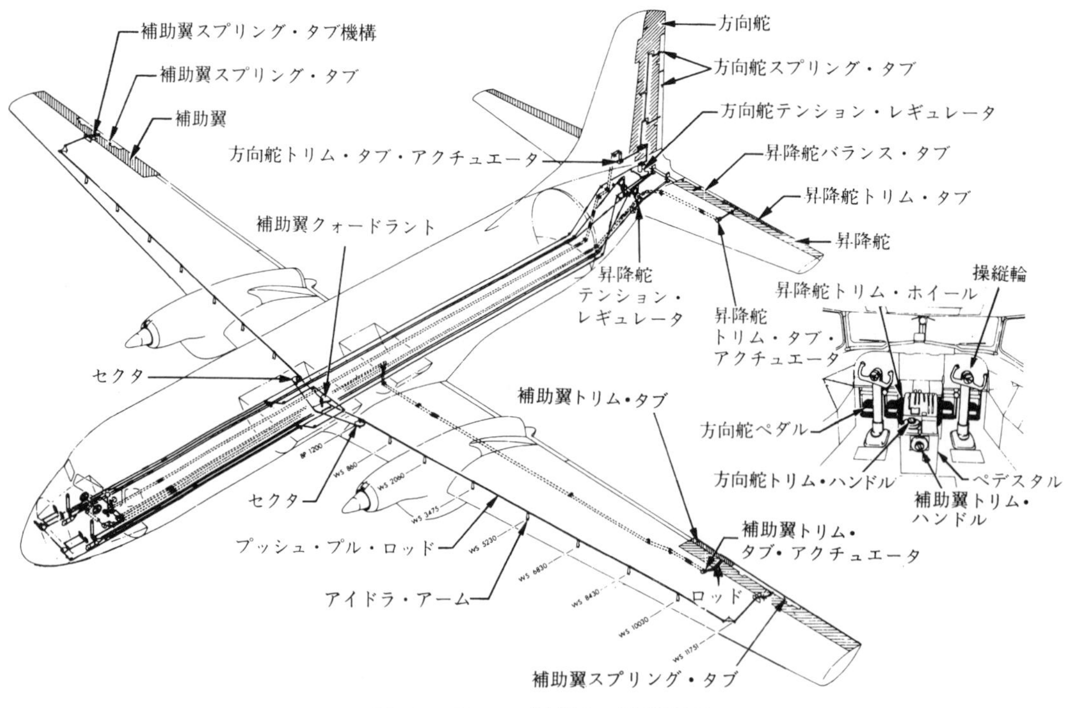

図 3-2　YS-11 の操縦室・操縦装置

速度により操縦翼面の空力特性が急に大きく変わるので、人力操縦装置では限界があり、動力式操縦装置が用いられるようになる。

3-2-1　ケーブル（索）操縦系統（Cable Control System）

図 3-3 に示すこの操縦系統は、操縦力を往復のケーブルを用いて操縦翼面に伝達するもので、機体構造に変形が起こっても、その機能に大きな影響を及ぼさないので信頼性が高く、基本的な操縦系統として小型機から大型機まで広く使われている。

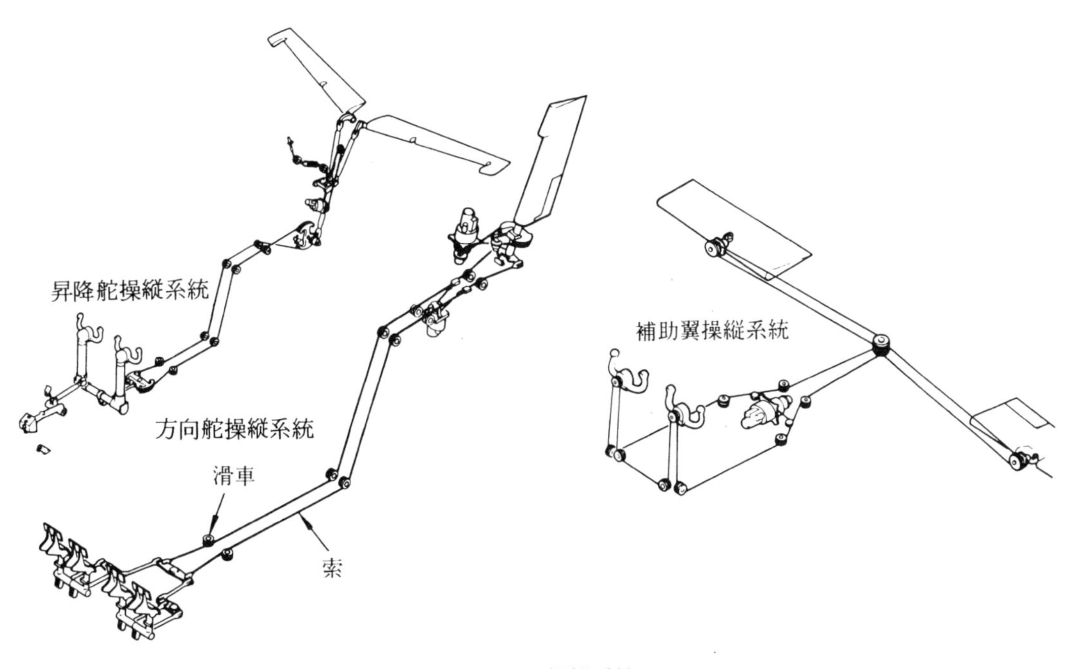

図 3-3　操縦系統

ケーブルは最も一般的な操縦装置の構成部品である。従って、その特性については十分に理解しておく必要がある。

図 3-4 に示す様に、航空機がケーブルを使用するときは、必ず往復で使う。片道のケーブル信号を伝達する機構は、地上の機械類ではしばしば使われるが、飛行機では原則として使用しない。飛行中の急激な操作や激しい突風を受けて生じた加速度でケーブルの重さが増してケーブルの両端を

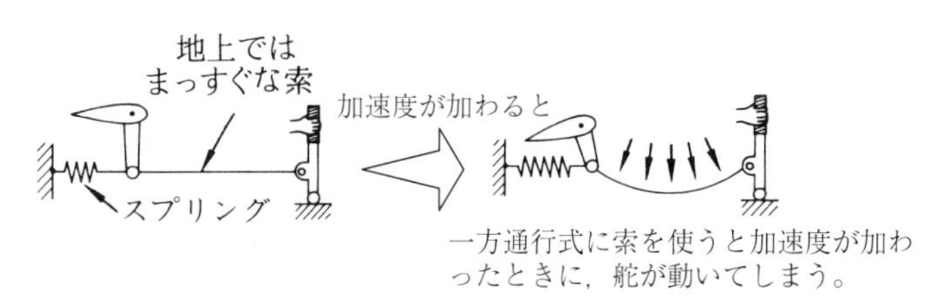

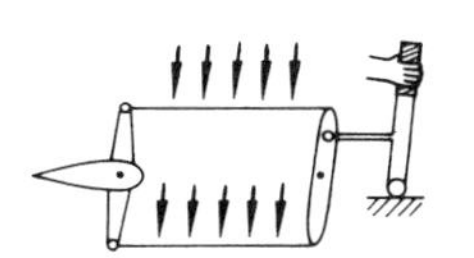

図 3-4　索は往復式に使用

引っ張り、スプリングが伸びて誤信号になるからである。

操縦ケーブルは、飛行中の振れを考えると１本のケーブルが１本のロッド以上のスペースを必要とする。また、ケーブルにはあらかじめ張力（Tension：テンション）を与えてあり、構造変形によりケーブルがたるんで脱線しないようになっているが、張力をあまり大きくすると、プーリーに大きな反力が生じ、摩擦力や動き始めに要する力が増して、良い操縦性と逆行することになる。

A．この装置の優れている点

⑴　軽量である。

⑵　遊びがない（ケーブル系統にはないが、必ず他の系統と組合せるので遊びはできる）。

⑶　方向転換が自由にできる。

⑷　安価である。

B．この装置の欠点

⑴　摩擦力が多い。

⑵　摩耗する。

⑶　スペースが必要。

⑷　動き始めに要する力（Breakout Force）が大きい。

⑸　伸びが大きい（剛性が低い）。

C．ケーブル（Cable：索）

操縦ケーブルは、フレキシブル・ケーブル（Flexible Cable）、ターンバックル（Turnbuckle）と、他の装置と接続するターミナル（Terminal：末端金具）で構成されている。

ケーブルは、通常、鋼製のものが使われるが、錆の発生しやすい場所で使用する場合は、ステンレス鋼製のケーブルが使われる。

ケーブルは定時点検時に､ケーブルの方向に沿ってウエス（清掃用の布）でこすり､布が引っかかったところを調べ、素線切れを検査する。ケーブルを完全に調べるには、操縦装置を運動範囲いっぱいに動かしてみる必要がある。こうすることによって、プーリー、フェアリード及びドラム付近のケーブルの状況も調べることができる。素線切れは、ケーブルがプーリーの上やフェアリードを通るところで、最も多く起こる。典型的な損傷箇所を**図 3-5** に示す（点検の詳細については当協会発行の「航空機整備作業の基準」を参照されたい）。

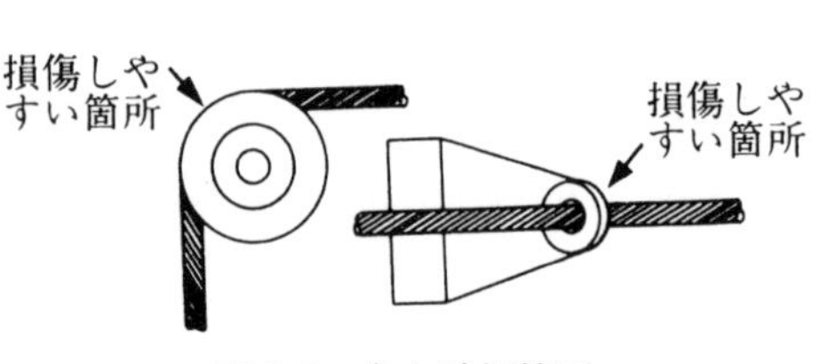

図 3-5　主な破損箇所

ロッククラッド･ケーブル（Lockclad Cable）は､大型機の直線運動をする部分に用いられる。このケーブルは従来の柔軟な鋼ケーブルを、アルミニウム管中にかしめて固定したもので、従来のケーブルより温度による張力の変化が少なく、さらに負荷荷重による伸び量も少ないという長所を持っている。ロッククラッド・ケーブルは、被覆がすり切れ、摩耗したより線が露出し、破損し、あるいはフェアリードのローラを通るとき、ケーブルが引っかかるような摩耗点を生じたときには、交換しなければならない。

もし、ケーブルの表面が腐食しているときは、操縦ケーブルの張力を緩め、よりに逆らって無理に開き、内部の腐食を調べる。ケーブルの内部が腐食しているときは、ケーブルを交換しなければならない。内部腐食がない場合は、荒い織り布またはファイバ・ブラシで外面の腐食を取り除く。

ケーブルの手入れをするときに、決してメタル・ウールや溶剤を使用してはならない。メタル・ウールは、異種金属の粒子を食い込ませ、さらに腐食をひどくする。溶剤は、ケーブルの内部潤滑剤を除去してしまい、かえって腐食を進展させる。ケーブルを完全に手入れした後で、防食コンパウンドを塗布する。

D. プーリー（Pulley：滑車）

図 3-6 (a)はプーリーで、ケーブルの方向を変えるときに使う。プーリーのベアリングは工場で潤滑密封されており、工場で施した以外潤滑の必要はない。プーリーは、飛行機の構造物にブラケットにより取り付けられ、ここを通るケーブルが外れないようガード・ピンがつけられている。ガード・ピンは、ケーブルの引っかかりや、温度変化によって緩んだときにプーリーから外れるのを防ぐために、わずかに隙間を設けてある。

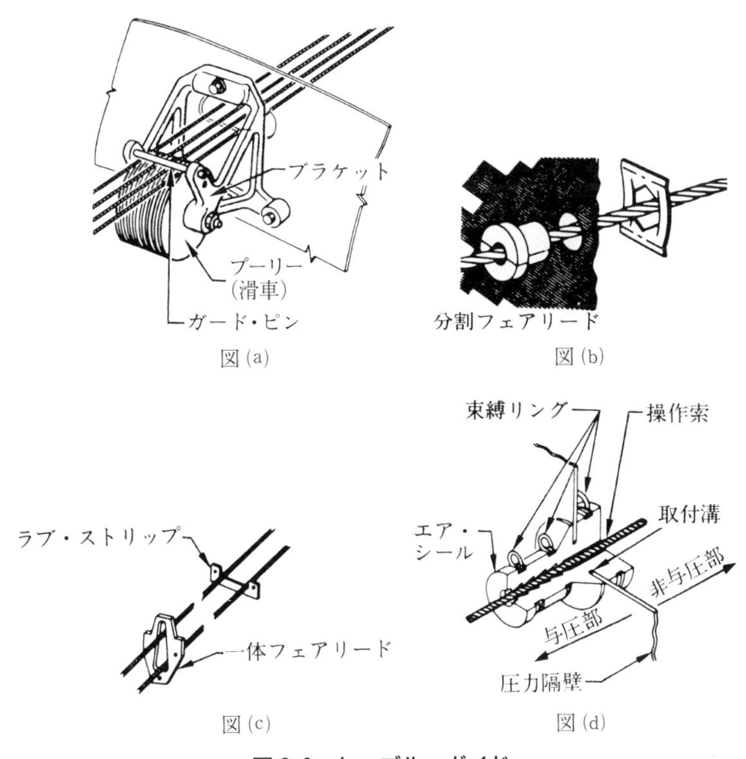

図 3-6　ケーブル・ガイド

E．フェアリード（Fairlead）

図 3-6 (b)はフェアリードと呼ばれるもので、フェノール樹脂のような非金属材料や軟らかいアルミニウムの金属でできており、ケーブルが隔壁の穴や他の金属の部分を通り抜けるところに使用され、ケーブルの振れを抑えて構造への直接の接触を防ぐ。

図 3-6 (c)はテフロン等の材料で作ったラブ・ストリップ（Rub Strip）と呼ばれるもので、ケーブルが振動して機体構造に接触する可能性のあるところに使われる。

フェアリードのところでケーブルの方向を変えることは最大 3° までの角度にとどめなければならない。

F．プレッシャー・シール（Pressure Seal：圧力シール）

図 3-6 (d)はプレッシャー・シールと呼ばれるもので、ケーブルが圧力隔壁（Pressure Bulkhead）を通過するところに取り付けられ、ケーブルの動きを妨げない程度の気密性を持つシールで、圧力の減少を防ぐことが出来る。

G．ターンバックル（Turnbuckle）

ターンバックルは、操縦系統でケーブルの張力を調整するときに用いられる装置である。ターンバックルのバレル（Barrel）には、一方には左ネジ、反対側には右ネジが切られており、ケーブルの張力を調整するとき、バレルを回してケーブルのターミナルを等しい長さで両側にねじ込む。ターンバックルを調整した後は、もどり止めをしなければならない（詳細については当協会発行の「航空機整備作業の基準」を参照されたい）。

H．ケーブル・コネクタ（Cable Connector）

ターンバックルの他に、ケーブル・コネクタが使用されることがある。このコネクタは、ケーブルを速やかに系統へ接続したり、切り放したりするために用いられる。**図 3-7** はスプリング形式のケーブル・コネクタの一例である。この形式は、スプリングを押し縮めて、接続や切り放しを行う。

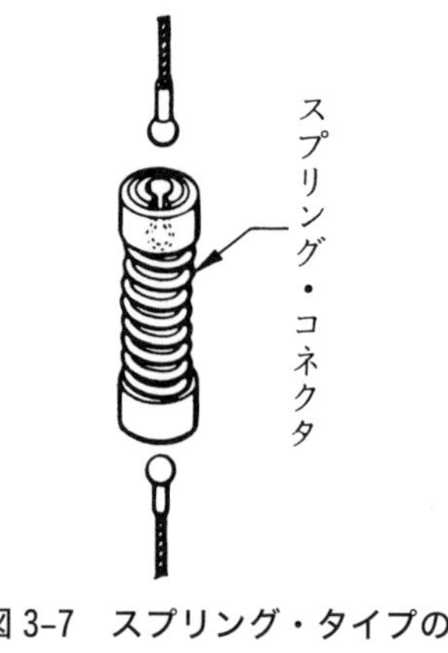

図 3-7　スプリング・タイプのケーブル継手

3-2-2　プッシュ・プル・ロッド操縦系統（Push Pull Rod）

図 3-8 に示すこの操縦系統は、操縦力を押し引きの動きに変えて操縦翼面に伝達するものである。この操縦系統はケーブル操縦系統とは異なり、あらかじめ張力を与えていないので、ベアリングの遊びなどが積み重なってよい操縦性を妨げる。またロッド類の重量と慣性が、操縦の妨げとなることがある。

グライダ等では、運搬や格納のために主翼等を外す機会が多いので、組立調整を簡単にすることが出来るこの操縦系統が広く用いられている。

ロッド方式とケーブル（索）方式には、それぞれ一長一短があり、**図 3-8** のように全系統をロッ

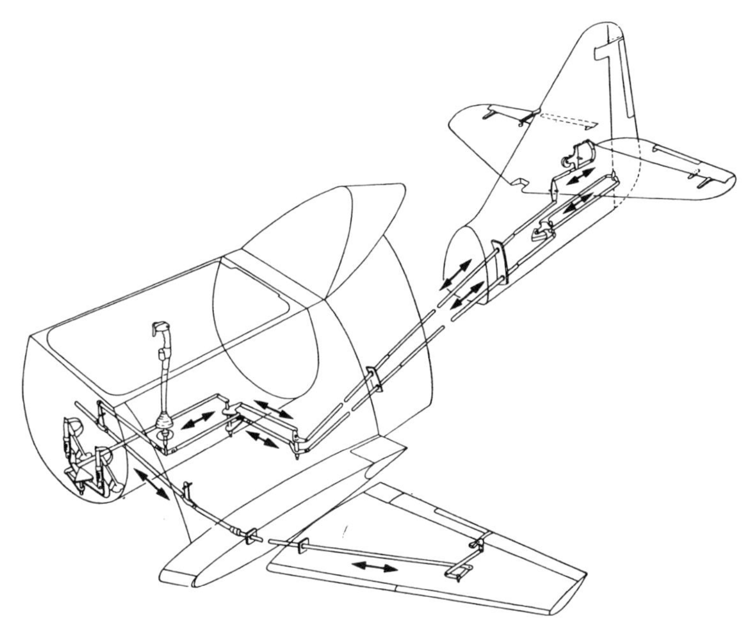

図 3-8　人力式操縦装置（3 舵ともロッド方式を使用）

ド方式とした飛行機もあるが、両者の利点を組み合わせて使用することが望ましい。

A．この装置の優れている点

⑴　摩擦が少ない。

⑵　伸びがない（剛性が高い）。

B．この装置の欠点

⑴　重い。

⑵　遊びがある。

⑶　慣性力が大きい。

⑷　高価になる。

C．プッシュ・プル・ロッド（Push Pull Rod）

図 3-9 は、プッシュ・プル・ロッドの一例で、一般に丸管とネジを使用して長さの調節が出来る端末金具で作られ、操縦系統に押し引き運動を与えるリンクとして用いられる。

両端には、調節可能なボール・ベアリング式ロッド・エンドや、ロッド・エンド・クレビス

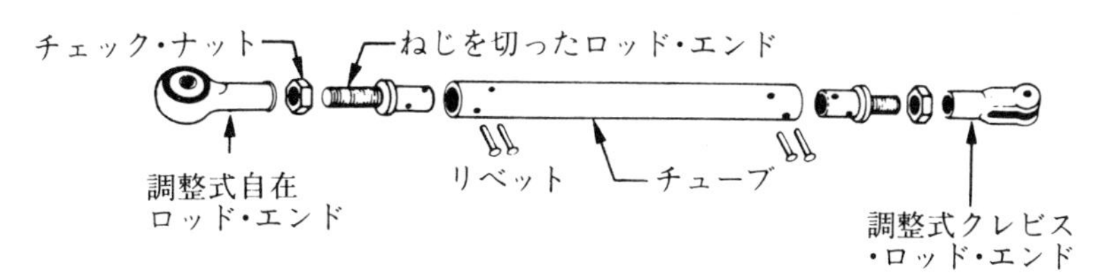

図 3-9　プッシュ・プル・ロッド

がついて、操縦系統にロッドを取り付けるようになっている。ロッド・エンドは長さを調節した後、チェック・ナットを締め付けてロッド・エンド、又はクレビスが緩むのを防ぐ。

この場合、両端のネジを逆ネジとして、ターン・バックルの役目をさせることは禁止されている。振動により、回り止めナットがゆるむと、ロッドが回転して長さが変化し、最後には外れてしまうこともあるからである。

ロッドにセルフ・アライニング・ベアリング（Self-Aligning Bearing）が使われているときは、取り付け後にロッドを回転させ、どちらの方向にも拘束されず自由に動くことを確かめる。

図 3-10 は、ロッド・エンドのベアリングが入るところをかしめてベアリングを取付けているが、それがゆるんでロッド自身が脱落することを防ぐために、固定端に必ずフランジがくるように取り付けることを示している。別の方法として、取付ピンやボルトのロッド・エンド取付ナットの下に、フランジの穴より大きい直径のワッシャを入れることがある。

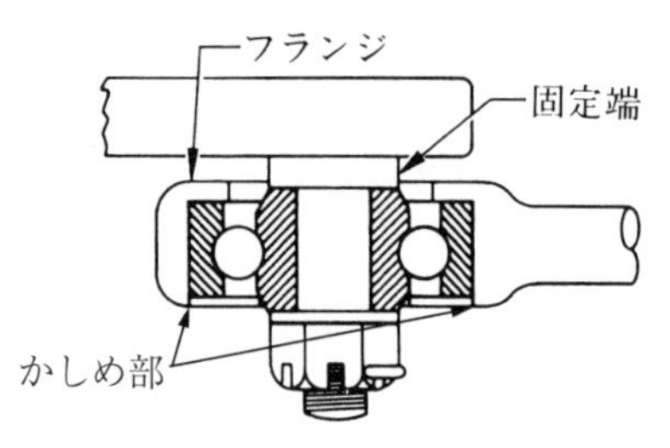

図 3-10　取付ボルトの間にくるようにしたロッド・エンドのフランジ

D. アイドラー・レバー（Idler Lever）

アイドラー・レバーは、**図 3-11 (a)**のロッドを吊すようにした**ぶら下がり型**と、**図 3-11 (b)**の下方に支基を置いてロッドを上方に捧げるようにした**持ち上げ型**がある。アイドラは主翼構造と密接な関連があり、リーディング・エッジ（Leading Edge：前縁）や、トレーリング・エッジ（Trailing Edge：後縁）の空間内で、他の Cable や Link と干渉しないよう、**ぶら下り型**や**持ち上げ型**が決定される。

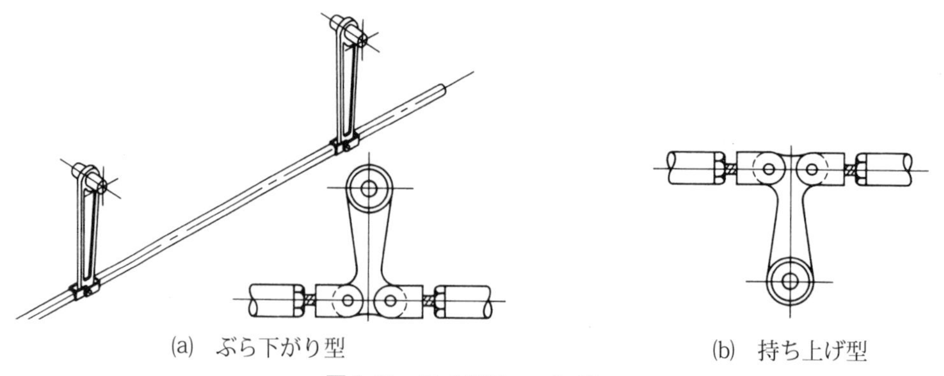

図 3-11　アイドラー・レバー

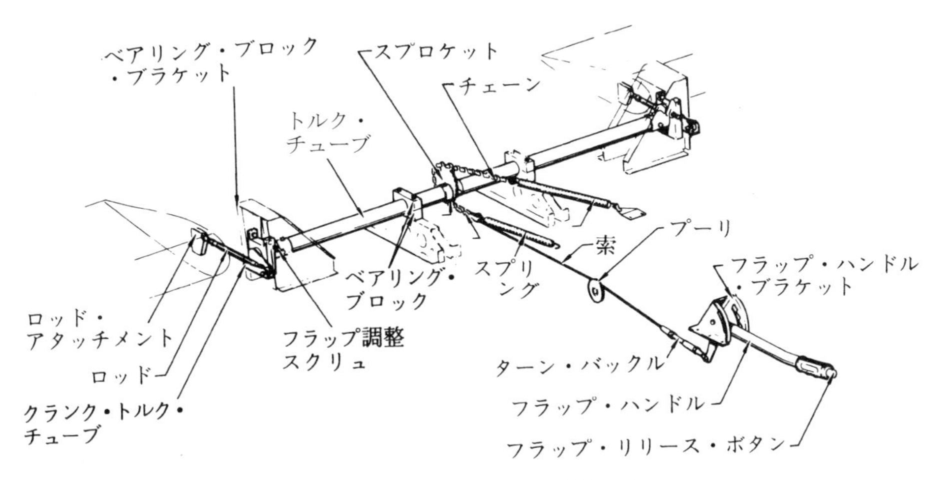

図 3–12　トルク・チューブ操縦系統

3–2–3　トルク・チューブ操縦系統（Torque Tube System）

図 3–12 に示すこの操縦系統は、操縦力を回転の動きに変えて、操縦翼面に伝達するもので、チューブに「ねじりモーメント」が与えられることからこのように呼ばれる。

A. トルク・チューブ（Torque Tube）

操縦系統に角運動や、ねじり運動を伝達するところでは、トルク・チューブが使用される。トルク・チューブの利点は、スペースの制約が少なく、部品点数を節減出来ることである。

トルク・チューブの中心について以下のものがある。

(1)　トルク・チューブの中心と、ヒンジの回転する中心を**一致**させるもの。

図 3–13 (a)はこの使用例で、スペース的には有利だが、トルク・チューブより直径の大きなベアリングを使わなければならないし、また分解・組立の手順に工夫がいる。

(2)　トルク・チューブの中心と、ヒンジの回転する中心を**偏心**させるもの。

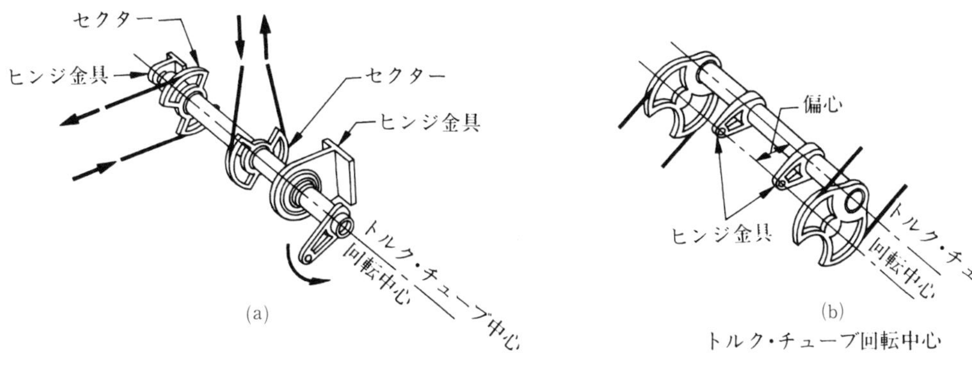

(a)トルク・チューブ中心と回転中心を一致させるとベアリングが大きくなる。

(b)トルク・チューブ中心を偏心させて，ベアリングを小さくした例。

図 3–13　トルク・チューブとヒンジ位置

図 3-13 (b)はこの使用例で、ヒンジの回転にともない、トルク・チューブの中心が移動するので、スペースに余裕が必要になるが、ベアリングは小径のもので良く、取付け取外しは容易である。回転量の少ない場合には、この形式が広く用いられている。

3-2-4　リンク機構（Mechanical Linkage）

図 3-14 に示すのはリンク機構と呼ばれるもので、操縦室の操縦装置から操縦ケーブルや操縦翼面に接続するために、いろいろな機械的リンク機構が使われ、運動の伝達あるいは方向転換の役目を果している。

図 3-14 図(a)はクォードラント（Quadrant）、**同図(b)**はベル・クランク（Bell Crank）、**同図(c)**はセクター（Sector）、**同図(d)**はケーブル・ドラム（Cable Drum）と呼ばれており、運動の方向を変え、ケーブル、ロッド、トルク・チューブ等の構成部品に運動を伝える。クォードラントは、一般的に用いられている代表例である。

ケーブル・ドラムは主にトリム・タブ系統に使用される。トリム・タブの操縦輪を右あるいは左に回すと、ケーブル・ドラムはトリム・タブのケーブルを巻き付けたり巻戻したりする。

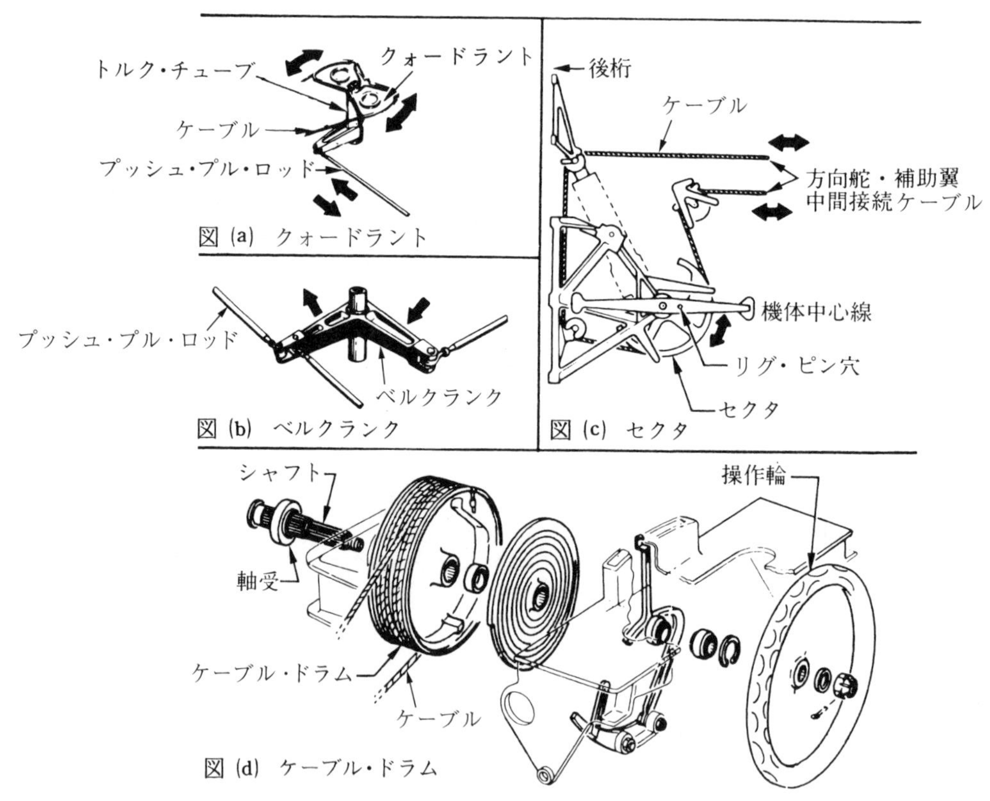

図 3-14　操縦系統の機械的リンク機構

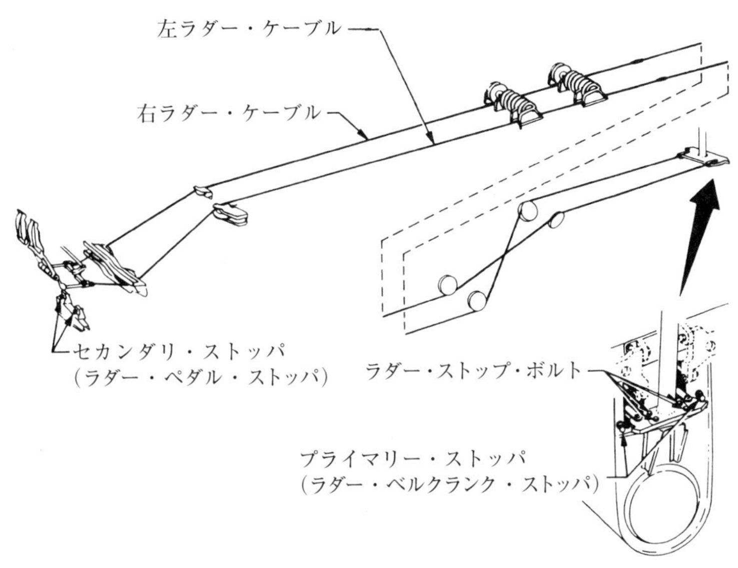

図 3-15　調整式ラダー（方向舵）のストッパ

3-2-5　操縦系統のストッパ（Stopper）

操縦系統には、主操縦翼面のエルロン（補助翼）、エレベータ（昇降舵）、ラダー（方向舵）の運動範囲を制限するために、調整式や固定式のストッパが、２つの個所に装着してある。

図 3-15 は、この２つの個所のストッパで、その設定範囲が異なり、ケーブル（索）の伸びや、激しい操縦による操縦系統の損傷を防ぐ為のダブル・ストッパとして機能する。

A．プライマリ・ストッパ（Primary Stopper）

操縦翼面のところのスナバ・シリンダ（Snubber Cylinder）、又は構造部に取付けられたストッパで、操舵した場合、以下のセカンダリ・ストッパよりも先にプライマリ・ストッパが接触するようになっている。

B．セカンダリ・ストッパ（Secondary Stopper）

操縦室の操縦装置のところにあるストッパ。

操縦系統を整備する場合、操縦翼面の運動を制限するこれらのストッパの調整順序については、適用されるメンテナンス・マニュアルや、仕様書に従わなければならない。

3-2-6　ケーブル・テンション・レギュレータ（Cable Tension Regulator）

機体構造のアルミニウム合金とケーブル（索）のスチールとでは、熱膨張率が違うので温度変化でケーブルのテンション（Tension：張力）が変化する。主翼のように大きく変形する構造内にケーブルを通過させると、状況によってはテンションが変化する。テンションが大きく変化すると操舵と機体の反応が変化しまた、ケーブルが過度に緩まないようにリギング時のケーブル・テンション

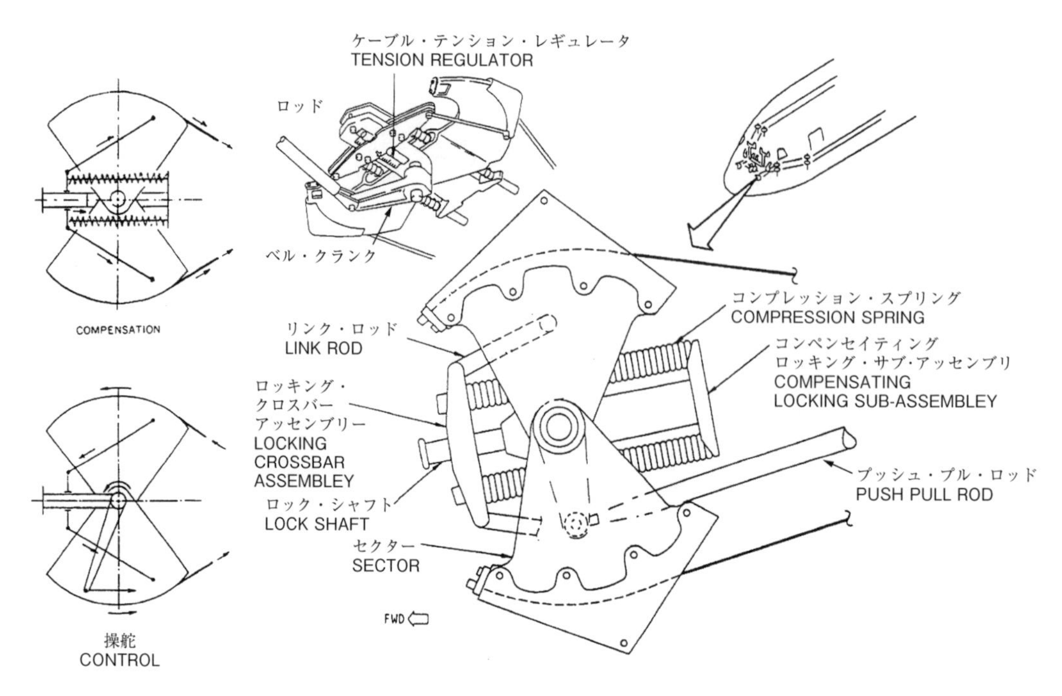

図 3-16　ケーブル・テンション・レギュレータ

を非常に大きく設定しなければならないことになる。これを防ぐ為に、テンション・レギュレータが考案された。

様々なテンション・レギュレータがあるが、**図 3-16** は大型機のエレベータ（昇降舵）に用いられているもので、操縦桿の動きをケーブルの動きに変えるクォードラントにその機能を持たせている。

A. 構成

各々独立して動くことが出来る２つのセクターと、コンプレッション・スプリングが組み込まれたコンペンセイティング・ロッキング・サブ・アッセンブリにより構成されている。

B. 作動

操縦桿の動きは、プッシュ・プル・ロッドからベル・クランクに伝わり、ベル・クランクに結合されているコンペンセイティング・ロッキング・サブ・アッセンブリが動かされる。

コンペンセイティング・ロッキング・サブ・アッセンブリには、ロック・シャフト上をスライドするロッキング・クロスバー・アッセンブリがあり、このロッキング・クロスバー・アッセンブリはコンプレッション・スプリングによって左へ押されている。この力は上下のリンク・ロッドによって上下２つのセクターに伝わり、各セクターを前方に引っ張っている。

このセクターは、ベル・クランクと同軸にあって、それぞれ独立して動くことが出来、それぞれケーブルが取付いている。ケーブル・テンションはリンク・ロッドによって釣り合わされている。

(1)　コンペンセーション（Compensation）

機体の温度変化もしくは機体のたわみ等によりケーブルが引張られた場合、上下のケーブルは均等に上下のセクターを引張る。そうすると上下のセクターに取付けられた上下のリンク・ロッドは、均等にロッキング･クロスバー･アッセンブリを引張る為、ロッキング･クロスバー･アッセンブリは、コンプレッション･スプリングのテンションと釣合うところまでロック･シャフト上を右方向にスライドする。緩んだ場合は逆の動きとなり、ケーブル・テンションはテンション・レギュレータによって補償される。

⑵　操舵

操縦桿を動かしてプッシュ・プル・ロッドが右に引かれたとすると、ベル・クランクとコンペンセイティング・ロッキング・サブ・アッセンブリは左回転するが、この動きではロッキング・クロスバー・アッセンブリはロック・シャフト上をスライドせずロックするので、上下のリンク・ロッドは上下のセクターを左に回転させ、通常のクォードラントのように上下のケーブルを動かす。プッシュ・プル・ロッドが左に押された場合は右に回転する。

3-2-7　ボブ・ウェイト（Bob Weight）、ダウン・スプリング（Down Spring）

通常の操縦装置では、操縦者の操舵感覚の基本は、一定の運動に対する操縦桿を動かした量と、その力（重さ）である。この関係が、飛行機の速度と高度に関係なく一定に保てれば理想的である。しかしながら、もともと昇降舵の効きと重さには、速度の2乗に比例する性質があって、速度が速くなると､わずかな舵の動きで機体に大きなgが加わるようになり､効きが鋭敏過ぎることになる。この為、エレベータ（昇降舵）操縦系統の剛性を低くしたり、系統にスプリングを入れたりして、高速になるとケーブル（索）やスプリングが伸び、操作量に対して舵の動きを少なくすることが行われている。

A．ボブ・ウェイト（Bob Weight）

図3-17は、舵の重さとgの関係が、速度によって変化するのを防ぐのがボブ・ウェイトである。ボブ・ウェイトは、機体にgが加わるとボブ・ウェイトを支える力が比例して必要になるように、操縦系統に組み込まれた重錘である。gが増大すれば、操縦桿を操作する反力が大きくなり、操縦桿を引ききれなくなるので、オーバ・コントロールになることがない。

B．ダウン・スプリング（Down Spring）

図3-18⒜は､ダウン･スプリングで､地上ではエレベータを下げ舵になるようにしている（引

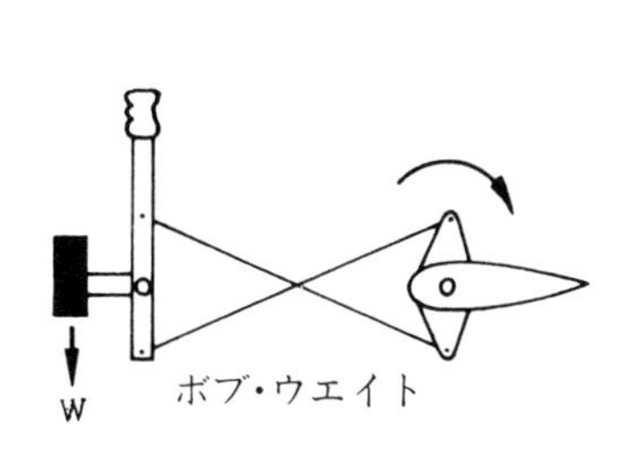

図3-17　ボブ・ウエイト

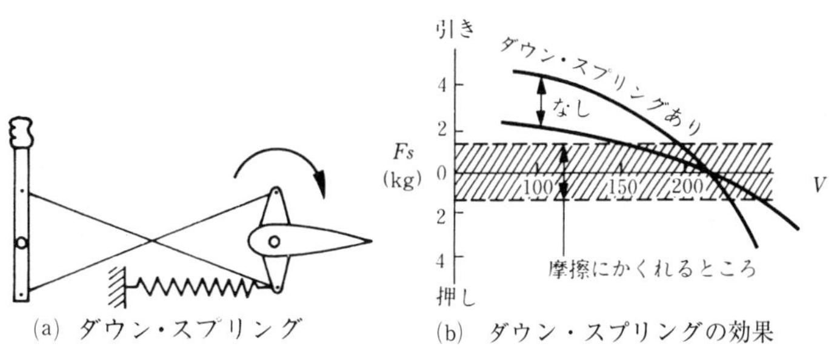

図3-18　ダウン・スプリングとその効果

張りでもよい）スプリングである。操縦桿を中立位置まで引くのに相当な力を必要とする飛行機もあるが、この力は飛行中トリムしてしまうので、手を放しても下げ舵になることはない。

図 3-18(b)に示すように、ダウン・スプリングの目的は、速度を増すと水平飛行を続けるには操縦桿を押す力が必要になり、また逆に速度を減らすと操縦桿を引く力が必要になるという、正の縦静安定の特性を強める為のものである。

正の縦静安定のある飛行機でも、操縦系統の摩擦等で、この傾向の判然としないときに使うダウン・スプリングは、舵角によってヒンジ・モーメントが変化しないよう、常に一定のトルクを与えるように取り付ける。

ボブ・ウェイトにも同じ効果があるが、ダウン・スプリングはｇの影響を受けない点が大きく異なる。ダウン・スプリングのように、スプリングを使用するときは、万一、破断しても機能が維持できるように、原則として押しばねとして使用する。これは、スプリングを引張りで使用すると簡単な機構ですむが、破断したときの危険が大きいからである。

3-2-8　差動操縦系統（Differential Flight Control System）と突張荷重

A．差動エルロン（補助翼）

差動操縦系統は、往復の行程に差を持たせた操縦系統で、エルロン操縦系統に用いられる。

エルロンの操舵は、左右のエルロンの作動角が同じであったとしても、下げ舵の方が上げ舵よりも抗力が大きい為、飛行機が旋回しようとする方向とは逆の向きに機首が振られる。

この状態を旋回方向とは逆の偏揺れ（アドバース・ヨー：Adverse Yaw）モーメントが生じたという。

これでは釣合旋回が出来ないので、エルロンの作動範囲を、上げ舵が大きく下げ舵が小さくなるように差動機構を組み込み、この問題を解決している。このようなエルロンを、差動エルロン（Differential Aileron）と呼び、エルロンの上げ舵下げ舵の角度の比を差動比という。

図 3-19 の原理図から分かるように、ベルクランクの支点とエルロンを操作するロッドの取付点を偏らせ、ベルクランクの作動角とプッシュ・ロッドの行程に差を作っている。これによっ

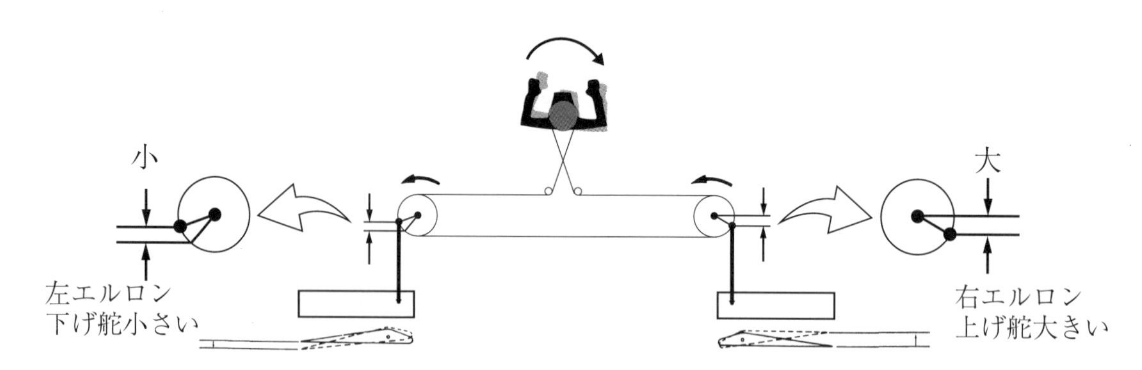

図 3-19　差動エルロン（補助翼）

て、ベルクランクの作動角が等しくても、プッシュ・ロッドの行程を上げ操作では大きく、下げ行程では小さくすることが出来る。

B．**突張荷重**（エルロン操縦系統内の荷重）

人力式の「ラダーやエレベータ」は、トリム・タブを操作してパイロットの手に加わる反力を抜くと操縦系統全体に加わる荷重も０になるが、「エルロン」だけはトリムで保舵力を０にしても、操縦系統には依然として大きな荷重が加わったままになる。

主翼には揚力が発生しているので、左右のエルロンにも常に後縁を浮き上がらせようとする力が働くが、左右のエルロンはそれぞれ逆方向に操舵するように操縦系統が作られている為、この力は操縦系統の中で突張合って釣合っており、エルロンの浮き上がりを防いでいる。これを突張荷重と呼ぶ。その荷重は表に現われて来ず､保舵力は左右のアンバランス分だけなので、トリムで打ち消すことは出来るが、左右同じ大きさで押し若しくは引きあう突張荷重だけは、操縦系統の部材に残る。

突張荷重は揚力が増せば大きくなり、引き起こし操作をすれば、ｇに比例して増えてくる。また、スピードを増しても後縁の風圧が増えてくるので荷重は増える。勿論、翼型に手を加えれば小さくは出来るが、この荷重を０にするのは、まず不可能である。

この力をそのまま操縦桿（輪）まで、長い距離を要して互いに打ち消してもよいが、それでは重量や摩擦が大きくなるし、伸びも大きくなるので、一般には主翼の中央で打ち消し合わせるようにする。

この荷重は操舵荷重に比べて意外に大きいので、ケーブルを使用するときは、他の舵面より太いケーブルを使用し、初張力を大きくしなければならない。それでもケーブルが伸びてエルロンが浮き上がることは避けられない。

これらの欠点は、ロッドとアイドラ･アームを使用することで、ある程度防ぐことができる。

3-3　動力操縦装置（Power Control System）

動力操縦装置は、操縦桿（輪）、ラダー（方向舵）・ペダルの動きを、油圧サーボ・アクチュエータ等を介して操縦翼面に伝える方式である。

飛行機が大型化・高速化すると、操舵に必要な力が増えまた、遷音速・超音速域では舵の空力特性が急に大きく変わるので、人力による操縦装置では限界がある。そこで、油圧等の動力を用いた操縦装置が使われるようになりまた、操縦者から動力装置への操作伝達方法も従来の機械的なものからコンピュータを仲介させた電気的なものに変わって、操縦者の感覚能力を補ったりすることも可能な操縦装置になってきた。

3-3-1　ブースタ操縦装置

図 3-20 に示すこの装置は、操縦者の操舵力に比例して倍力された力を油圧源装置から操縦翼面に加えることが出来、操舵量は操縦桿の動きに比例して力も比例する。しかし、操縦桿を動かせば操縦翼面は作動するが、操縦翼面を動かそうとしても操縦桿は動かない不可逆性の機構ではないので、空力特性が変化する超音速域では利用出来ないこともあり、現在ではほとんど用いられていない。

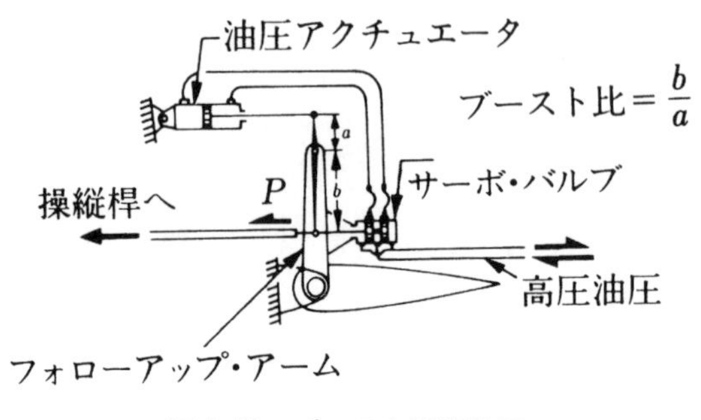

図 3-20　ブースタ操縦装置

3-3-2　不可逆式動力操縦装置

図 3-21 に示すこの装置は、操縦者の操縦操作で、サーボ・アクチュエータが操縦翼面を作動させるもので、操縦翼面の動きは操縦力とは対応しないので、人工感覚装置を併用している。

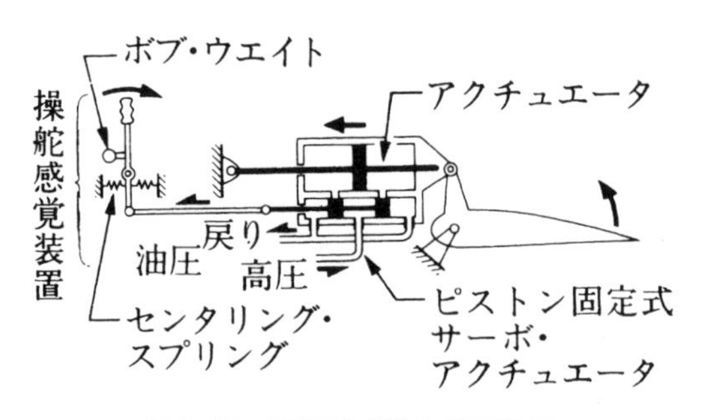

図 3-21　不可逆式動力操縦装置

操縦翼面に力を加えても、操縦操作をしない限り動かない不可逆性の機構になっているので、空力特性の急変する遷音速域を含む速度域で飛行する飛行機には不可欠な装置で、操舵に大きな操縦力を必要とする大型機や、超音速機に広く使われている。**図 3-22～27** は、この使用例である。

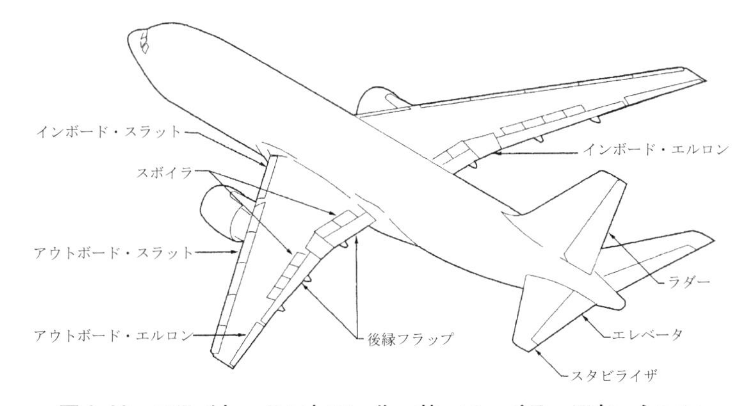

図 3-22　フライト・コントロール・サーフェイス・ロケーション

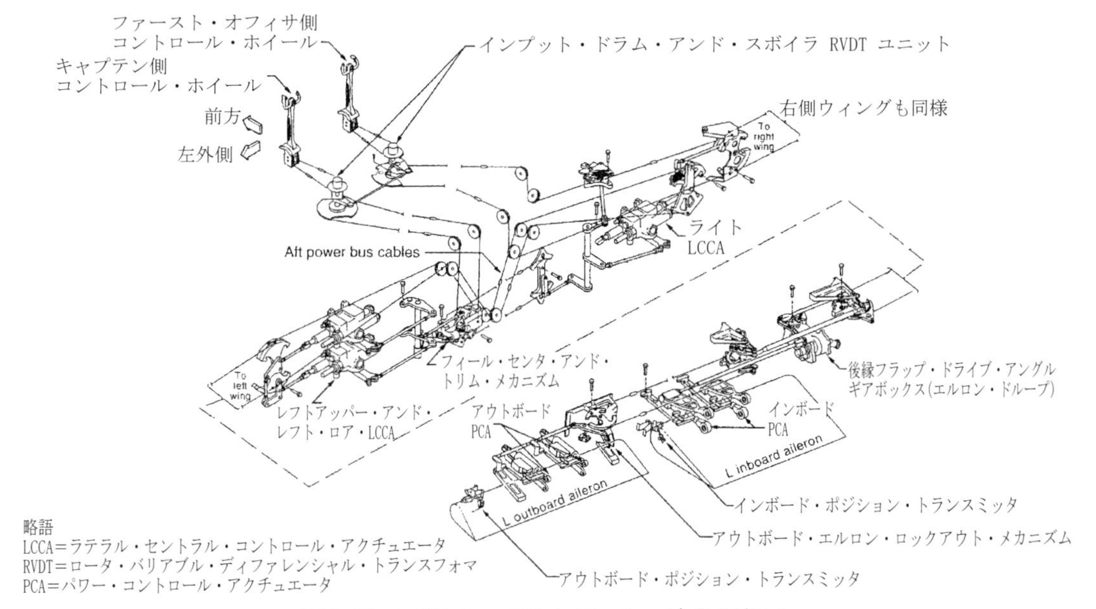

図 3-23　エルロン・コントロール・ダイアグラム

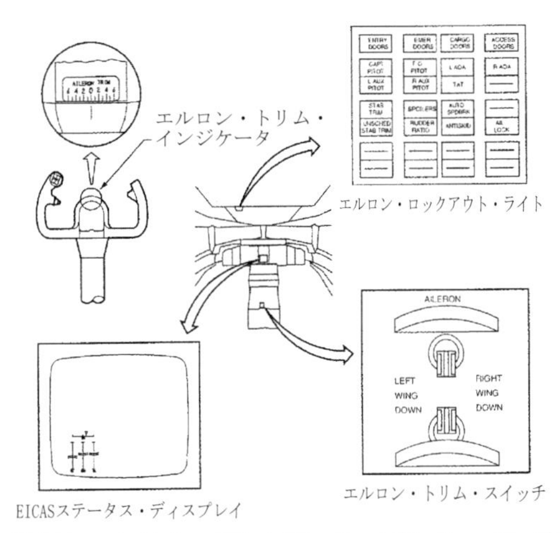

図 3-24　エルロン・トリム・コントロール・アンド・インジケーション

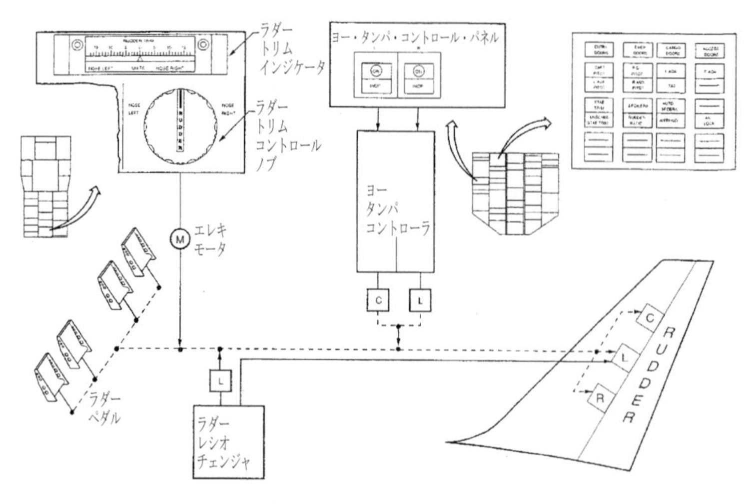

図 3-25　ラダー・コントロール・ダイアグラム

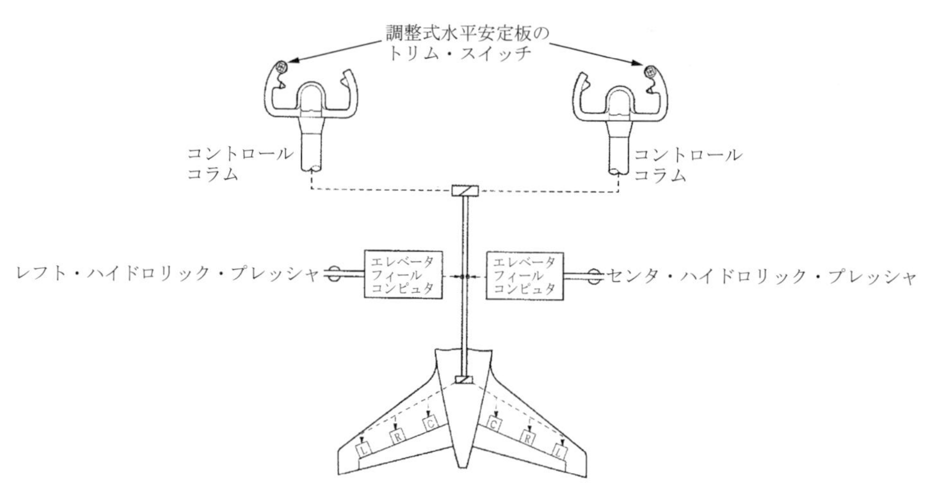

図 3-26　エレベータ・コントロール・ダイアグラム

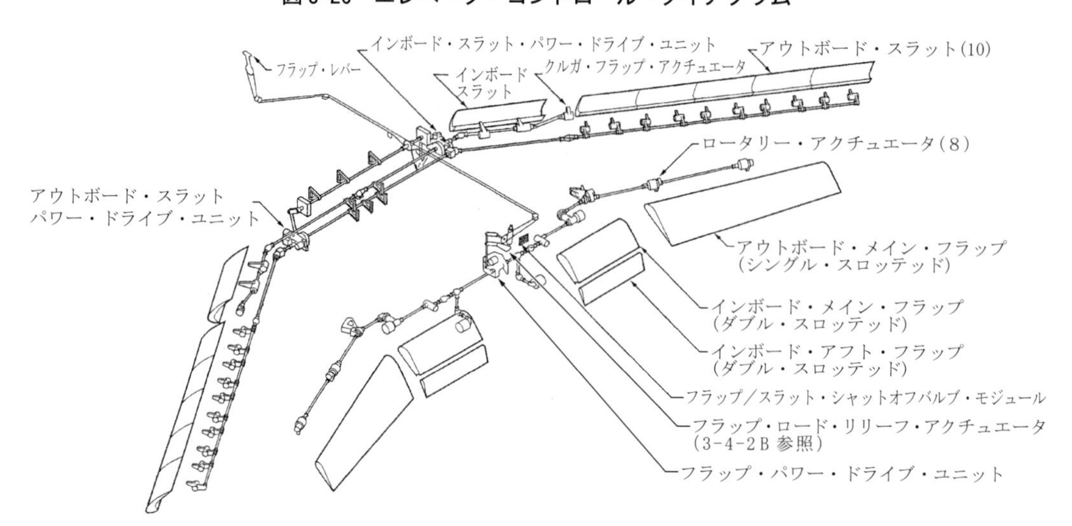

図 3-27　高揚力装置

3-3-3　フライ・バイ・ワイヤ操縦装置（Fly-By-Wire）

図 3-28 は、フライ・バイ・ワイヤ操縦装置によるスポイラ・コントロールで、従来利用されてきた、スポイラを作動させるアクチュエータに人力で指令を送る操縦ケーブル、ロッド、リンク等の機械部品に替えて、電線を流れる電気信号によりアクチュエータを制御するものである。

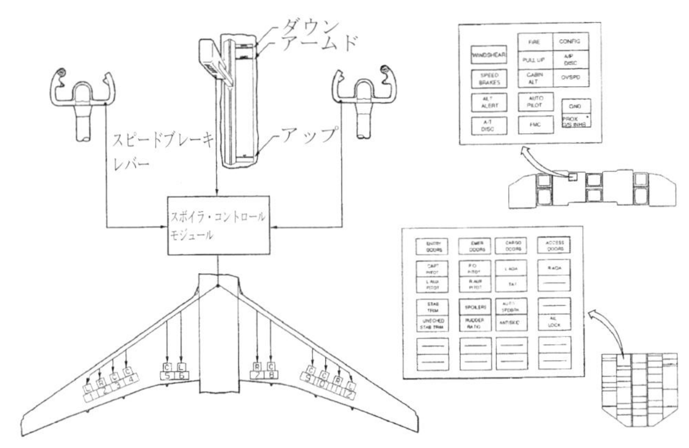

図 3-28　スポイラ・コントロール・ダイアグラム

この装置の導入により、操縦ケーブル、ロッド、リンク等の機械部品が、細い電線に置き替えられて重量軽減化が計られると同時に、繁雑な機械部品の点検作業も不要となり、性能、経済性の向上、そして整備作業の軽減化にも貢献している。

図 3-29 のフライ・バイ・ワイヤ操縦装置では、機体に加わる加速度 g や、傾きを検知するセンサとコンピュータを組み込み、操縦者の感知能力を補うようにしている。例えば、急に航空機の姿勢を変えようとするときには、いったん大きく操舵して、反対に操舵してから中立に戻す。これを当て舵と呼んでいるが、フライ・バイ・ワイヤを用いれば、このような操作は不要になる。操縦者

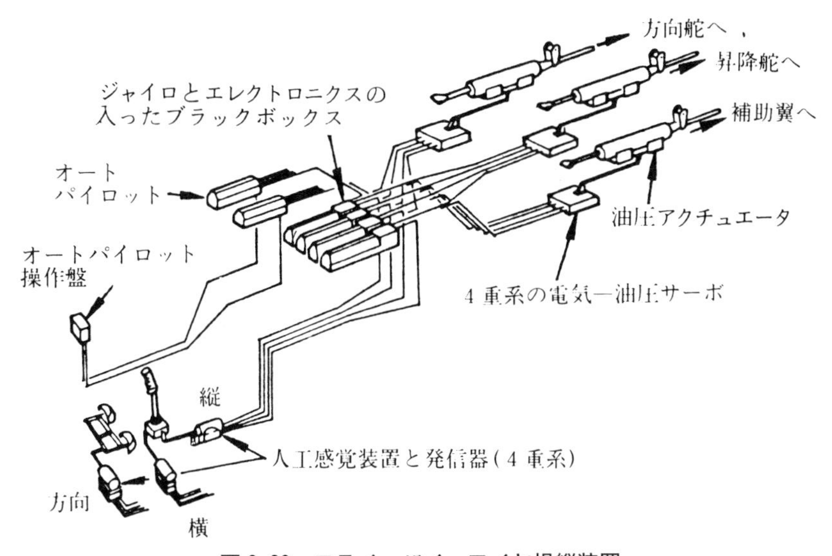

図 3-29　フライ・バイ・ワイヤ操縦装置

は当て舵の操作をしなくても、コンピュータが計算して当て舵を必要なだけとってくれる。これによって、性能は良くても、操縦性や安定性が悪くて乗りこなせなかった航空機を実用化することが可能になった。

この装置の場合、操縦桿やラダー（方向舵）ペダルは、操縦者の操縦信号をコンピュータに入力するための道具になる。従って、重さと操舵量という２種類の信号は不要になり、加える力の大きさだけで十分な信号になる。米国のF-16戦闘機はこの方式を採用した最初の戦闘機であり、操縦桿やラダー・ペダルはほとんど動かず、力の大きさだけを検知している。

この装置は、もともと月着陸船やVTOL機のように、空気力による安定を得られない宇宙船や航空機に使われて発展してきたものであるが、超音速機の運動性向上や、大型旅客機の経済性向上の手段として、大きな期待が寄せられている。

図3-30はエアバス社のA320フライ・バイ・ワイヤ操縦系統で、民間用旅客機として初めてこの方式を採用したことで知られており、乗員の前方にあった操縦桿がなくなり、左右側面コンソール前方に設置されたコンピュータに信号を送るためのサイド・スティックと呼ばれるレバーによる操縦が可能になった。

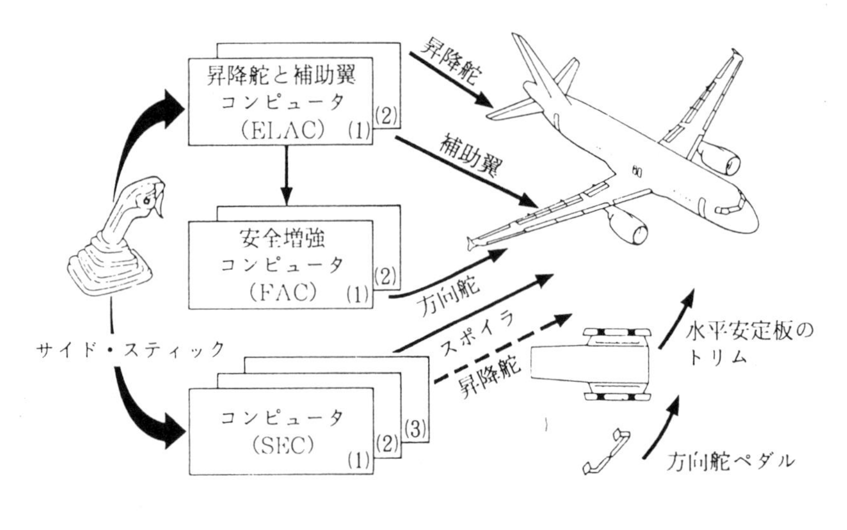

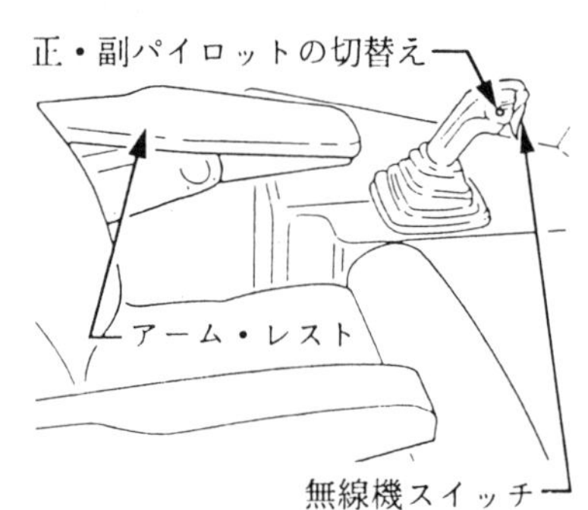

図3-30　A320フライ・バイ・ワイヤ操縦系統

3-3-4　人工感覚装置（Artificial Feel System）

動力操縦装置に油圧アクチュエータを用いる場合は、操縦者が過大な操縦を行うことを防ぐために、人工感覚装置を用いなければならない。エルロン（補助翼）については、通常スプリングを使用した装置が適切であるが、エレベータ（昇降舵）やラダー（方向舵）については、スプリングと油圧を併用した装置が用いられる。

図 3-31 は、エレベータの人工感覚装置の原理図である。

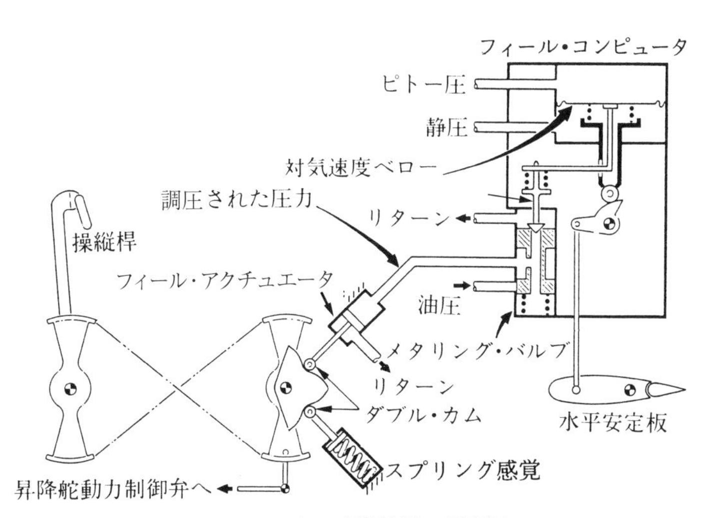

図 3-31　人工感覚装置の原理図

A. フィール・アクチュエータ（Feel Actuator）

操縦桿を操作すると、機体後方にあるエレベータ•クォードラントが動かされる。ここには、ダブル・カムが取付けられており、下側のカムとスプリングのローラーによりエレベータの中立位置を保つと共に、一番軽いフィール（感覚）を与えている。上側のカムにはフィール・アクチュエータのローラーが接しており、このフィール・アクチュエータに加わる圧力を調圧することで、操縦者に人工感覚を与えている（操縦者が操縦桿を動かすには、下側のスプリングを圧縮し、上側のフィール・アクチュエータを押し返す力が必要で、これが人工感覚フィールとなる）。

B. フィール・コンピュータ（Feel Computer）

フィール・アクチュエータに加わる油圧を、対気速度と水平安定板の位置によって調圧しているのがフィール・コンピュータである。

ピトー圧と静圧は対気速度ベローに加わるので、ベローは飛行機の速度に応じて動き、メタリング・バルブ（フィール・コンピュータ内の斜線を施した部分）の上に接している三角形のリリーフ・バルブを下に押すスプリングの力に変化を与える。また、水平安定板のセット位置によって動かされるカムは、対気速度ベローの下に位置するスプリングの力に変化を与える。つまり、対気速度と水平安定板の位置によって、リリーフ・バルブを下に押す力が変化する。

この力が、調圧された圧力とメタリング・バルブ下にあるスプリング力を合わせた力に釣り合っていれば、この図のように圧力ラインは閉じている。

C．作動

対気速度が増えたり、水平安定板が機首ダウン側にセットされたりすると、リリーフ・バルブを押し下げるスプリングの力が強まり、メタリング・バルブを下げ、油道が開いて油圧がラインに入る。リリーフ・バルブのスプリングを押し下げる力と釣合って圧力ラインが閉じられるまでフィール・アクチュエータに加わる油圧が高く調圧されるので、操縦桿の操作に要する力は重たくなる。

対気速度が減ったり、水平安定板が機首アップ側にセットされたりすると、リリーフ・バルブを押し下げるスプリングの力が弱まり、リリーフ・バルブから作動油がリリーフされ、フィール・アクチュエータに加わる圧力が低く調圧され、操縦桿の操作に要する力は軽くなる。

操縦桿を動かすとダブル・カムによりフィール・アクチュエータが動かされるが、リリーフ・バルブで作動油が押し出されるので、動きは妨げられない。

3-4　補助（二次）操縦装置（Secondary or Auxiliary Flight Control System）

補助操縦装置は、各操縦翼面（舵面）のトリム、フラップ、エア・ブレーキ等の操作系統がある。

3-4-1　トリム装置（Trim System）

トリム装置の目的は、設定した速度や高度で飛行をするのに、操縦桿（輪）やラダー・ペダルを保持し続けなくても手放しで出来るようにして、操縦者の疲労を避けるものである。

人力操縦（ブースタを含む）方式では、一般にトリム・タブを使用する。操縦席のトリム操作輪を操作すると、その回転はケーブルで非可逆式のスクリュ・ジャッキに伝えられ、トリム・タブを作動させる。トリム操作輪はエレベータ（昇降舵）を前後回転、エルロン（補助翼）を左右回転、ラダー（方向舵）を水平回転となるように設ける。**図 3-32** に操作輪の動きとタブの動きの関係を示す。

トリム・タブは適当にマス・バランスして、タブ・フラッタが起こらないようになっていることが証明されない限り、その操作装置を非可逆式にしなければならないことが耐空性審査要領に記載されている。

動力操縦装置では、トリム・タブが利用できないので、後方クォードラントにあるセンタリング・スプリングの位置を調整して舵面の中立位置を変える。調整式水平安定板では、取付け角をジャッキ・スクリューで変更してトリムする。

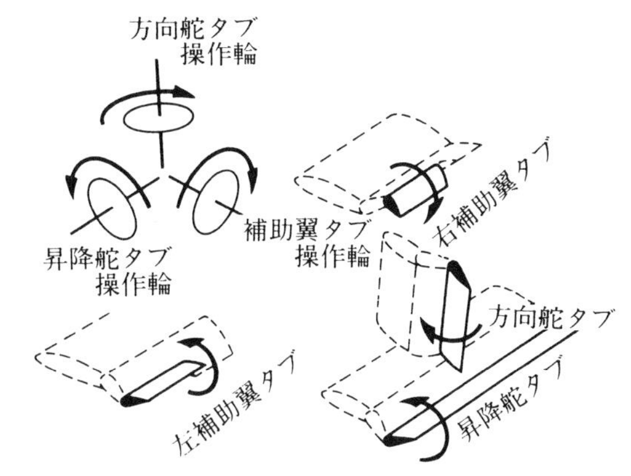

ハンドルを上図のように置けないときは下表による。

ハンドル	飛行方向	
時計回し	機首下げ	右翼下げ
反時計回し	機首上げ	左翼下げ

図 3-32　ハンドルの動きとトリム・タブの作動

トリムの変更を電動、又は電気制御の油圧式にすれば、トリム・スイッチ（Trim Switch）によってトリム操作を行うことが出来る。エルロンのトリム・スイッチは**図 3-24** に、ラダーのトリム・コントロール・ノブは**図 3-25** にあり、調整式水平安定板のトリム・スイッチは**図 3-26** の操縦輪にある。

最近のジェット旅客機では、この方式が主流になっている。

3-4-2　高揚力装置（High Lift Device）

図 3-27 は大型機の高揚力装置で、乗員が操作するフラップ・レバー、油圧モータや電動を用いた駆動源のパワー・ドライブ・ユニット、動力を伝達するトルク・チューブとギヤ・ボックス、フラップやスラットを動かすロータリー・アクチュエータ（又はジャッキ・スクリュー）、位置をモニター

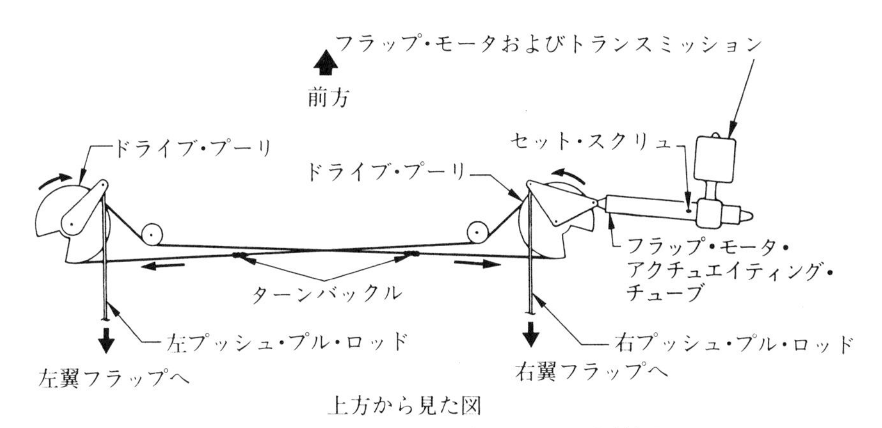

図 3-33　セスナ 172 系列機のフラップ系統図

して表示する機器等で構成されている。

小型機では人力や電動を用い、機械的なリンクで動かしている。**図 3-33** はセスナ 172 系列機の電動フラップ機構で、左右フラップの動きを揃えるバランス機構を持っている。

左右のフラップやスラットは同調して作動するように作られている（片側のフラップ又はスラットが上げ位置で、反対側が下げ位置の場合でも、安全な飛行性を保つことが証明されない限り、フラップ及びスラット同調装置が求められている）。

ジェット旅客機には、乗員がセットした高揚力装置の位置から、勝手に違う位置へ作動した場合に停止させる保護機能や、以下の保護機能を装備している。

A．アシメトリ・デテクト・システム（Asymmetry Detect System：非対称検出機構）

高揚力装置で特に注意しなければならないことは、左右のどちらか片方だけが作動して非対称となり、制御不能で横転してしまうことである。これを防ぐために、高揚力装置の左右の位置を、機械的や電気的にとらえて非対称を感知する非対称検出機構（アシメトリ・デテクト・システム）があり、左右が過度な非対称状態になる前に高揚力装置を自動的に停止させる。コックピットではアシメトリ・デテクト・システムが作動したことを警報表示する。

B．フラップ・ロード・リリーフ・システム（Flap Load Relief System）

フラップ・ダウン（下げ位置）での制限速度を過えると、フラップや主翼構造に損傷を与えてしまう。それを防ぐために、フラップ・ロード・リリーフ・システムがある。

ある設定速度以上のときにフラップを着陸位置にセットしても、所定の位置からダウンせず、またフラップが着陸位置にあるときに、ある設定速度以上になると所定の位置までアップするように、パワー・ドライブ・ユニットの近くにあるフラップ・ロード・リリーフ・アクチュエータ（**図 3-27** 参照）が動いて、ドライブ・ユニットを作動させる。コックピットではフラップ・ロード・リリーフ・システムが作動したことを警報表示する。

3-4-3　スピード・ブレーキ（Speed Brake）、スポイラ（Spoiler）

A．スポイラのコントロール

図 3-34 は、翼にグランド・スポイラ３枚、フライト・スポイラ２枚を装備したジェット旅客機のスポイラ・コントロールである。

⑴　飛行中のスピード・ブレーキ（**図 3-34**、**図 3-35**、**図 3-36**）

ａ．飛行中に**図 3-34** のスピード・ブレーキ・レバーを引くと、リンク、ロッド、クォードラント、ケーブルを経由して、同図及び**図 3-35** のスピード・ブレーキ・インプット・クォードラントを回転させる。

ｂ．**図 3-35** のスピード・ブレーキ・インプット・クォードラントが回転すると、スポイラ・ミキサー & レシオ・チェンジャー内のリンクを動かし、左右にあるスポイラ・アウトプット・クォードラントを左右対称に、同じ量だけ動かす。その動きはクォードラントのケー

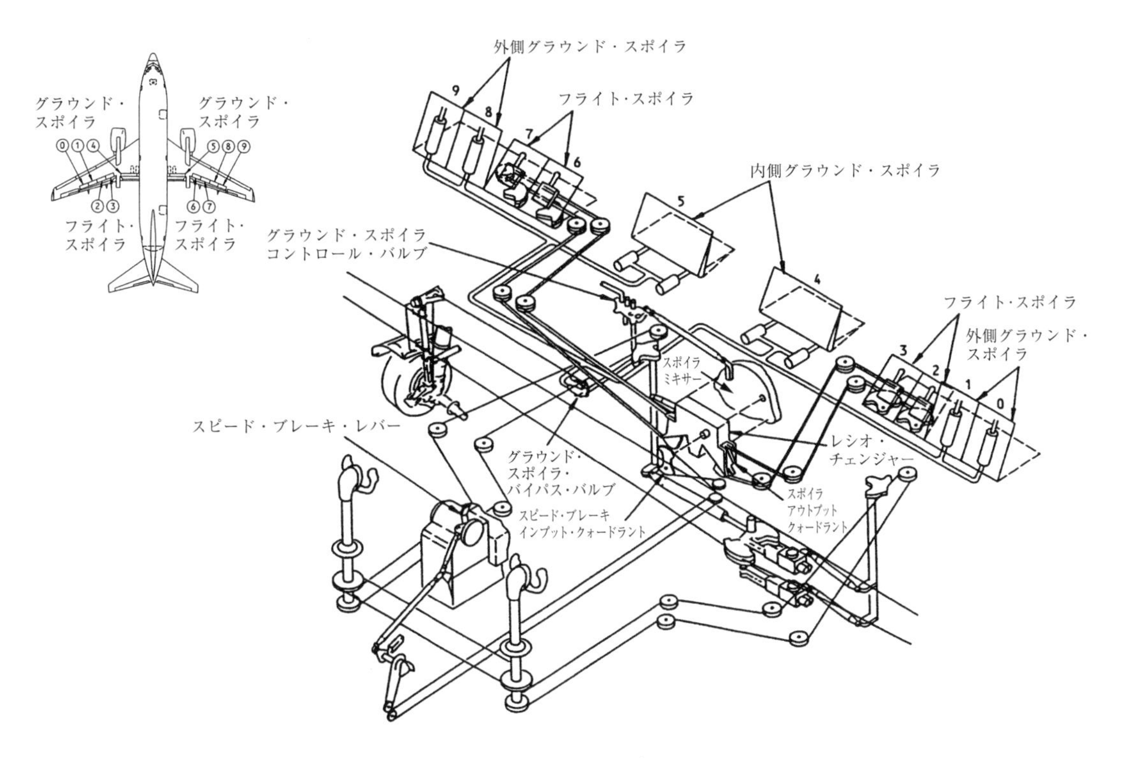

図 3-34　スピード・ブレーキ／スポイラのコントロール

ブルを通して左右の主翼後縁にある 2・3・6・7 フライト・スポイラ（図 3-34）に伝わり、スピード・ブレーキ・レバーを動かした分だけ立ち上がる。

c．スポイラ・ミキサー内のリンクが、図 3-36 のグラウンド・スポイラ・コントロール・バルブを Spoilers Up 側に切り替えるが、飛行中は右側の主脚が伸びているので、グラウンド・スポイラ・バイパス・バルブは Oleo Extended 側のままであり、グラウンド・スポイラ・アクチュエータには、上げの圧力はかからない。また、アクチュエータには、下げ位置に保持する機械的なロックがあり、上げ圧力がかからない限り、グラウンド・スポイラは飛行中下げ位置を保持し、立ち上がらないようにしている。

⑵　地上でのスピード・ブレーキ（図 3-36）

a．機体が地上にあるときにスピード・ブレーキ・レバーを引くと、フライト・スポイラは、飛行中のスピード・ブレーキと同様に、レバーを引いた分だけ上がる。

b．グラウンド・スポイラ・コントロール・バルブはスポイラ・ミキサーからロッドで Spoilers Up 側に切り替えられ、グラウンド・スポイラ・バイパス・バルブに上げ圧力を送り、グラウンド・スポイラ・アクチュエータの下げ側ラインを、主油圧系統のリターン・ラインに返す。

c．機体が地上にあるときは、右側の主脚は縮んでいるので、グラウンド・スポイラ・バイパス・バルブは Oleo Compressed 側に切替っており、グラウンド・スポイラ・コントロー

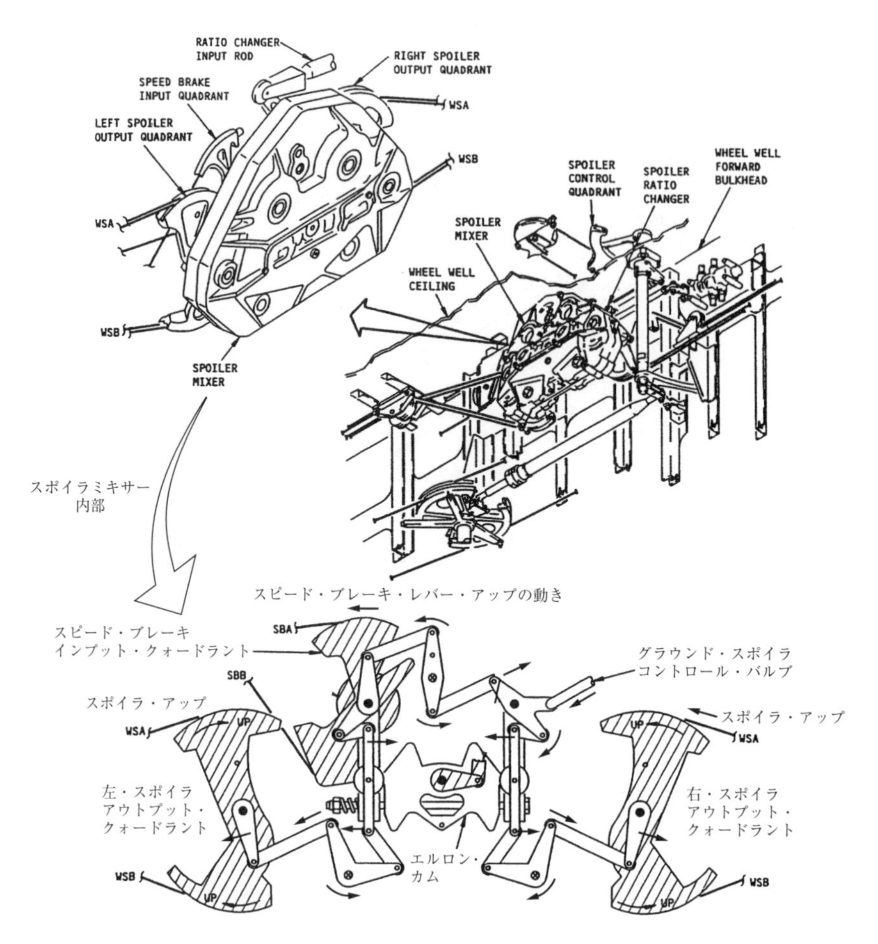

図 3-35　スピード・ブレーキのコントロール

ル・バルブからの上げ圧力を、グラウンド・スポイラ・アクチュエータに送る。

ｄ．上げ圧力を受けたグラウンド・スポイラ・アクチュエータは、下げ位置を保持している機械的ロックを解除し、グラウンド・スポイラを立ち上げる。

ｅ．グラウンド・スポイラは、立ち上がるか下がるかの２つの位置しか動かない。

⑶　スポイラによる横方向の操縦（**図 3-37**）

ａ．コントロール・ホイール（操縦輪）を操作すると、エルロン・コントロール系統によりエルロンは動かされるが、同時にその動きは**図 3-37** にあるエルロン・スプリング・カートリッジ、レシオ・チェンジャー・インプット・ロッドを経由し、スポイラ・レシオ・チェンジャに入る。

ｂ．スポイラ・レシオ・チェンジャに入ったエルロン操舵の動きは、ベルクランク、レバーをかえして、エルロン・カムを回転させるが、その量はスピード・ブレーキ・レバーの操作量が大きい程、小さくなるようにレシオ（比）を変えている。（スピード・ブレーキ・インプット・クォードラントの動きによりベルクランク内にあるローラーの位置を変える

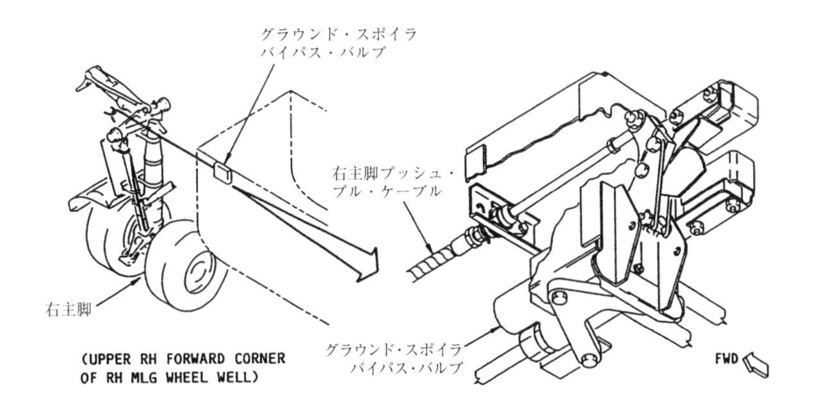

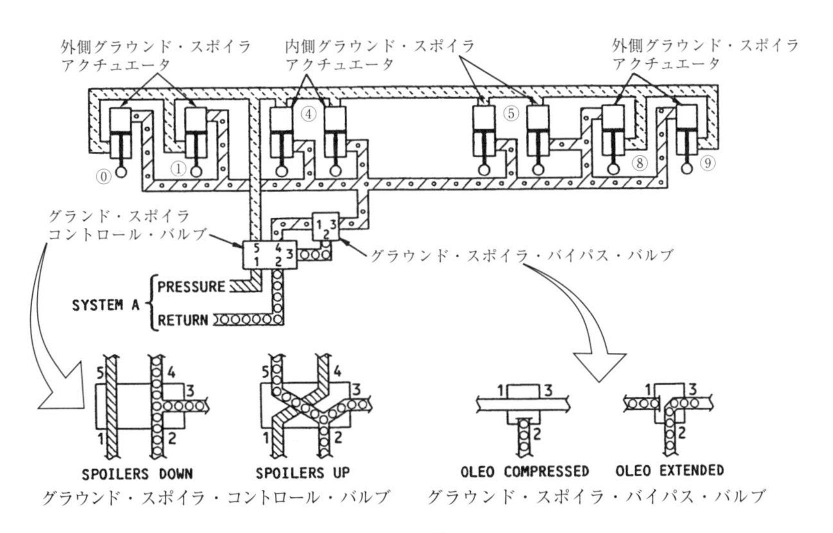

図 3-36　グラウンド・スポイラ・コントロール

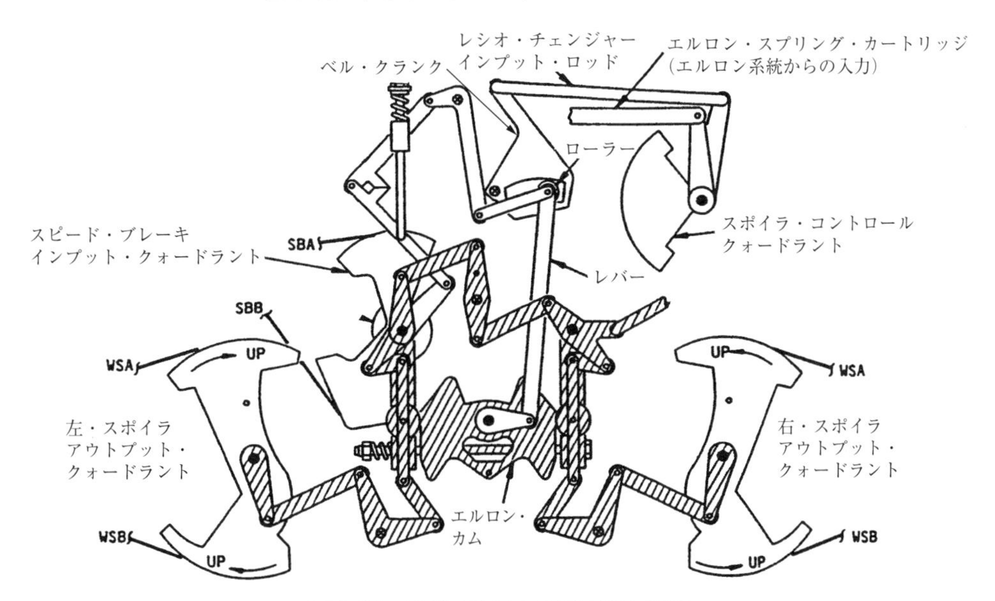

図 3-37　スポイラによる横方向の操縦

ため）

c．エルロン・カムが回転すると、リンクにより左右にあるスポイラ・アウトプット・クォードラントを左右非対称に動かす。その動きはクォードラントのケーブルを通して左右の主翼後縁にあるフライト・スポイラに伝わる。

d．スピード・ブレーキ・レバーが下げ位置であれば、操縦輪を切った方向のフライト・スポイラを上げるが、反対側は下げであるので、それ以上は下げない。

e．スピード・ブレーキ・レバーが上げられていれば、操縦輪を切った方向のフライト・スポイラは上げられ、反対側は下げられる。

f．スピード・ブレーキ・レバーが最大上げ位置であれば、操縦輪を切った方向のフライト・スポイラは最大上げであるので、それ以上は上げないが、反対側は下げる。

g．レシオ・チェンジャーはスピード・ブレーキ・レバーを上げる量により、スポイラによる横方向の操縦を抑えるように作用させる。

⑷　オートマティック・グラウンド・スピード・ブレーキ（Automatic Ground Speed Brake）

スピード・ブレーキ・システムには、スピード・ブレーキ・レバーを乗員の操作によらず、電動で自動的に引き上げるオートマティック・グラウンド・スピード・ブレーキの機能がある（条件や数値は、機種によって異なるが、一例を示す）。

a．着陸後のオートマティック・グラウンド・スピード・ブレーキ

着陸前に、スピード・ブレーキ・レバーを少し引き上げたアーミング（Arming）位置に置く。この位置は、アーミング・スイッチを働かせるが、スポイラは作動しない。タッチ・ダウン前後にスロットル・レバーをアイドル付近まで戻し、エア・グラウンド・センサ（安全スイッチ）が地上を感知するか、又はアンチスキッド・システムからホイール・スピードが 60 ノット以上の信号を受けると、スピード・ブレーキ・レバーを電動で上げる。

b．離陸中止時のオートマティック・グラウンド・スピード・ブレーキ

離陸滑走中、60 ノット以上で離陸を断念してスロットル・レバーをアイドルに戻しリバース（逆噴射）レバーを操作すると、その操作により機械的にスピード・ブレーキ・レバーを下げ位置に保持している状態から持ち上げると共に、リバース・スラスト・スイッチを働かせ、スピード・ブレーキ・レバーを電動で上げる。

B．フライ・バイ・ワイヤ操縦装置を用いたコントロール

図 3-28 のスポイラ・コントロールは、フライ・バイ・ワイヤ操縦装置で、操縦輪の動きやスピード・ブレーキ・レバーの動きを電気的に変換し、スポイラ・コントロール・モジュールと呼ばれるブラック・ボックスに入力し、プログラムで設定されたスポイラの動きになるように、各スポイラ・アクチュエータに電気信号を送り、主油圧系統の油圧を用いて動かしている。

図 3-34 の機械的なスポイラのコントロールと比べて、非常にシンプルであり、フライ・バイ・ワイヤ操縦装置で述べた通り、操縦ケーブル、ロッド、リンク等の機械部品が、細い電線に置

き替えられて重量軽減化が計られると同時に、繁雑な機械部品の点検作業も不要となり、性能、経済性の向上、そして整備作業の軽減化にも貢献していることが理解できよう。

3-5　ガスト・ロック（Gust Lock）

停留中の航空機が突風にあおられて操縦翼面がばたつき、それによって破損しないようにするため、ガスト・ロック機構が設けられている。小型機では**図 3-38** のように、操縦桿をロック・アッセンブリで固定しているが、人力操縦の中型機では、操縦翼面を直接固定したり、操縦翼面に出来るだけ近いところの操縦系統をロック機構で固定したりしている。この機構は操縦席からケーブルで操作することが出来る。動力操縦装置の飛行機では、油圧シリンダがダンパの働きをするので、必ずしもガスト・ロックを必要としない。

ガスト・ロックで大切なことは、次の点である。

⑴　ロックしたまま飛行出来ないようにすること。

⑵　系統の一部が破断しても、飛行中にロックしないこと。

⑶　飛行中に誤操作が出来ないようにすること。

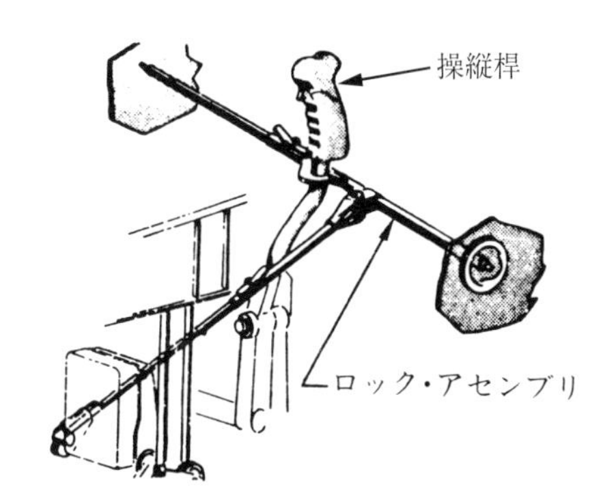

図 3-38　代表的な小型機のガスト・ロック

A．内部固定装置（Integral Lock System）

図 3-39 は内部固定装置で、人力操縦装置のリンク機構にプランジャ（ピン）を入れて各操縦翼面を中立位置に固定させるものである。

各操縦翼面のガスト・ロックは、左側の大きいスプリングによってプランジャを常にアンロックの方向へ押している。これにより操縦室の操作ガスト・ロック・レバーは、アンロック位置に保持されている。

操縦室のガスト・ロック・レバーをロック位置に操作すると、各操縦翼面のガスト・ロックがロック位置に動かされる。プランジャは、操縦装置のリンク機構に設けた穴に合うと、内蔵した小さいスプリングによって押し込まれ、各操縦翼面を中立位置に固定する。ガスト・ロッ

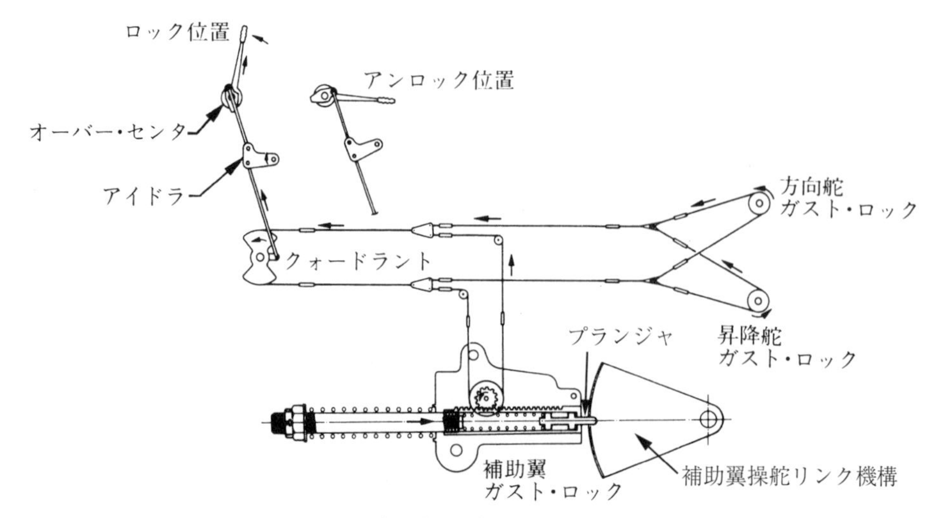

図 3-39　中型機のガスト・ロック機構

ク・レバーは、オーバー・センターしてロック位置を保つ。

B．操縦翼面スナバ（Snubber：緩衝器）

操縦翼面を動かすために油圧を用いている飛行機では、油圧系統に組み込まれたスナバで、操縦翼面を突風から保護している。飛行機によっては、補助のスナバ・シリンダを直接操縦翼面に取り付けたものもある。従って、油圧系統の作動液が系統に充満している限り、操縦系統を中立位置にしておくだけでよく、ガスト・ロックを設ける必要はない。

C．外部翼面固定装置

外部翼面固定装置は、主翼や安定板と動翼を薄い木片で一緒にはさんで固定する方法と、動翼と構造部材との間にある種の固定金具を滑り込ませる方法とがある。固定金具には色のついた長い識別用のひも等をつけて、外し忘れをしないように配慮する。これらの固定装置を取り外したときは、航空機の中に格納しておく。

3-6　操縦室（Cockpit）

飛行機の操縦は、単座またはタンデム（Tandem：串型）座席配置機の場合、右手で操縦桿（または輪）を握り、左手でスロットル・レバーを動かし、両足でラダー（方向舵）・ペダルを操作して行う。

並列複座（Side by Side）機で、双方の座席から操縦出来る飛行機や、大型機で２名の操縦者を必要とする飛行機は、２名の操縦者の間にエンジンやトリム等の操作装置を置き、どちら側からでも操作出来るようにしている。通常左側を機長席、右側を副操縦席としており、機長は左手で操縦桿（輪）を握り、右手でスロットル・レバーを動かすことになる。小型機で、右側を客席とした機体もある。

飛行機の操縦桿（輪）を右へ倒せば（回せば）、機体は右への傾斜を強め、左へ倒せば（回せば）

左への傾斜を強める。操縦桿を前へ押せば機首は下がり、手前へ引けば機首は上がる。ラダー・ペダルは右足を押せば、機首は右を向き、左を押せば機首は左を向く。

スロットル・レバーは前へ押せばエンジンの出力が上がって機体の速度が増し、手前に引くとエンジンの出力が下がって機体は減速する。

この方式は飛行機の歴史の比較的早い時期に確立され今日まで使われており、人間の感覚に適応しているので今後も長く使われると思われる。

その他の操作装置のレバー・ノブの形や操作の方向についても「耐空性審査要領」で細かく規定されている。これまでの経験から、操縦桿（輪）やラダー・ペダルの配置については一つの基準（推奨値）ができあがっている。しかし、これはあくまでも基準であるから必ず守らなければならないものではない。高性能をねらう上級滑空機等では、胴体断面積を小さくするために、操縦者が仰向けに寝そべった形をとっているものさえある。F-16 戦闘機では操縦者の耐 G 能力を増すために、30° のリクライニング・

図 3-40　ボーイング 787

図 3-41　エアバス A380

シートが使われている。また操縦桿は操縦席の中央から右側のサイド・コンソールに移されている。

図 3-40 に Boeing 787 の操縦席内の配置を、**図 3-41** には A380 の配置をそれぞれ示す。両機ともフライ・バイ・ワイヤ操縦系統であるが、Boeing 787 は乗員の前方に従来の操縦輪や操縦桿を用いており、A380 ではサイド・スティックを用いている。

（以下、余白）

第４章　組立（Assembly）とリギング（Rigging）

4-1　概　要

飛行機の組立は飛行機の各部分を組み立てることで、リギングは飛行機の各部分を飛行に備えて心合わせ（位置決め）・調整することである。この両者は密接に結びついている。

すべての組立およびリギング作業においては、次の２つの事項に配慮しなければならない。

A．部品の空力的、機械的機能に関する正しい作動を理解する。

B．材料や金具、安全装置を正しく使用して、飛行機構造の原型を維持する。

不完全な組立やリギングをすると、ある部品にその設計荷重以上の荷重がかかることがある。リギングは、飛行機の組立が行われている間続くが、最後の組立が完了した後も、リギングの仕事は残っていると考えてよい。（一般に使われているこの２つの用語の定義の間には若干の重複がある）

この章では、飛行機の一般的な主要構造部の組立と、リギングの原則的な方法について述べるが、特定の飛行機については、適用される製造会社のマニュアル等に従って作業を行わなければならない。通常、製造会社のマニュアルには、これらの方法について詳細に記述されている。

4-2　飛行機の組立

飛行機の胴体、主翼（中央翼および外翼）、着陸装置及びナセルのような主要部分は、完全なサブ・ユニット（Sub-unit）として製造され、組み立てられるのが普通である。

飛行機の実際の組立作業は、その型式や種類、製造者によって著しく異なるが、いくつかの一般的な原則がある。飛行機の製造工場では、互いに取り付ける用意が出来ているサブ・ユニットを、治具等を使って組み立てるだけだが、一般の組立工場や修理工場ではそう簡単には行かない。

組立に必要な工具は、それぞれの仕事によって違うが、プラスチック・ハンマや頭部を生皮で覆ったハンマ、レンチ、ドライバ、ドリフト・ポンチ（Drift Punch）および小さなこじり棒（Pinch Bar）の一揃いは、必ず必要な工具で、ボルト穴を合わせるためのテーパ付きドリフトのセットは常に便利なものである。木製の馬（Wooden Horse：翼や胴体の支持スタンド）、はしご等の用具は小型機の

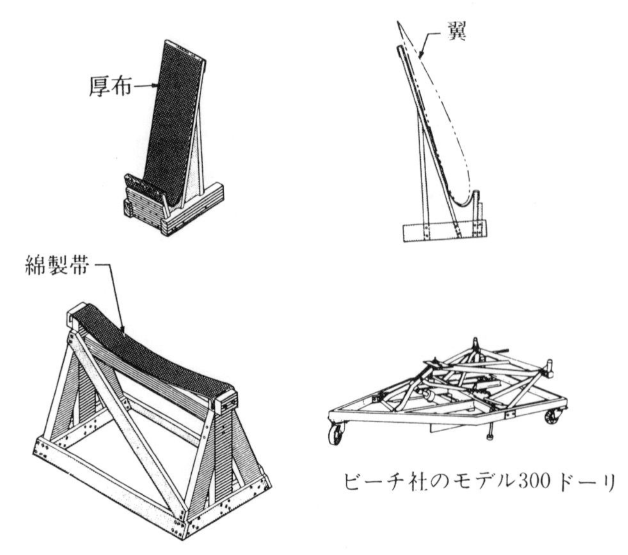

図 4-1　翼、胴体の支持スタンド

組立には必ず使用されるもので、それらを含め、足場、ウインチ、専用ドーリ（Dolly)、滑車等は全て使用前に点検しておかなければならない（**図 4-1** 参照)。

4-2-1　機体の吊り上げ

機体の組立を行うには、まず機体の主要構造部品を持ち上げ（Lifting)、その場所に保持する（Shoring）必要がある。

胴体の吊り上げに専用の吊り上げ点（Lifting Point）がない場合は、**図 4-2** のようにチェイフィング・ギアを用いて、持ち上げようとする胴体構造の外板に十分なパッド当てを行う。

エンジン・マウントを装着してある単発機は、吊り上げ点としてエンジン・マウントを利用できるが、マウントに局部的な荷重が加わらないように注意しなければならない。

通常エンジンは、吊り上げ点にシャックルを取り付け、ウインチ等で吊り上げてマウントに取り付ける。小型機用のエンジンでは、重心位置の直上に一個所シャックルを取り付ければ吊り上げられる。

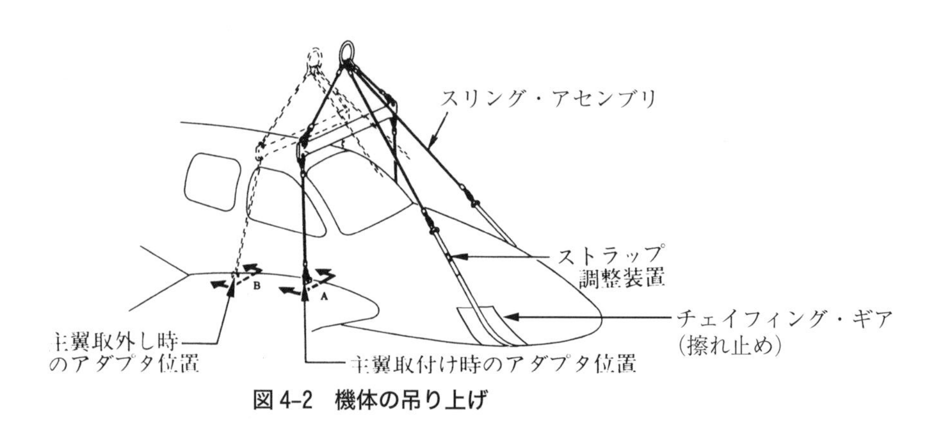

図 4-2　機体の吊り上げ

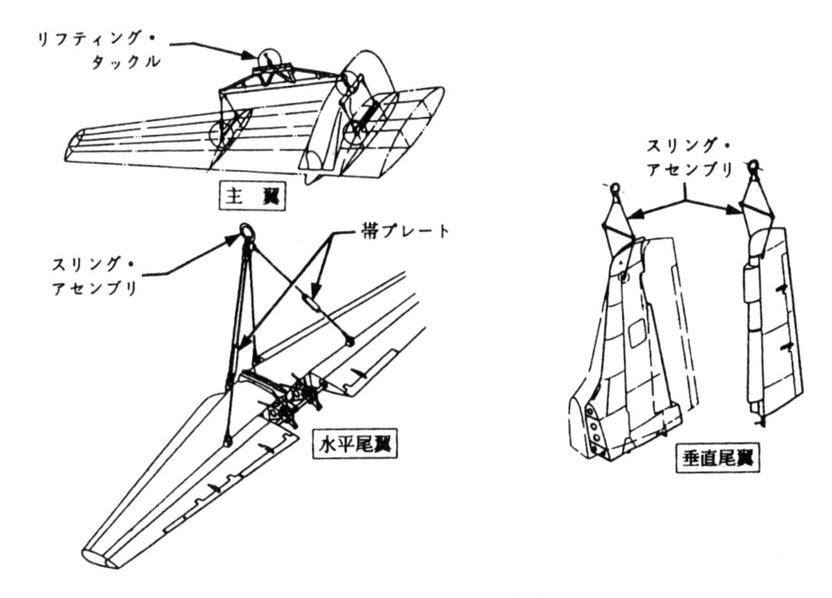

図 4-3　翼の吊り上げ

大型機のプロペラ、および操縦翼面の取付け・取外しには、**図 4-3** のような専用のスリング（Sling）またはリフティング・タックル（Lifting Tackle）が用意されている。

4-2-2　機体のジャッキング（Jacking）

機体のジャッキングは、機体のレベリング（Leveling）、重量測定、着陸装置構成部品の取付け取外しに必ず必要な作業である。

ジャッキング・ポイントは通常、**図 4-4** に示すように主翼および胴体に何個所かのポイントに設けてある。このポイントを用いて飛行機をジャッキングする場合、重量と積載量は製造会社のマニュアルに規定された値を守らなければならない。ジャッキング重量が定められている場合、この重量を超えていると機体構造が破壊する恐れがある。

小型機の中には、ジャッキング・ポイントが無いものもある。このような機体の場合、胴体や翼の下にパッドを付けたスタンドなどで機体を支える（マニュアルに規定さている場合はそれに従うこと）。

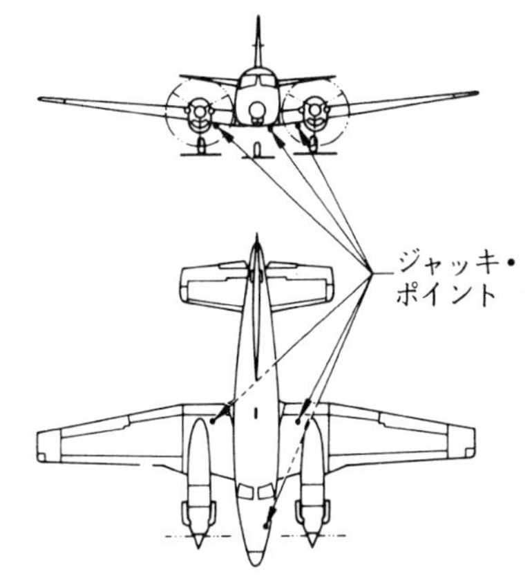

図 4-4　ジャッキング・ポイント

4-2-3　主翼の取付け

飛行機の主翼は、可能な限り胴体に取付ける前に、全ての取付金具及び付属品を取付けておく。この主翼を胴体に取付ける時は、通常、胴体を木製の馬やスタンド等で固定しておき、この状態で翼を取付ける。主翼に吊上げポイントが設けられていれば、これ等を利用して吊り上げて保持し、胴体と結合する。胴体との結合は、せん断や引張り方向にボルト止めされる事が多い。

胴体と翼の穴の心合わせには、テーパー付きのドリフトを用いる。ボルトの取付方向は、原則としてボルト・ヘッドが上方、進行方向に対して前方になるように取り付け、安全線やコッター・ピンをつける。締め付けトルクは、必ず締め付けているナット側で点検する。

4-2-4　尾翼の取付け

尾翼は最後に組み立てられるのが普通である。水平安定板は、取付ける前には全ての取付金具と付属品が装着されていることを確かめた後に吊り上げ、胴体後端の取付ステーションに合わせる。取付ボルトおよびナットを取付け、安全線をかける（**図 4-5**）。

エレベータ（昇降舵）やタブ操縦装置は、操縦室で中立位置に調節しておき、コントロール・ケーブル（操縦索）をフェアリードに通して、ケーブルのターミナルを各駆動部に結合して、エレベー

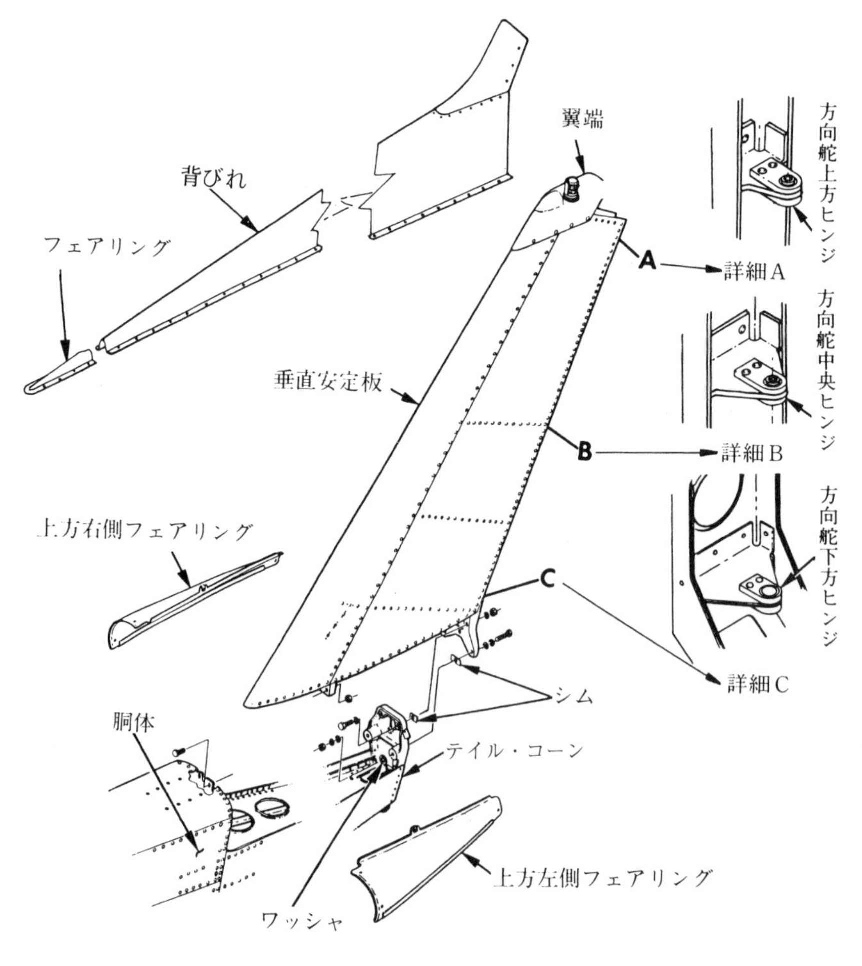

図 4-5　尾翼の取り付け

タ操縦ホーンを取り付ける。

次に垂直安定板を定位置に取付け、同様にボルトおよびナットに安全線をかけボンディング結合を確かめる。

4-2-5　エンジンの取付け

A. エンジンの梱包を解いたら、まず破損の有無について詳細に点検し、防錆オイルを完全に除去する。エンジンを仮止めするスタンドがあれば、機体に取付ける前にこのスタンドに取付け、ドレン・プラグを外して防錆オイルを抜取り、エンジン・オイルを注入しておくとエンジンをマウントに取付けた後の作業が楽になる。又、エンジン補機を含む全ての装備品の部品番号と製造番号を記録しておく。取付けた後では、これらの番号を調べるのは容易な事ではない。

B. エンジンをマウントに取付けた後、ショック・マウントの締め付け、マウント・ボルトの緩み止めの状態、回転計駆動軸の回転方向を調べる。過給機および気化器内の異物の有無、シールの状態、全ての開口部の腐食の有無と、不要なシールやプラグが取り外されている事を確かめる。

C. 最後にバッフル・プレート（Baffle Plate）、カウリングとの隙間や当たり、ダクト、電気配線、操作装置のリンク、索の接合と心合わせの状態について点検する。

防火壁の点検は特に重要である。開口部が正しくシールされ、接手及び絶縁材料との隙間が正常である事を点検する。

4-3　機体構造のリギング

リギングは、主として主翼、胴体、着陸装置、尾翼等の構造部品を、それぞれの飛行機に適用されるマニュアルや規格に従って、**心合わせ**（Alignment）することである。これらの構造部品は、それらをそれぞれの位置に保持するために穴の位置をずらしたり、支柱の長さを調整したり、ブッシングを偏心させたりして心合わせをする。

この項では、飛行機の主要構造部の心合わせの点検と調整の方法について述べる。

4-3-1　構造の心合わせ（位置決め）

主要構造の位置や角度は、飛行機の中心線に平行な基準線と、両翼端を結ぶ線に平行な横の基準線との関係で表わされる。主要構造部分を計る前には、まず飛行機の水平（Level）を出す必要がある。

小型機には、通常基準線に平行、又はその線上に取り付けた固定ブロックやペグ（Peg：水準器を位置決めする目印）があり、この上に水準器と直定規を置いて飛行機の水平を点検する。

大型機ではグリッド法（Grid Method）がよく用いられる。**図 4-6** は、飛行機の床、又は構造部に固定されたグリッド・プレートで、その上方にある天井の定点から振り下げおもり（Plumb

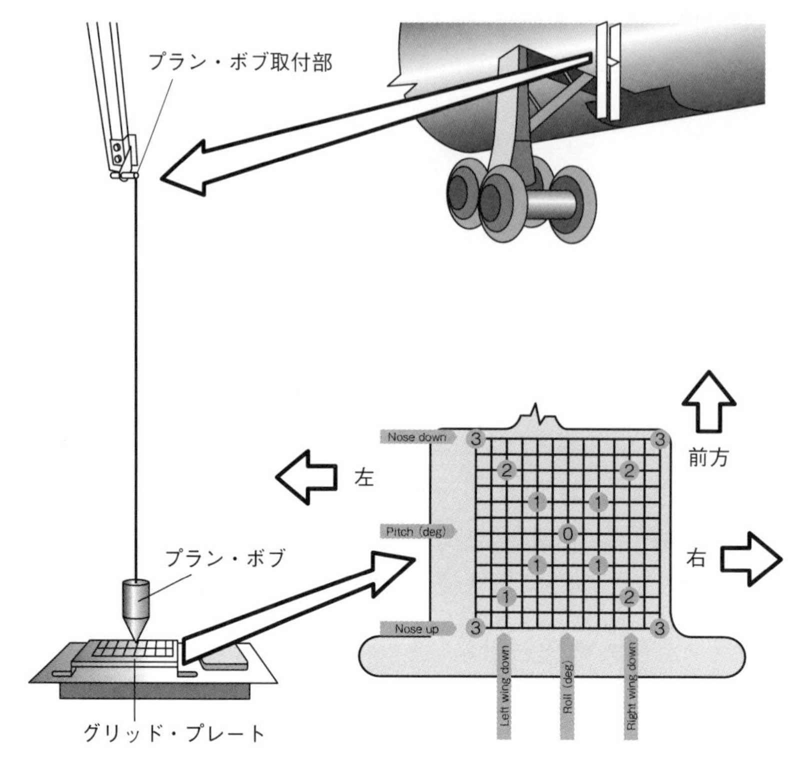

図4-6　グリッド・プレート

Bob:重錘）を吊して飛行機の水平を点検する。機体をジャッキ・アップし、振り下げおもりがグリッド目盛りの中心に来るようにジャッキを調整して機体の水平を出す。

4-3-2　構造の心合わせ点検

飛行機の組立と心合わせ点検は、原則として屋外で行ってはならない。もし、やむを得ない場合は、飛行機を風に正対させて行う。

若干の例外はあるが、現代の一般的な飛行機の翼の上反角と取付角は調整できない。一部の小型飛行機では、翼の傾きを修正するために、翼の取付角を調整出来るようにしている。このような飛行機に、異常な荷重が加わったときには、構造部分に変形がなく、取付角度が規定限界内にあることを確かめなければならない。

構造の心合わせと組立て角度を点検する方法はいくつかある。飛行機によっては角度を計るための計測器（水準器または傾斜計）を内蔵していたり、飛行機の上に置いたりする特殊組立ボードを使用する。大多数の飛行機では、心合わせをトランジット（経緯儀：水平角および高度角を測定するための器具）と振り下げおもり、またはトランジットとサイティング・ロッド（レベリング・ロッド）を用いて点検する。使用するこれらの計測装置は、通常、製造会社のマニュアルに規定してある。心合わせの点検をするときは、決められた順番に従って、決められた位置で行う。

通常、心合わせ点検には、次のものが含まれる。

(1)　主翼上反角　(5)　水平安定板取付角
(2)　主翼取付角　(6)　水平安定板上反角
(3)　エンジン・アライメント　(7)　垂直安定板の垂直度
(4)　着陸装置のアライメント　(8)　対称度

各心合わせ点検を以下に示すが、作業にあたっては、その機体の製造会社のマニュアルに従うこと。

A．上反角の点検

図 4-7 は上反角を点検する方法を示しており、製造会社が用意した特殊ボードを用いて点検する。このようなボードが無いときは、直定規と傾斜計を用いても出来る。翼によっては、上反角が翼の付け根と先端で異なることがあるので、上反角の点検は製造会社の規定する位置で行う。

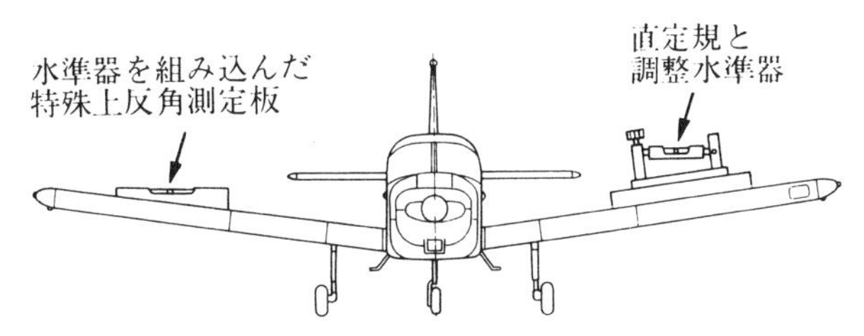

図 4-7　上反角の測定（低翼機）

図 4-8 のような高翼支柱（V支柱）付きの主翼は、通常、翼の上反角と取付角の両方を調整出来るようにしてある。

正しい上反角にするには、翼を取り付けて胴体が完全に水平になっていることを確かめた後、テーパのついた上反角ボード（Dihedral Board）を製造会社によって規定された位置の翼下面に保持し、ボードの下面が水平になるまで前方支柱端の取付金具を回転させて調整する。

飛行機によっては前桁の翼端間に糸を張って、その長さが一定の範囲になるように規定されたものもある。

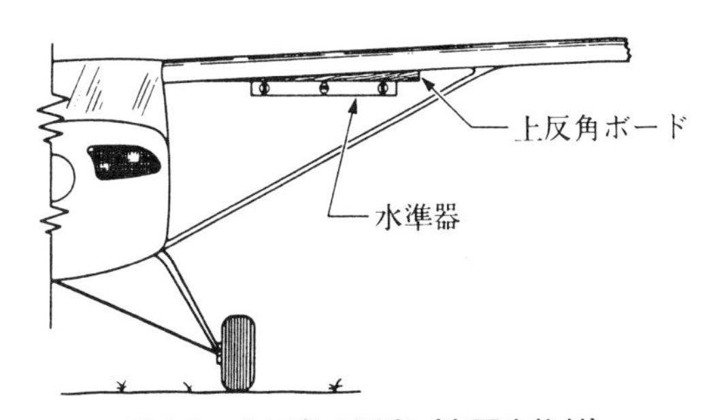

図 4-8　上反角の測定（高翼支柱付）

B．取付角の点検

取付角（迎え角）は、翼が捩れていないことを確かめるために取付角用ボードが用いられ、通常少なくとも翼上面の定められた 2 点で点検する。

前側にストップがあり、これを翼の前縁に当てて設置するものや、構造のある規定部分にぴったり合うロケーション・ペグ（Location Peg）があるもの等がある。どちらの場合でもその目的は、ボードを正確に望む位置に確実にぴったり合わせるためで、多くの場合ボードに取り付けた短い脚で、翼の表面から離して設置する。

図 4-9 は代表的な取付角用ボードで、点検する翼面の規定された位置に置き、取付角が正しい場合はボード上の傾斜計は0、又は規定された許容範囲内を示す。

取付角用ボードを当てる機体の部分を改修すると指度に影響を与えることがある。例えば前縁ディアイサ・ブーツを取付けると、前縁ストップのあるボードの位置に影響する。

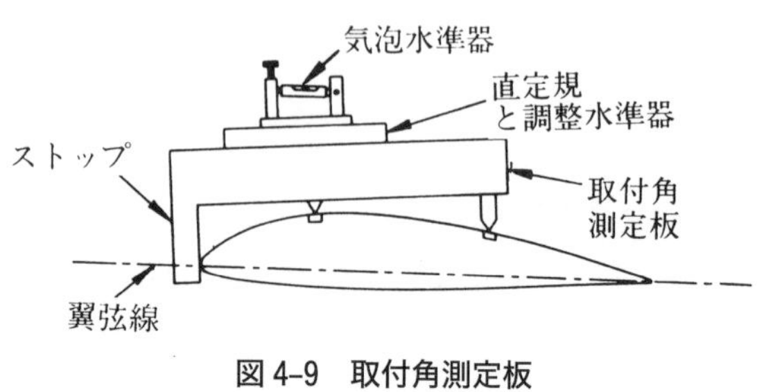

図 4-9　取付角測定板

図 4-8 のような高翼支柱（V支柱）付きの主翼は、上反角が正しく調整されたならば、次に取付角－ねじり下げ（Wash-in）又はねじり上げ（Wash-out）－を調整する。これは通常、上反角ボードと似た取付角ボードを規定されたウイング・リブ（翼小骨）の下に保持し、このボード下面が水平になるまで後方支柱の長さを調節する。

この調整の出来る飛行機は、組立後の最初の飛行で手放し直線水平飛行ができるかどうかを確かめ、必要な微調整量を決める。

C. 垂直安定板の垂直度の点検

水平安定板のリギングを点検した後に、翼の基準線に対して垂直安定板の垂直度を点検する。**図 4-10** はその方法を示しており、垂直安定板の上部両側の定められた点から、左右水平安定板上の定められた点までの長さを計る。その寸法は、許容限界内で等しくなければならない。

方向舵ヒンジの心合わせをする必要があるときは、方向舵を取り外して方向舵ヒンジの取付穴に、おもり付の糸を通して全て穴の中心を通るか点検する。

飛行機によってはプロペラ後流の影響を小さくするために、垂直安定板の取付角を機軸から偏心させたものになっているので注意しなければならない。

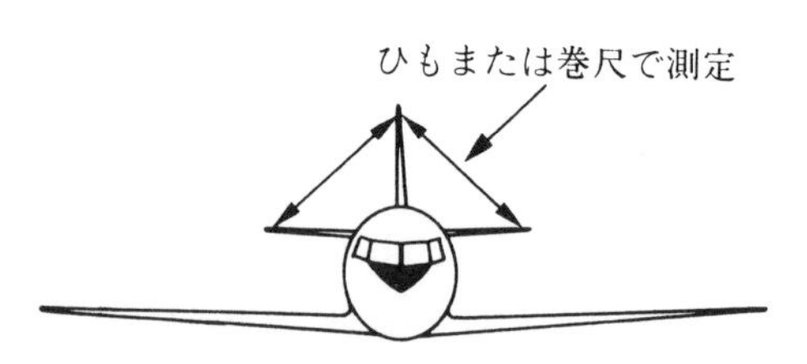

図 4-10　垂直安定板の垂直度点検

D. エンジン中心線の点検

エンジンは通常、推力線を縦の対称面上の水平線に平行に取り付けられている。しかし、エンジンを主翼に取り付ける場合は、常にそうであるとはいえない。偏心の程度を含めて、エンジンの取付位置はマウントの形式に大きく左右される。通常、マニュアルで規定された点で、マウントの中心線から胴体の縦の中心線までの距離を計る方法で点検する。

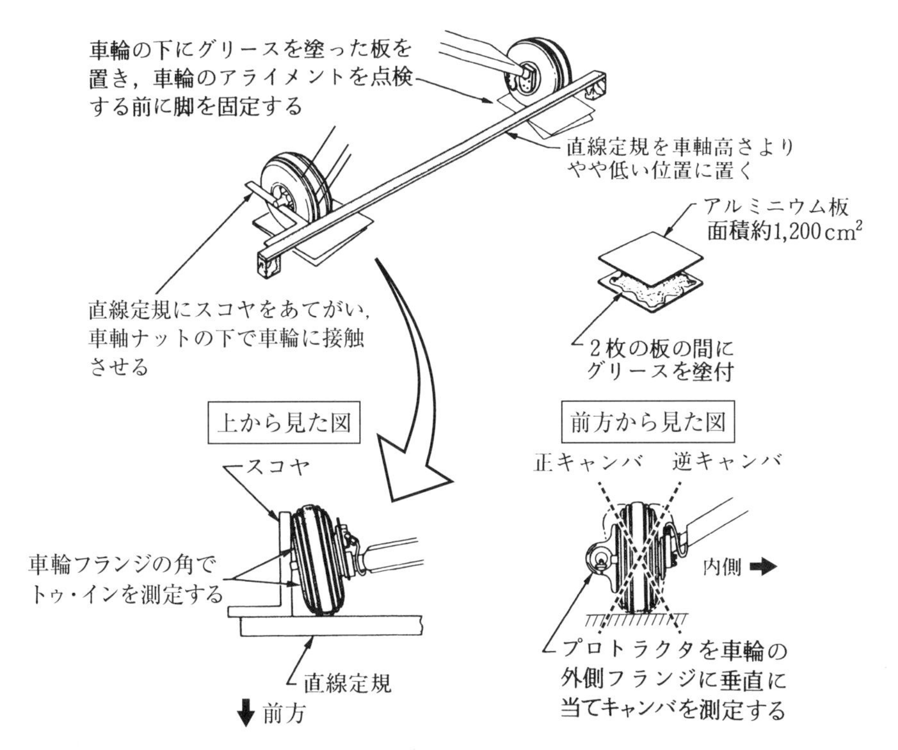

図 4-11　トウ・インとキャンバの点検（胴体取付部）

E．着陸装置のアライメント点検

着陸装置はトウ・イン（Toe-in）、トウ・アウト（Toe-out）およびキャンバ（Camber）が規定に合致していることを確かめなければならない。

トウ・インは左右主輪の前方リムが後方リムよりも接近している状態で、トウ・アウトはトウ・インの逆の状態をいう。キャンバは主輪の垂直アライメントである。

図 4-11 は、胴体に主脚を取り付けた飛行機のトウ・インと、キャンバを点検する方法である。この点検は、車輪と地表面の摩擦によってミス・アライメントにならないよう、間にグリースを塗った2枚のアルミニウム板の上に車輪を乗せて行う。

トウ・イン点検には直線定規(Straight-edge)及びスコヤ(Carpenter's Square：直角定規)が、キャンバ点検にはプロトラクタが用いられる。

図 4-12 は、翼下面に取り付けられる主脚柱のアライメント点検方法である。トウ・インやトウ・アウトは、前述と同様に直定規及び直角定規によって点検する。この修正はトルク・リンクの間にワッシャやシムを追加するか、又は取り除くことによって行う。

F．対称の点検

図 4-13 は、典型的な対称点検の原理である。特定の飛行機に対する測定点及び許容差は、製造会社のマニュアルに記載されている。

小型機の2点間の距離の測定は、通常鋼の巻尺を使用するが、長い距離を計るときは、巻

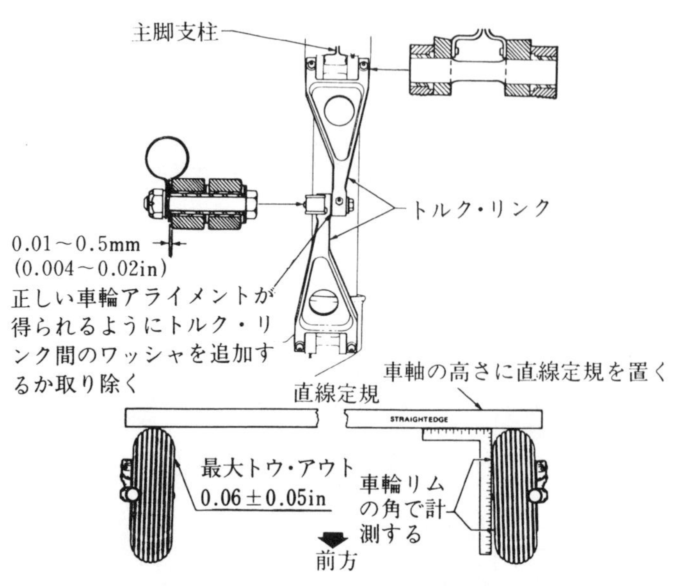

図 4-12　主脚柱のアライメントの点検の一例

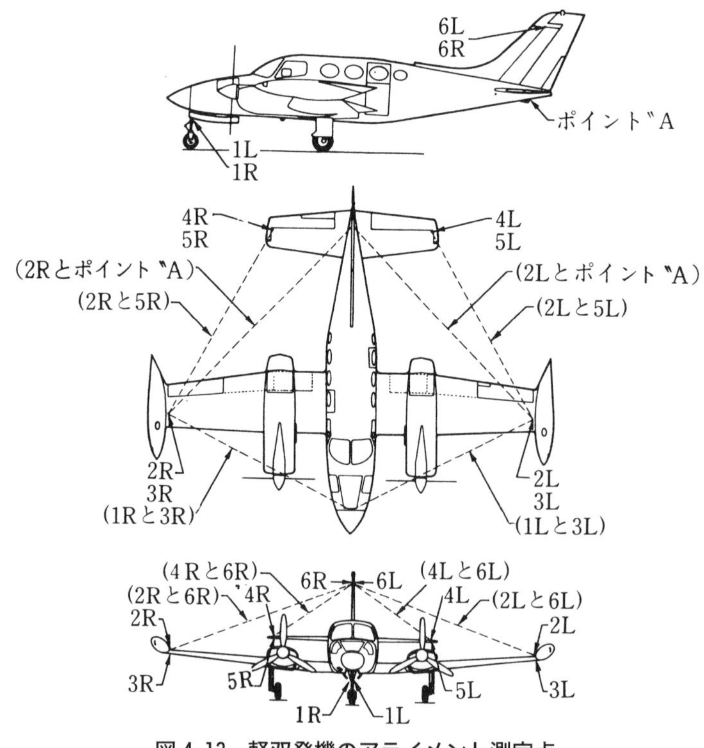

図 4-13　軽双発機のアライメント測定点

尺と一緒にばね秤を使用し、約 2.3kg（5 lb）の張力を与えて巻尺の張力を均等にする。

図 4-14 は距離測定の基準で、基準点となるリベットの頭を赤く塗るか赤丸で囲み、再測定の際に間違える恐れのないようにしておく。

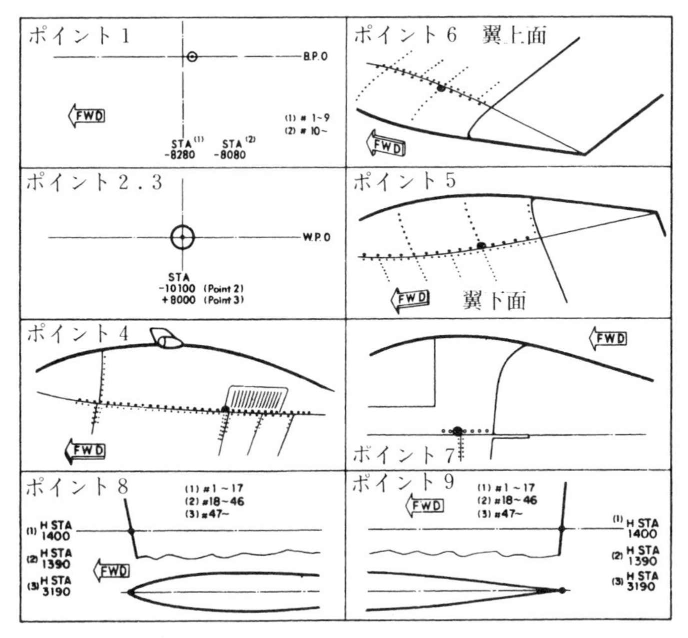

図 4-14　距離測定の基準

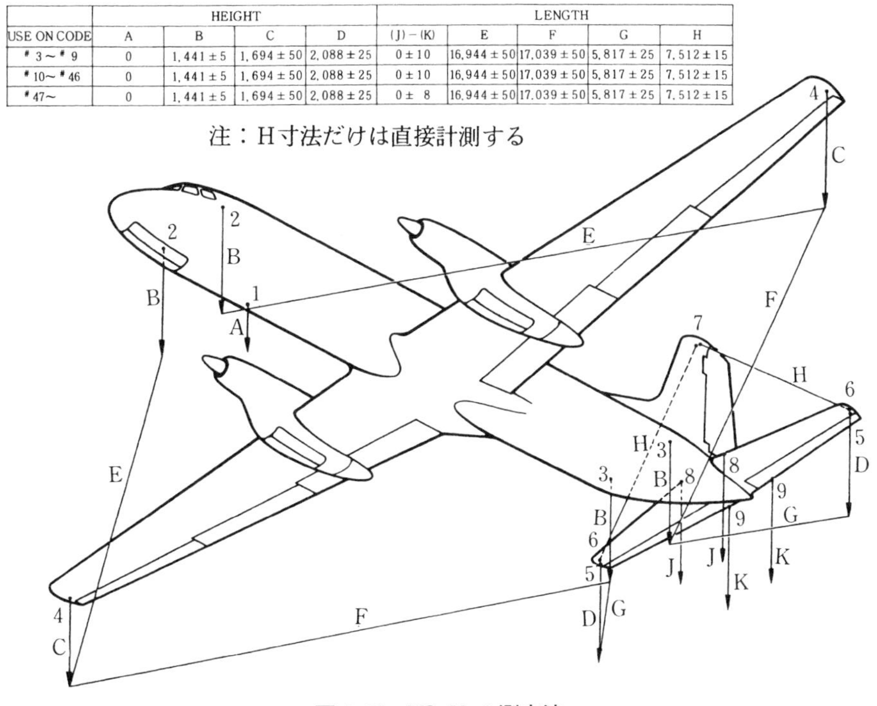

	HEIGHT				LENGTH				
USE ON CODE	A	B	C	D	(J)－(K)	E	F	G	H
# 3～# 9	0	1,441±5	1,694±50	2,088±25	0±10	16,944±50	17,039±50	5,817±25	7,512±15
# 10～# 46	0	1,441±5	1,694±50	2,088±25	0±10	16,944±50	17,039±50	5,817±25	7,512±15
# 47～	0	1,441±5	1,694±50	2,088±25	0± 8	16,944±50	17,039±50	5,817±25	7,512±15

注：H寸法だけは直接計測する

図 4-15　YS-11 の測定法

図 4-15 は、距離を測定しようとする測定点からおもりを吊り下げ、おもりの真下の床に印を付けて、その各印の中心間を測定する方法を示している。

4-4　操縦翼面の心合わせ

操縦系統を正常に作動させるためには、操縦翼面が正しく調整されていなければならない。正しく装着された操縦翼面は、規定の角度に動き、操縦装置の動きに連動する。

どの系統の操縦翼面でも、調整するにはメンテナンス・マニュアルに述べられているように、順を追って実施することが大切である。多くの飛行機の完全な調整法には詳細に決められた手順があり、いくつかの調整が必要である。

A．操縦翼面調整の基本的な方法

⑴　操縦室の操縦装置、ベルクランク及び操縦翼面を中立位置に固定する。

⑵　方向翼、昇降翼、又は補助翼を中立位置に保って操縦索の張力を調整する。

⑶　飛行機を組み立てるとき、与えられた作動範囲（Travel）に操縦翼面を制限するために、操縦装置のストッパを調整する。

B．操縦装置と操縦翼面の作動範囲は、中立点から両方向に点検する。

C．トリム・タブ系統の組立も、同様な方法で行われる。トリム・タブの操作装置は、中立位置（トリムしていない）にあるとき、操縦翼面のタブが通常、操縦翼面と面一になるように調整されるが、飛行機によっては、面一から若干ずれていることもある。操縦索の張力は、タブとタブ操作装置を中立位置において調整する。

D．リグ・ピン（Rig Pin）は、プーリ、レバー、ベルクランク等をそれらの中立位置にセットするために用いられる。このリグ・ピンは小さい金属製のピンまたはクリップで、リグ・ピン・ホールに入れることによりセット出来る。リグ・ピンが無いような場合は、中立点を心合わせマーク法、特殊型板や寸度測定によって求める。最終的な心合わせと系統の調整が正しく行われた場合は、操縦室側のリグ・ピン・ホールにリグ・ピンを入れた状態で、操縦翼面側のリグ・ピン・ホールにリグ・ピンを容易に出し入れすることが出来る。もし容易に出し入れ出来なければ、心合わせが狂っているか張力が異常であることを示している。

E．系統を調整した後でリグ・ピンを全て抜き、操縦装置の全行程と操縦翼面の動きを点検する。操縦翼面の作動範囲を点検するとき、操縦装置は操縦翼面で動かすのではなく、操縦室で作動させなければならない。操縦装置がそれぞれのストッパに当たっても、チェーン、操縦索等がそれらの作動の限界に達していないことを確かめる。

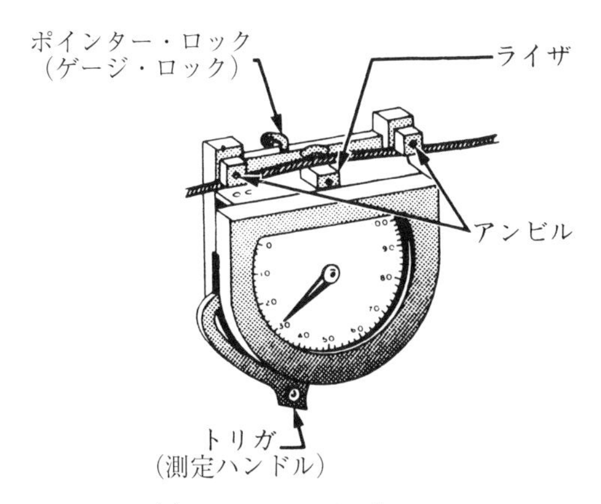

(a)テンション・メーター

見本用　　例題

No. 1			ライザ	No. 2		No. 3	
Dia.1/16	3/32	1/8	張力 lb	5/32	3/16	7/32	1/4
12	16	21	30	12	20		
19	23	29	40	17	26		
25	30	36	50	22	32		
31	36	43	60	26	37		
36	42	50	70	30	42		
41	48	57	80	34	47		
46	54	63	90	38	52		
51	60	69	100	42	56		
			110	46	60		
			120	50	64		

(b)キャリブレーション・テーブル（校正表）

図 4-16　テンションメーターとキャリブレーション・テーブル

4-5　ケーブル・テンション（索張力）の測定

ケーブル・テンションの測定には、**図 4-16(a)** に示すテンション・メーター（Tension Meter：張力計）が使用される。適正に整備された場合、テンション・メーターは 98% 正確である。

アンビル（Anvil）と呼ばれる焼入れした２つの鋼ブロックの間で、ライザ（Raiser）をケーブルに押し付け、それに必要な力の大きさでケーブル・テンションを測定する。

テンション・メーターは数社の製品があるが、どれも異なったケーブルの種類、寸法、張力に使用出来るよう設計されている。

機体内外の温度を安定させた状態で測定するが、測定時の機体の状態、測定手順や方法等は、各機体のマニュアルに従うこと。

注：テンション・メーターの基本的な取り扱い、各部名称については、当協会発行の「航空機の基本技術」を参照されたい。

A. テンション・メーターには、そのメーター専用の**図 4-16(b)** にあるキャリブレーション・テーブル（校正表）と、識別番号が付けられたライザが有る。

B. キャリブレーション・テーブルの上側には、ライザ番号とケーブル・サイズの記載があり、計測するケーブル・サイズに応じた番号のライザを、テンション・メーターに取り付ける。

C. トリガを下げるとライザが下がるので、２つのアンビルの下に測定するケーブルが入るようにテンション・メーターをケーブルにセットし、そしてゆっくりトリガを上げてライザを上げる。

D. ケーブルは２つのアンビルの支点と上がってきたライザによって挟まれ、ライザが直角にケーブルを押し付けるのに要した力がポインター（指針）で表示される。

E. 例題では、直径 5 / 32 in のケーブル・テンションを計るのに、№ 2 のライザを使用して、30

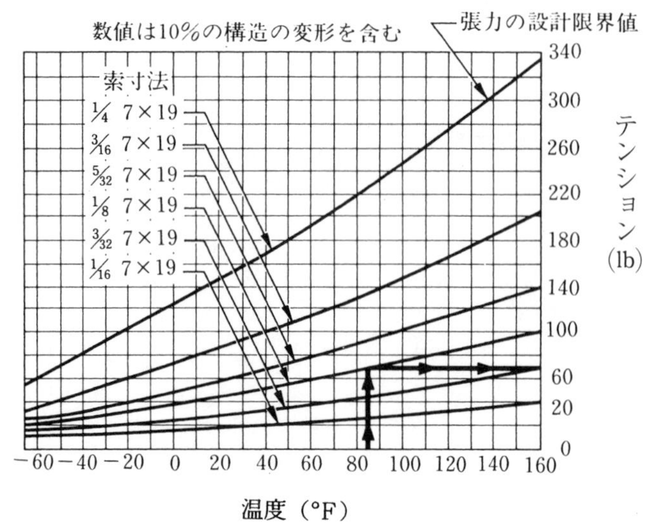

図4-17　ケーブル・リギング・チャート

の読みが得られたとする。ケーブルの実際のテンションは、キャリブレーション・テーブルから70 lbとなる。

このテンション・メーターは7 / 32または1 / 4 inのケーブルの計測するように作られていないので、図表の№.3ライザの欄は空欄になっている。

F. 指針を読み取るときに、ケーブルの測定位置によっては指示が見にくい場合がある。このためテンション・メーターにはポインター・ロック（指針ロック）がついている。ポインター・ロックを行い、テンション・メーターをケーブルから外して数値を読み取る。

G. 図4-17は、ケーブル・テンションの温度変化補正に用いられる典型的なケーブル・リギング・チャートである。操縦系統、着陸装置、その他ケーブル操作系統に使用されるケーブル・サイズ毎に、作業する時の外気温度によって調整すべきケーブル･テンションを求めることができる。（各機体のマニュアルに記載された系統毎のケーブル・リギング・チャートを用いること）

H. 7 × 19、サイズ1 / 8 inのケーブルで、外気温度が85° Fであると仮定すると、85° Fの線を上方へ1 / 8 inのケーブルの曲線に交わる点までたどり、その交点から図表の右端まで水平線を引く。この点の値70(lb)が、調整すべきケーブル・テンションである。

4-6　操縦翼面の作動範囲の測定

操縦翼面の作動範囲を測定する工具は、主に角度計、調整用具、翼型型板、定規、水準器、鋼巻尺、下げ振り（Plumb Bob：重錘）である。これらの工具は調整した操縦系統が規定通りの動きをするかどうかを確かめる時に用いられる。

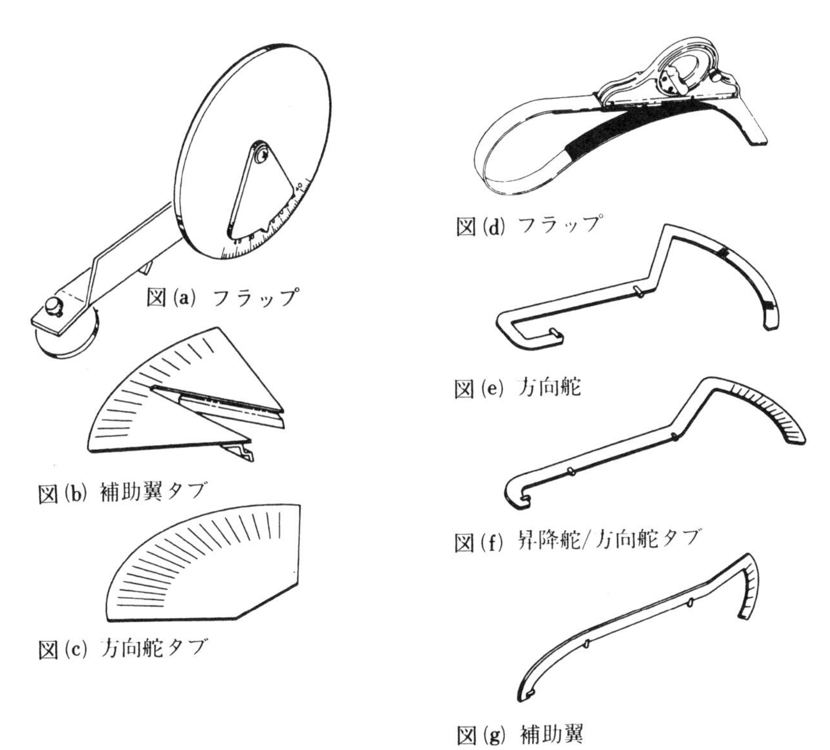

図 4-18　各種動翼の作動範囲ゲージ

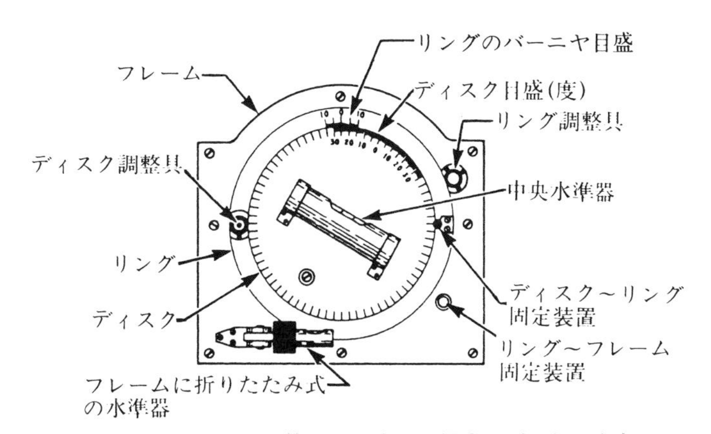

図 4-19　動翼の作動範囲を測定する場合のプロトラクタ

A. 角度計

角度計は、角度を度の単位で計る計測器である。操縦翼面の動きを測定するためには、いろいろな形式の角度計が用いられている（**図 4-18** 参照）。

エルロン（補助翼）、エレベータ（昇降舵）、フラップ等の動きを測定するための角度計に、プロトラクタ（Universal Propeller Protractor：プロペラ角度計）がある（**図 4-19** 参照）。プロトラクタは、フレーム、ディスク・リングおよび２つの液体水準器からできている。

ディスクとリングは互いに、そしてフレームから独立して回転する（隅の水準器はプロペラのブレード角を測定する場合、フレームの垂直をだすのに使用される)。

中央の水準器は、操縦翼面の動きを測定するとき、ディスクの位置を決めるのに使用される。リングのバーニヤ目盛のゼロとディスク目盛りのゼロを合わせるとき、ディスク～リング固定装置はディスクとリングを互いに固定するようになっている。リング～フレーム固定装置は、ディスクを動かすときリングが動かないようにする。リングには10目盛りの副尺が切ってある。

B．調整用具と翼型型板

調整用具と翼型型板は、製造会社で準備された操縦翼面の動きを測定する特殊工具で、用具や型板上のマークは、所定の操縦翼面の動きを示すものである。

C．定規

多くの場合、飛行機の製造会社は特定の操縦翼面の動きをインチまたはミリメートルで表示している。これらの単位がインチであったりミリメートルであったりするので、換算の誤りを防ぐためにも、それぞれの単位の目盛りの定規を使うべきである。

D．水準器

水準器は、水平線又は水平面を出すための器具で、リギングには片側ガラス式（Open-faced）のものが好んで用いられる。傷を付けたり狂わせないように取扱に注意し、使用しないときは専用の保管場所にしまっておく。前述のプロトラクタは、この一種である。

E．鋼巻尺

多くの飛行機リギング作業者が使用しているインチ目盛りの鋼巻尺（Steel Tape）の幅は9㎜（3 / 8 in）のものである。これは約7.5 m（25 ft）の長さがあり、1 / 16 inまで目盛られている。鋼巻尺の中には、1 / 32 in、さらには1 / 64 inまで目盛ったものもある。

ミリメートル目盛りの鋼巻尺もインチ目盛りの鋼巻尺と、ほとんど同じような寸度で作られ、長さは10 m、25 m、50 mがあり、1㎜又は0.5㎜に目盛られている。

鋼巻尺は使用中または保管中によじってはならない。よじることは巻尺を破損するばかりではなく、リギング中の飛行機を傷つけ、外板を傷つける恐れがある。

F．下げ振り、重錘（Plumb Bob）

下げ振りとは、下げ振り糸のおもりである。下げ振り糸（Plumb Line）は、おもり又は分銅をその一端につけた糸で、あるものが垂直か否かを知るために使用する。飛行機のリギングには機械加工した重量8 OZ（227 g）のものが用いられる。

4-7　操縦翼面の釣合（Balance：バランス）

操縦翼面の釣合がうまく取れていないとき、操縦翼面が激しいフラッタ（Flutter）を起こすことがある。この状態を避けるために、タブや補助翼の内部又は前縁上のどちらか、或いはバランス・パネルの正しい位置に重量を付加して、適正な操縦翼面のモーメントを得るようにする。

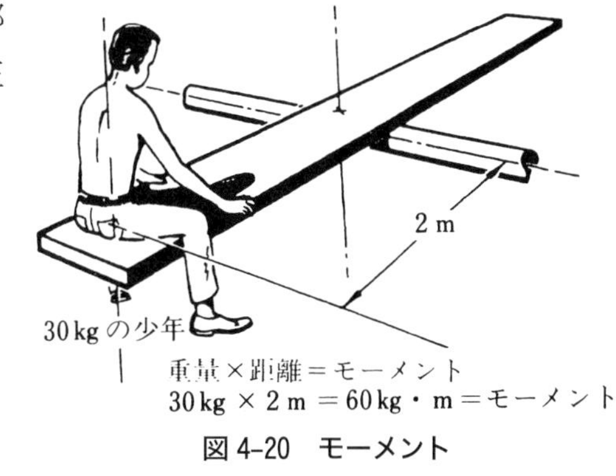

図 4-20　モーメント

4-7-1　操縦翼面のモーメント

操縦翼面上のモーメントは、シーソー上の異なった位置に乗った体重の異なる2人の子供について、観察することによって容易に理解できる。

図 4-20 は、30 kgの子供がシーソーの支点から 2 mの距離に座っている状態を示している。子供の体重は、シーソーを反時計回りの方向に回転させようとする。

シーソーを水平または釣合の状態に保つには、シーソーの反対側の端に子供を座らせなければならない。その子供は、シーソーの右側でモーメントが等しい点に座らなければならない。

子供が支点の右側 3 mの距離に座るとすると、子供が必ず釣合またはシーソーが水平状態になるための正確な重量は、簡単な式で計算できる。シーソー（または操縦翼面）の釣合状態を作るには、反時計回りのモーメントと時計回りのモーメントを等しくする必要がある。モーメントは重量に距離を掛けて求める。従ってシーソーを釣り合わせるための式は

$$W_2 \times D_2 = W_1 \times D_1$$

である。W_2 は2番目の子供の未知の重量、D_2 は、その子供が座る支点からの距離（3 m）である。W_1 は最初の子供の重量（30 kg）、D_1 はその子供が座っている支点からの距離（2 m）である。

2番目の子供の重量を求めるには、次のような簡単な置き換えによって解くことができる。

$$W_2 \times D_2 = W_1 \times D_1$$

$$W_2 = \frac{W_1 \times D_1}{D_2}$$

$$W_2 = \frac{30\text{kg} \times 2}{3} = 20\text{kg}$$

操縦翼面に重量を加えるときも同様な方法によって計算することが出来る。

操縦翼面の修理は、ほとんどの場合ヒンジ中心線の後方であるため、後縁下がりの状態（テイル・ヘビー）となるので、ヒンジ中心線の前方に重量を追加することになる。

4-8　可動操縦翼面の釣合わせ法

この節は学習用の目的に記述したものであり、実際の作業は各機種のサービス・マニュアルや、オー

バーホール・マニュアルに従わなければならない。

操縦翼面を修理または塗装したときは、必ず釣合を取り直さなければならない。釣合が取れていない操縦翼面は不安定になり、飛行中に正常な翼型の位置を保てなくなることがある。例えば、後縁が重いエルロン（補助翼）は主翼が上に上がるときに下側に動き、主翼が下がるときに上側に上がる。このような状態は、飛行機に予期しない運動を引き起こすことがある。はなはだしい場合には、飛行機が空中分解するようなフラッタおよびバフェットが発生する。

操縦翼面を釣合わせるには、静的および動的釣合の両方について考える。静的に釣り合っている操縦翼面は動的にも釣合っていることが考えられる。

4-8-1　静的釣合（スタティック・バランス：Static Balance）

静的釣合とは、物体の重心を支えたとき、静止している物体の性質である。操縦翼面の静的釣合には、「不足釣合と過剰釣合」の2つの状態がある。

A．不足釣合（アンダー・バランス：Under Balance）

操縦翼面をバランス・ジグに取り付けたとき、図4-21 (a)のように後縁が水平位置よりも下がる状態を釣合不足と呼び、製造会社によっては、この状態をプラス（＋）の符号で示している。

一般に後縁下がりの静的釣合不足の状態は、好ましい飛行特性が得られないため、低速機以外には許されていない。

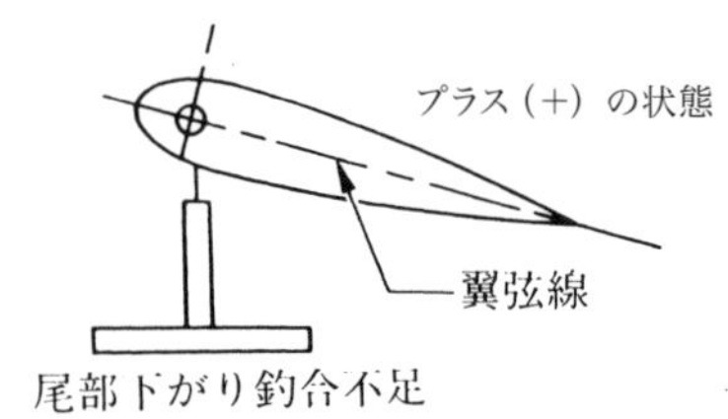

図(a)　不足釣合（アンダー・バランス）

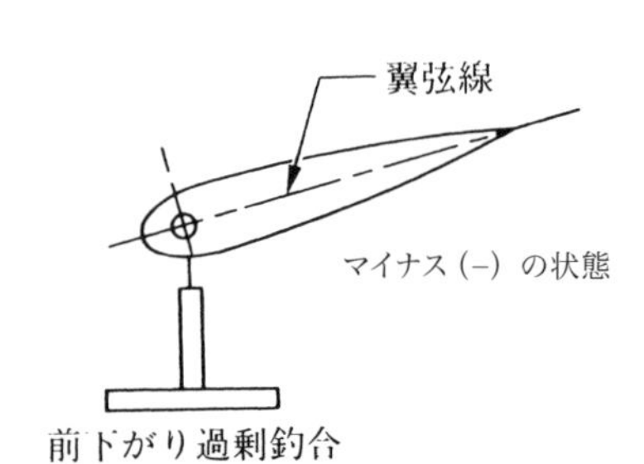

図(b)　過剰釣合（オーバー・バランス）

図4-21　操縦翼面の静的釣合

B．過剰釣合（オーバー・バランス：Over Balance）

操縦翼面をバランス・ジグに取り付けたとき、図4-21 (b)のように後縁が水平位置よりも上がる状態を過剰釣合と呼び、製造会社によっては、この状態をマイナス（−）の符号で示している。

一般に前縁下がり（後縁上がり）の静的過剰釣合の状態では、良好な飛行特性が得られるので、多くの製造会社では前縁下がり（後縁上がり）の操縦翼面の使用を推奨している（機体によっては、静的釣合不足状態にする舵面もあるので、製造会社のマニュアルに従うこと）。

4-8-2　動的釣合（ダイナミック・バランス：Dynamic Balance）

動的釣合とは、運動中に振動が起こらないように、すべての回転力がそれらの系統内部で釣り合っている回転体の状態をいう。操縦翼面に関する動的釣合とは、操縦翼面が飛行中の飛行機の運動に従って動くとき、釣合を維持しようとする効果のことである。これには、単なる静的な釣合いだけでなく、操縦翼面の翼幅方向の重量分布が関連してくる。

4-9　再釣合わせ

操縦翼面又はそのタブの修理をすると、通常ヒンジ中心線の後方で重量を増加することになり、操縦翼面やタブの静的再釣合わせをする必要が生じる。

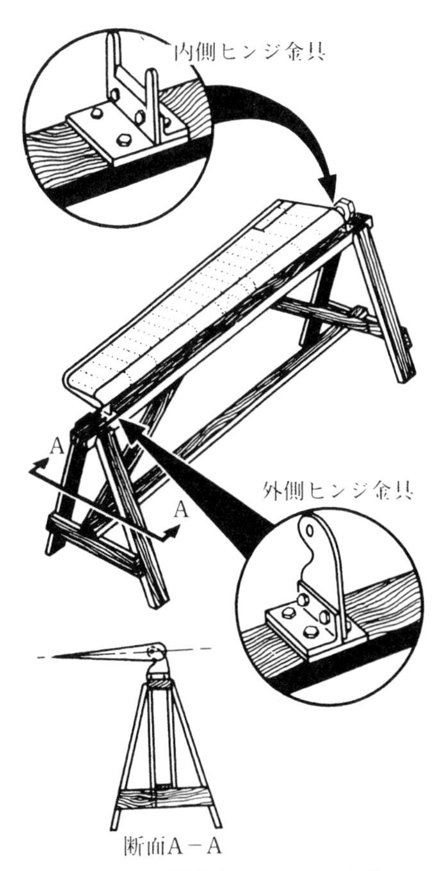

図 4-22　野外用バランス・ジグ

4-9-1　静的再釣合わせの前提条件

A．再釣合わせをする操縦翼面は飛行機から取外し、水平で空気の流れのないところに置かれた図 4-22 に示すスタンドやジグ、又は取付具に乗せて支持する。

B．操縦翼面に付いているトリム・タブは、スタンドに取り付けたときに中立位置に固定する。

C．操縦翼面は、ヒンジ軸回りに自由に回転出来るようにするが、このときヒンジの摩擦が多いと、誤った釣り合わせをしてしまうので、注意しなければならない。

D．釣合を取っているときは、外さなければならない装置又は部品は必ず取り外し、残しておくべきトリム・タブや他の装置は、すべて正規の位置になければならない。

E．操縦翼面をスタンドまたはジグに取り付けたとき、図 4-23 に示すように操縦翼面の翼弦線を水平位置にして気泡角度計を用いて中立位置を決める。

F．釣合状態は操縦翼面がそのヒンジで支えられたときの後縁の位置によって決まる。

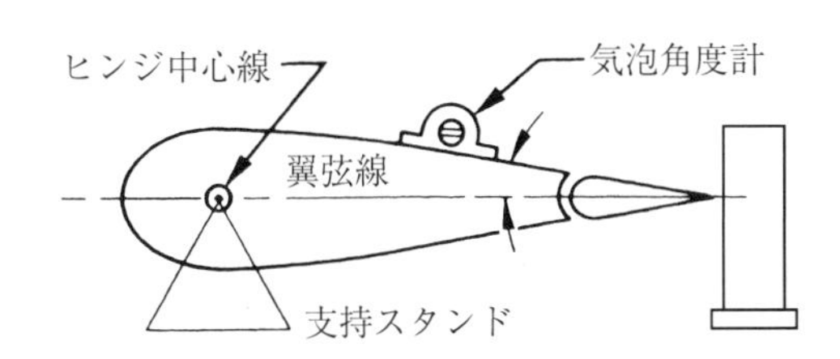

図 4-23　中立点の出し方

4-9-2　再釣合わせ法

操縦翼面の釣合（再釣合）を取る方法は飛行機製造会社によって、いろいろな方法があるが、一般的に用いられている方法には、「計算法、はかり法、バランス・ビーム法」等がある。

A. 計算法（Calculation Method）

操縦翼面の計算法というのは、前述の釣合法の原理に直接関連している。この方法は他の方法に比べ、飛行機から操縦翼面を取外さずに釣合を取れる利点がある。

計算法を用いる場合、修理した部分から取り除いた材料の重量と、修理をするに用いた材料の重量を知らなければならない。付け加えられた重量から取り除いた重量を引いて、操縦翼面に加えられた正味の重量が算出される。

次に**図 4-24** のように、ヒンジ中心線から修理部分の中心までの距離を出来るだけ精密に測る。距離に重量を掛けてモーメントを出し、この値が許容値内であれば、その操縦翼面は釣合が取れていると考えてよい。もし規定限界を外れた場合は、必要なおもり、おもりに使う材料、製作方法や取付位置については、製造会社のマニュアルに従うこと。

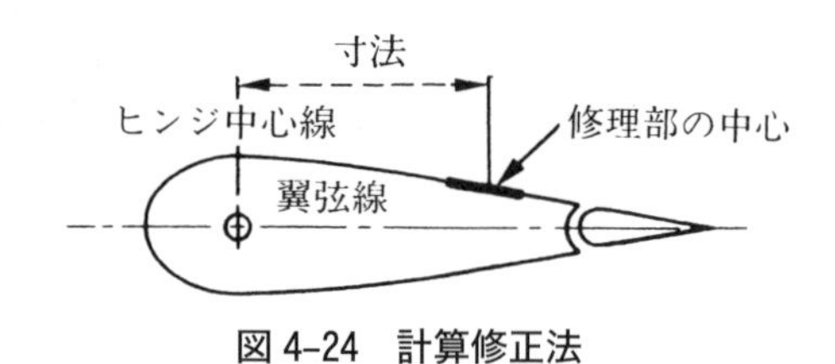

図 4-24　計算修正法

B. はかり法（Scale Method）

はかり法は、飛行機から操縦翼面を取外さなければならない。操縦翼面の支持スタンドと釣合用治具が要り、はかりは 5 g（約 1/100 lbs）の目盛りを持つものが必要である。

図 4-25 は再釣合を取るために支持スタンドに取り付けた状態である。

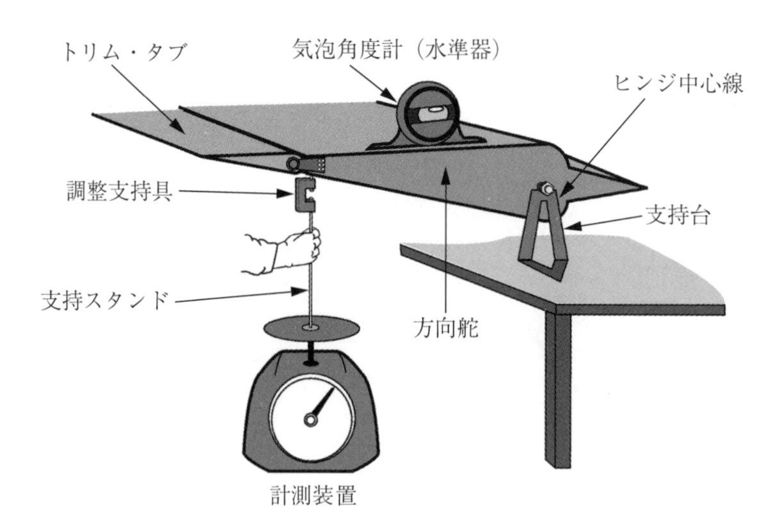

図 4-25　釣り合いのはかり方

C. バランス・ビーム法（Balance Beam Method）

バランス・ビーム法は、セスナ社とパイパー社で用いられており、製造メーカのマニュアルに従い専用器具の組立が必要になる。

支持スタンドに操縦翼面を乗せ、操縦翼面をバランスさせるために必要な重量を専用器具のビーム上にあるスライディング・ウエイトを動かすことにより見つけ出す。マニュアルには、バランス位置がどこであるべきかを表しており、許容値から外れていれば、どこに重量をもっていけば許容内に収まるかが分かるようになっている。

（以下、余白）

第５章　飛行機に加わる荷重

5-1　飛行中の荷重

飛行中、飛行機には様々な荷重がかかっている。穏やかな大気中を水平飛行しているとき、旋回や引き起こし等の運動をしているとき、突風を受けたとき等、それぞれについて考えなければならない。

5-1-1　水平直線飛行時の荷重

飛行機が一定速度で水平直進飛行しているとき、**図 5-1** のように**重量（重力）**と同じだけの**揚力**が働き、エンジンは飛行機が受ける**空気抵抗（抗力）**と同じだけの**推力**を出して、ちょうど釣り合がとれている。普通の飛行機の巡航状態では、抗力（＝推力）は重力（＝揚力）に比べて、数分の一から数十分の一と小さいので、まず大きな重力と揚力が、機体のどの部分にかかっているかを考えてみよう。飛行機は普通形式の直線翼機とする。

A．主翼にかかる荷重

重力は、主翼にも胴体にも尾翼にも、飛行機のあらゆる部分に働いている。これに対して揚力の発生は、**図 5-2** のようにほとんど主翼だけである。主翼は左端から右端まで、**上向きの揚力**を受けるとともに、主翼の構造、翼内の燃料、主翼についているエンジンなどに働く**下向きの重力**を受けている。主翼にかかる力は、揚力からこれらの重量を差し引いたものになり、これにより主翼は**図 5-2** の点線のように上に曲げられる。

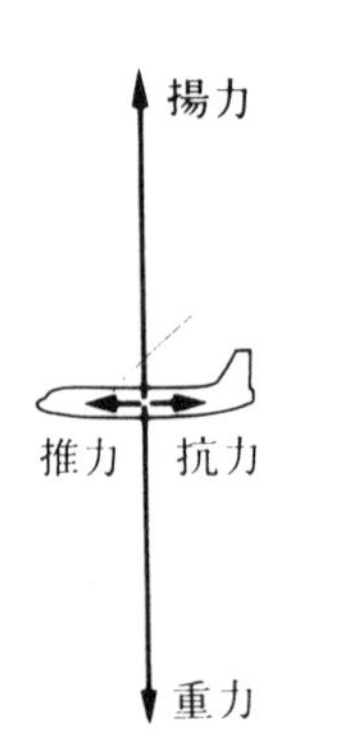

図 5-1　水平飛行中の力の釣り合い

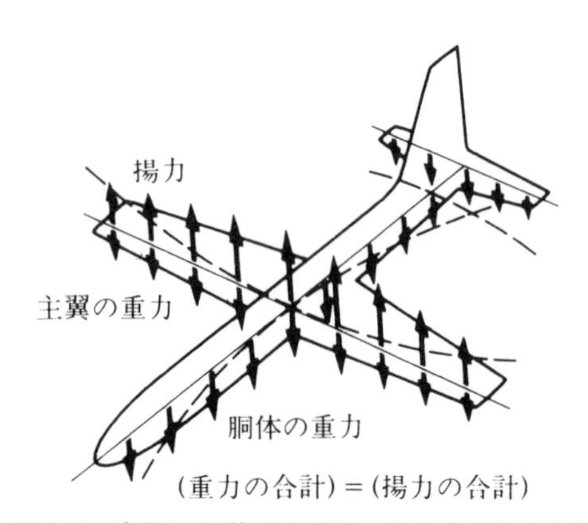

図 5-2　主翼・胴体は点線のように曲げられる

B．胴体にかかる荷重

一方、胴体に働いているのは重力と、これに加えて水平巡航飛行状態では、水平尾翼はわずかながら下向きの揚力を出しているのが普通なので、胴体は**図 5-2** の点線のように下に曲げられている。主翼には上曲げ、胴体には下曲げが作用していることになるが、機体にこのような荷重が加わるのは、重力は機体全体に働き、揚力は主翼だけという不均等が原因である。従って、飛行機の重量の内、胴体重量を減らして主翼に移せば、それだけ構造は楽になる。

主翼にかかる力は、（揚力）－（主翼の重量）だから、飛行機の重量が同じなら、そのうちなるべく多くを主翼に分布させれば、飛行中に主翼にかかる力は少なくなる。

大型ジェット機が長距離を飛ぶ場合、自重と同じくらい多量の燃料を主翼に入れるが、このときの飛行中の主翼の強度はむしろ楽である。逆に一番つらいのは、胴体に荷物などを満載し、翼内の燃料がゼロのときである。このような場合の飛行重量を安全上から制限するために、飛行機には最大零燃料重量（Maximum Zero Fuel Weight）が定められている。この重量から運航自重（Operating Empty Weight）を引いた値が、その飛行機の最大ペイロード（Maximum Payload）である。

5-1-2　運動による荷重と荷重倍数

A．g（ジー）

飛行機が水平直線飛行をしているとき、飛行機の各部分には地球の重力 1 g（ジー）が作用している。しかし、**図 5-3** (**a**)の引き起こしや(**b**)の旋回運動をした場合、機体の各部分には重力のほかに、円運動による遠心力が働き、各部分の重さが何倍にも増えたときと同じ状態になる。この状態を、「g（ジー）がかかった状態」と呼んでいる。

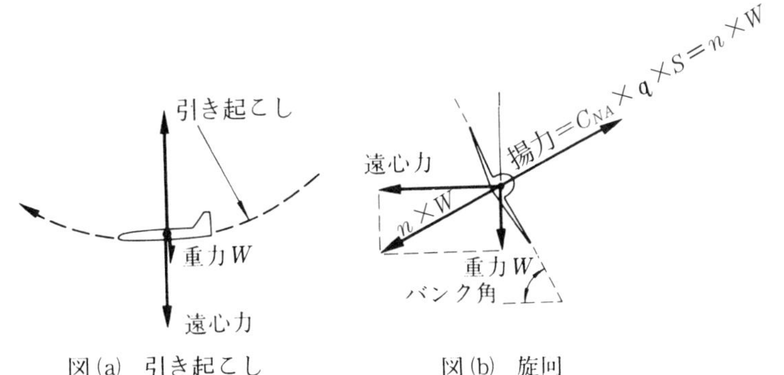

n：荷重倍数
W：機体重量
C_{NA}：全機揚力係数
q：その速度での動圧$=\dfrac{1}{2}\rho v^2$
S：主翼面積

$$揚力=n\times W$$
$$=重力\times\frac{1}{cos(バンク角)}$$

図 5-3　運動した場合に g がかかる

B．荷重倍数（Load Factor）

gがかかった状態、つまり重さが何倍にも増えた状態で運動を続けるには、揚力もこれに対抗して、何倍にも増やす必要がある。従って、主翼を曲げる力は、2 g の運動をすれば水平直線飛行の２倍、３ｇならば３倍に増える（**図 5-4**）。これらの数字、つまり**機体に働く荷重と機体重量との比**を、**荷重倍数**（Load Factor）といい、普通記号ｎで表す。

一方、胴体を曲げる力は、昇降舵を動かすための水平尾翼の揚力の変化や、ピッチングによる慣性力の影響などが加わるため、主翼のように荷重倍数に比例するとはいえないが、やはり１ｇのときの何倍かに増える。飛行機の構造は、このように荷重が増えることを考慮に入れて、それでも安全に飛行出来るように作らなければならない。

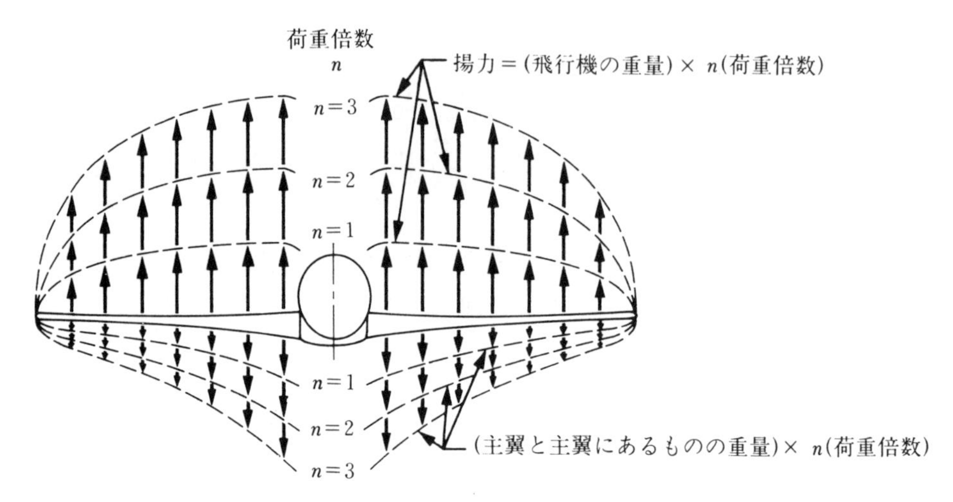

図 5-4　*g* がかかったとき主翼にかかる力は水平飛行時の *n* 倍

C. 制限荷重（Limit Load）

制限荷重とは、**常用運用状態において予想される最大の荷重**で、構造は制限荷重に対して有害な残留変形が生ずることなく耐え、制限荷重までの全ての荷重において安全な運用を妨げる変形を生じてはいけないと定められている。

D. 制限荷重倍数（Limit Load Factors）

制限荷重倍数とは、**制限荷重に対する荷重倍数**である。耐空性審査要領等には、操縦者が行ってもよい範囲の荷重倍数の値が、制限運動荷重倍数として航空機の種類と耐空類別毎に定めてある（**表 5-1**）。

飛行機普通 N、輸送 C、輸送 T は、設計最大離陸重量により制限運動荷重倍数が決まる。

E. 終極荷重（Ultimate Load）と安全率（Safety Factor）

飛行機は少しでも軽い方が良いので、あまり強くし過ぎると重たくなり損である。しかし、制限荷重ギリギリに設計したのでは、運用中に制限荷重がかかるたびに壊れてしまうのではないかと不安である。

そこで、**制限荷重に適当な安全率を乗じたもの**を終極荷重といい、飛行機構造はこの**終極荷重**に耐えるようにしているのである。

安全率とは**常用運用状態において予想される荷重より大きな荷重の生ずる可能性や材料及び**

表 5-1　基準に要求されている制限運動荷重倍数

耐空類別	制限運動荷重倍数（次の値以上）	
	プラス	マイナス
曲技　A Acrobatic Category	6.0	−3.0 （プラスの−0.5倍）
実用　U Utility Category	4.4	−1.76 （プラスの−0.4倍）
普通　N Normal Category	3.8　重量1.87トン以下 〜　この間減少させてよい 3.16　重量5.7トンの時（∗）	プラスの−0.4倍
輸送　C Commuter Category	3.8　重量1.87トン以下 〜　この間減少してよい 2.93　重量8.65トンの時	プラスの−0.4倍
輸送　T Transport Category	2.5　重量22.7トン以上 〜　この間増加させること 3.8　重量1.87トンの時	−1.0

注：審査要領第II部および第III部（米国FAR Part 23および25に同じ。）
（∗）上記審査要領では，普通Nの最大重量を5.7トンとしているが，米英では12,500 lb（5,670 kg）までしか認めていない。従ってプラスの制限荷重倍数は，5.7トンでは3.16となり，12,500 lbでは3.17となる。

設計上の不確実性に備えて用いる設計係数で、別に規定する場合を除き、**1.5** とされている。

重要な取付金具等には 1.5 の他に、特別な係数（鋳物係数、面圧係数、金具係数）を掛けて安全率を大きくとるようにしてある。

飛行機の構造が制限荷重の（別に規定する場合を除き）1.5 倍である終極荷重に耐える強さがあることを、通常は強度試験を行って証明するが、実際の飛行中の荷重は動的に加わるのに対して、試験では徐々に（静的に）荷重を上げて行くので、その違いを考慮して、終極荷重をかけたまま、少なくとも 3 秒間は持ちこたえなければならないことになっている。

これらは、原則として強度試験で確認されるが、最近はコンピュータ等の利用で、精度の高い強度計算が出来るようになり、経験のある構造については強度の証明を計算による解析で行い、試験の一部を省略することもある。

5-1-3　突風荷重倍数

飛行機が水平飛行中に、上昇気流や下降気流のような上下方向からの突風、又は斜めから吹いている突風に遭遇すれば、その垂直成分により揚力に変化が生じて、垂直方向の加速度 g がかかる。飛行機は、耐空性審査要領で定めている突風により揚力面に生じる全ての荷重に対して耐えなければならない。

A.　突風による荷重倍数

図 5-5 (a)のように、速度 V Kt（ノット）で静かな大気を飛行中の飛行機が、いきなり風速

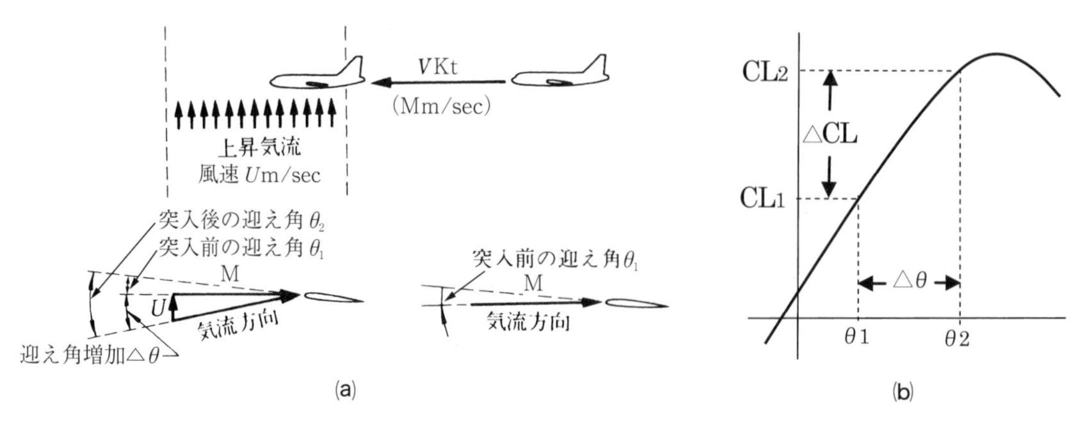

図 5-5　上昇気流に入ると揚力が急に増え g がかかる

U m/sec の又は ft/sec 垂直突風（上昇気流）中に突入したとすると、主翼の迎角が急に増えるので揚力も急に増え、機体は急激に持ち揚げられる g がかかる。この g を突風荷重倍数と呼び、n と表示する。

飛行速度の単位は Kt（ノット）であるので、ここでは次のように m/sec として単位をそろえる。

$$V\,Kt は \left(\frac{1{,}852}{3{,}600}\times V\right)m/sec であり、 ≒ \left(\frac{1}{1{,}944}\times V\right)m/sec である。$$

$\frac{1}{1{,}944}\times V$ を M と置き換え、V Kt を M m/sec とする。

⑴　風速 U の垂直突風中に突入すると迎角が増え、揚力係数が増す（**図 5-5**）。

a．突入前の迎え角 θ_1、揚力係数を CL_1 とする。

b．突入後の迎え角 $\theta_2 = \theta_1 + \triangle\theta$、揚力係数 $CL_2 = CL_1 + \triangle CL$ ………………（5-1）

c．増えた迎角 $\triangle\theta = \tan^{-1}\frac{U}{M} ≒ \frac{U}{M}$

d．揚力傾斜 $\alpha = \frac{\triangle CL}{\triangle\theta}$

e．$\triangle CL = \alpha \times \triangle\theta$

$$= \alpha \times \frac{U}{M} = \frac{\alpha\times U}{M} \quad \text{……………………}(5\text{-}2)$$

⑵　水平直線飛行中の揚力

a．$W = L_1 = \frac{1}{2}\times\rho\times M^2\times S\times CL_1$ ……………………（5-3）

b．$CL_1 = \frac{2\times W}{\rho\times M^2\times S}$ ……………………（5-4）

⑶　風速Uの垂直突風中に突入後の揚力

$$a.\ L_2 = \frac{1}{2} \times \rho \times (M^2 + U^2) \times S \times CL_2 \quad \cdots\cdots (5\text{-}5)$$

⑷　突風荷重倍数　$n = \frac{L_2}{W} = \frac{L_2}{L_1}$

(5-3)、(5-5) 式を代入すると

$$n = \frac{\frac{1}{2} \times \rho \times (M^2 + U^2) \times S \times CL_2}{\frac{1}{2} \times \rho \times M^2 \times S \times CL_1}$$

$$= \frac{(M^2 + U^2) \times CL_2}{M^2 \times CL_1}$$

$$= \frac{M^2 + U^2}{M^2} \times \frac{CL_2}{CL_1}$$

$M^2 + U^2 \fallingdotseq M^2$ とすると

$$n = \frac{CL_2}{CL_1}$$

(5-1) 式を代入すると

$$n = \frac{CL_1 + \varDelta CL}{CL_1}$$

$$= 1 + \frac{\varDelta CL}{CL_1}$$

(5-2)、(5-4) 式を代入すると

$$= 1 + \frac{\frac{\alpha \times U}{M}}{\frac{2 \times W}{\rho \times M^2 \times S}}$$

$$= 1 + \frac{\rho \times M \times U \times \alpha \times S}{2 \times W}$$

$$= 1 + \frac{\rho \times M \times U \times \alpha}{2 \times \frac{W}{S}}$$

$\frac{\rho \times M}{2}$ について、ρ を $\frac{1}{8}$ とし、M m/sec を元のV Kt に置き換えると

$$\frac{\rho \times M}{2} = \frac{1}{2} \times \frac{1}{8} \times \frac{1}{1.944} \times V = \frac{1}{31.1} \times V$$

$$n = 1 + \frac{U \times V \times \alpha}{31.1 \times \frac{W}{S}} \quad \cdots\cdots (5\text{-}6)$$

実際は、静かな大気中にいきなり風速Uの突風が吹いているわけではなく、大抵は前触れ

がある。飛行機はそこでいくらか上昇し始めてから風速Uの中にはいるので、nの値は少し減少する。それを補正するものが突風軽減係数Kgである。

従って、(5-6) 式に突風軽減係数Kgを掛けて

$$n = 1 + \frac{Kg \times U \times V \times \alpha}{31.1 \times \frac{W}{S}} \quad \cdots\cdots (5\text{-}7)$$

B．突風荷重倍数の式における各項の意味

⑴　突風軽減係数：Kg

前述の通り、いきなり風速Uの突風が吹いて来る訳ではなく、飛行機はいくらか上昇し始めてから風速Uの中に入るので、nの値は少し減少する。それを補正するものが突風軽減係数Kgであり、値としては0.8位で、翼面荷重の低い飛行機が低空を飛ぶときはやや小さく、翼面荷重の高い飛行機が高空を飛ぶときは、やや大きい値になる。

⑵　垂直方向の突風速度：U（有効突風速度：Ude）

Uは垂直方向の突風速度であるが、耐空性審査要領には有効突風速度としてUdeが定められており、それぞれの飛行速度においてこのUdeで生ずる荷重に耐えなければならない。

一例として海面上から20,000 ft（6,000 m）までの高度では、設計巡航速度V_Cにおいて50 ft/s（15 m/s）、設計急降下速度V_Dにおいて25 ft/s（7.5 m/s）、飛行機輸送Cでは最大突風に対する設計速度V_Bにおいて66 ft/s（20 m/s）である。また、それぞれ50000 ft（15000 m）での有効突風速度が決められており、20,000 ft（6,000 m）での有効突風速度から高度と共に直線的に変化するものとしている。これをもとに突風包囲線を描くことができる。

普通の輸送機では、この突風を上向きに受けたとして突風による制限荷重を計算すると、2.5から3.5位になる。従って輸送機では、突風によって主翼の構造の強さを決めるのが普通になっている。

⑶　速度：V

同じ飛行機が同じ突風を受けても、ゆっくり飛んでいるとき程nが少なくて済む。このため、各飛行機のフライト・マニュアル（飛行規程）では、気流の乱れのひどいとき、失速したり操縦が困難になったりしない範囲で、速度を最大突風に対する設計速度V_B付近まで下げて飛ぶように指定している。

⑷　揚力傾斜：α

主翼と水平尾翼に同時に働く場合の迎え角当たりの揚力係数の割合であるが、水平尾翼の突風荷重を別の条件として取扱う場合には、主翼の揚力曲線の揚力傾斜を用いてもよい。

揚力傾斜の小さい飛行機は、突風荷重が小さくて済む。揚力傾斜は、主翼のアスペクト比を小さくするか、後退角を強くすると小さくなるので、一般にジェット旅客機はプロペラ旅客機より、突風によるgが小さく乗り心地が良い。

主翼のアスペクト比をAとすると、$A > 4$ の直線翼では、α は約 $2\pi A / (A + 2)$ となる。

⑸　翼面荷重：W/S

翼面荷重の大きい飛行機は、突風荷重が小さくて済み、翼面荷重の小さい飛行機は、気流の悪いときよく揺れる。

5-1-4　V-n 線図（突風・運動包囲線図）

前項に述べたように、同じ飛行機が同じ突風を受けても、これによる n（荷重倍数）は飛行速度 V によって異なってくるし、耐えなければならない有効突風速度 Ude も、飛行速度 V によって違う。

飛行機を設計するときは、これらの飛行速度 V（EAS）を横軸に、荷重倍数 n を縦軸にとったグラフで、強度を保証する（すべき）範囲を明示する。

A．V-n 線図に使用される設計大気速度（普通 N、実用 U、曲技 A、輸送 C）

⑴　設計運動速度 V_A

速度が速いときと同じ荷重倍数の運動を遅い速度でさせようとすると、速度の速いときよりも主翼の迎え角を増やさなければならない。あまり大きい迎え角にすると失速して、揚力がそれ以上出ないので、ある速度以下では荷重倍数をかけようとしてもかからない。この速度を設計運動速度 V_A といい、$V_A \geqq V_S\sqrt{n}$ で与えられる。

（V_S：フラップ・アップでの設計重量に対して計算された失速速度、n：設計荷重倍数）

⑵　最大突風に対する設計速度 V_B

V-n 線図で、最大突風線と正の最大揚力線の交点における速度、又は $\sqrt{n_g} \times V_{S1}$ のうち、どちらか小さい速度以上でなければならない（小さいものであってはならない）。

（n_g：V_C 及び当該重量状態での突風荷重倍数、V_{S1}：フラップ・アップで、当該重量状態における失速速度）。

⑶　設計巡航速度 V_C

設計巡航速度 V_C は、普通 N・実用 U・輸送 C においては $V_C \geqq 33\sqrt{W/S}$ Kt 、曲技 A では $V_C \geqq 36\sqrt{W/S}$ Kt である。

⑷　設計急降下速度 V_D

フラッタなど空力弾性による危険を避ける制限速度が設計急降下速度 V_D である。V_D は V_C に対して十分な余裕が必要で、V_C の 1.4 倍（普通 N・輸送 C）、1.5 倍（実用 U）、1.55 倍（曲技 A）以上の差をもたせる。雲の中で知らず知らずのうちに降下姿勢になり、危険速度を超してしまうことの無いようにするためである。

B．運動包囲線図（普通 N、実用 U、曲技 A、輸送 C）

図 5-6 を運動包囲線図（例として輸送 C）と呼び、制限運動荷重倍数（**表 5-1**）と飛行速度の関係を表している。

⑴　正の制限運動荷重倍数は、V_D（設計急降下速度）まで速度に関係なく一定にする。

⑵　負の制限運動荷重倍数は、V_C（設計巡航速度）まで速度に関係なく一定にする。

それより以上の速度では、普通 N 輸送 C において V_D で「n ＝ 0.0」になるように直線的に変化させ、実用 U、曲技 A では V_D で「n ＝－ 1.0」になるように直線的に変化させる。（**図 5–6** には、実用 U、曲技 A のこの部分について表現していない）

⑶　速度＝ 0、n ＝ 0 から正と負の最大揚力線を引く。低い速度では失速して揚力は出ないため、最大揚力線以上に n がかかることは無い。

⑷　正の制限運動荷重倍数と正の最大揚力線の交点の速度以上を V_A（設計運動速度）とする。

C．突風包囲線図（普通 N、実用 U、曲技 A、輸送 C）

図 5–7 を突風荷重倍数（例として輸送 C）と呼び、突風荷重倍数と飛行速度の関係を表している。

⑴　海面上より 6,000m（20,000 Ft）までの高度では、垂直突風（有効突風速度 Ude）±7.5 m/sec、±15 m/sec、輸送 C はこれに加えて垂直突風 ±20 m/sec を受けたものとして、(5-7) 式で突風荷重倍数を計算する。（考慮すべき垂直突風は高度により規定されている）。

垂直突風 ±7.5 m/sec で計算したものを V_D（設計急降下速度）に対する突風線とする。

垂直突風 ±15 m/sec で計算したものを V_C（設計巡航速度）に対する突風線とする。

垂直突風 ±20 m/sec で計算したものを V_B（最大突風に対する設計速度）に対する突風線とする。

⑵　V_C に対する突風線と V_C の交点及び、V_D に対する突風線と V_D の交点を結ぶ。

⑶　V_B は、垂直突風 ±20 m/sec の突風線と正の最大揚力線の交点における速度、又は $\sqrt{n_g} \times V_{S1}$ のうち、どちらか小さい速度より小さいものであってはならない。

D．V-n 線図（突風・運動包囲線図）

図 5–8 は **V-n 線図（突風・運動包囲線図）**と呼び、上記**図 5–6** の**運動包囲線図**と**図 5–7** の**突風包囲線図**を重ね合わせ、それぞれの速度において大きい方の荷重倍数で強度保証域を表したものである。

制限運動荷重倍数の大きい曲技 A 等は、運動包囲線の方が突風包囲線より大きく、制限運動荷重倍数が小さい輸送機等は、突風包囲線が運動包囲線をはみ出してくる。

ジェット輸送機のように、広い高度範囲で運航する飛行機は、高度によって突風速度の規定が異なり、制限速度や高マッハ数での空力的性質も変化し、運航重量が違うと突風荷重倍数も変わってくる。従って、V-n 線図は 1 枚ではなく、いろいろな重量や高度について何枚も必要になる。

輸送 T の場合、構造の各部分に加わる荷重を動的解析で求める方式に改正され、複雑な解析と多くのデータが必要であり、ある程度設計が進んでからでないと表すのは難しい。

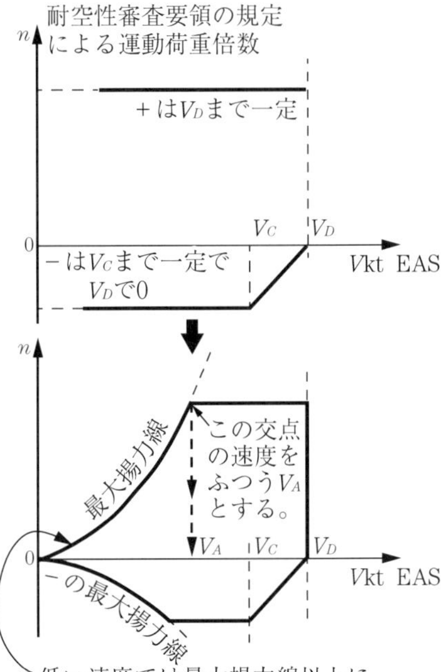

図 5-6　運動包囲線図

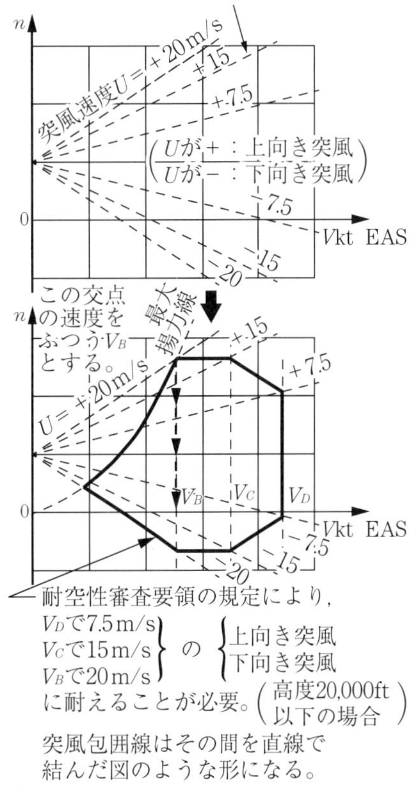

図 5-7　突風包囲線図

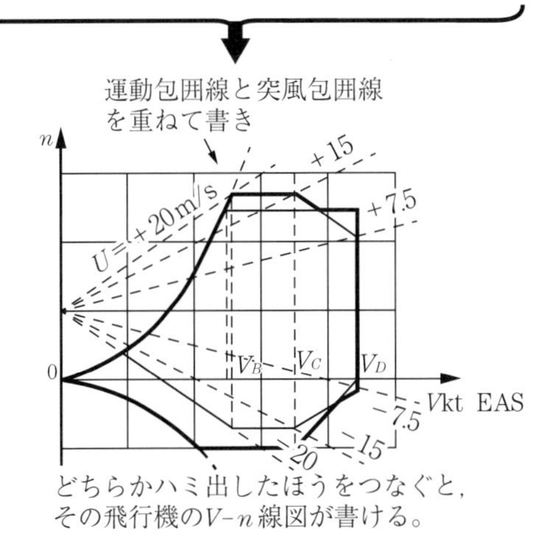

図 5-8　V-n 線図（突風・運動包囲線図）

5-2　主翼と胴体の荷重

5-2-1　主翼の荷重

主翼は片持ち梁（はり）で、主翼には揚力と重力が作用して**せん断力**と**曲げモーメント**及び**ねじりモーメント**が生じる。

A．主翼に働くせん断力

制限荷重条件のとき、主翼の付け根に働くせん断力は、**図 5-4** を参照して

$$\left[\begin{matrix}\text{片側の主翼の付け}\\\text{根に働くせん断力}\end{matrix}\right]=\frac{1}{2}\times\left[\left(\begin{matrix}\text{1gでの}\\\text{揚力}\end{matrix}\right)-\left(\begin{matrix}\text{主翼と、主翼に}\\\text{あるものの重量}\end{matrix}\right)\right]\times(\text{制限荷重倍数})$$

$$=\frac{1}{2}\times\left[\left(\begin{matrix}\text{飛行機の}\\\text{全重量}\end{matrix}\right)-\left(\begin{matrix}\text{主翼と、主翼に}\\\text{あるものの重量}\end{matrix}\right)\right]\times(\text{制限荷重倍数})$$

として計算できる。このせん断力により、胴体は空中に保持される。一方、翼端に働くせん断力はゼロであるから、主翼の付け根から翼端に至るまで、せん断力の大きさは上式で求められる値からゼロまで分布していることになる。

B．主翼に働く曲げモーメント

主翼の曲げモーメントは、おおむね**図 5-9**⑴のような分布となっている。片持ち梁に生じる最大応力は、曲げモーメントに比例し、断面係数に反比例する。材料の強度は翼根も翼端も同じだとすると、曲げモーメントが大きくなる主翼の付け根付近では、翼厚を増すと共にスパー・キャップやスキン、ストリンガの肉厚を増すなどして断面係数を大きくすることで、翼構造の強度と剛性を確保出来る。

図 5-9⑵は小型低速機によくある支柱付き主翼（半片持翼）の曲げモーメントの分布であり、支柱を用いることにより曲げモーメントを小さく出来る。

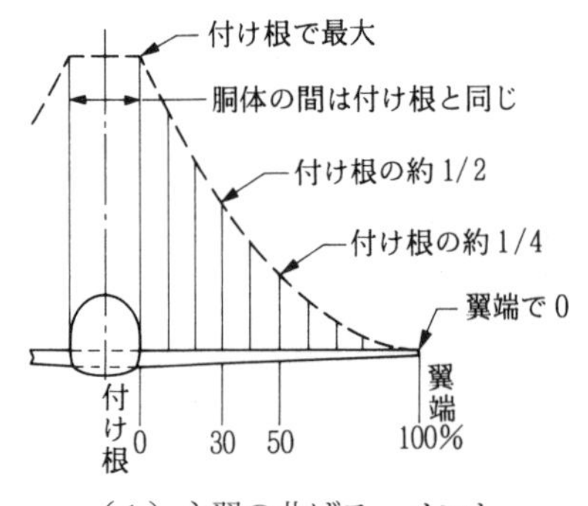

（1）主翼の曲げモーメント

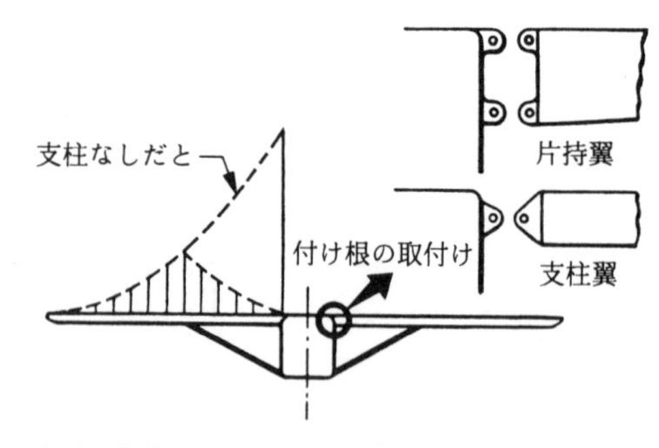

（2）支柱つきの翼は曲げモーメントが小さい

図 5-9

C．主翼に働くねじりモーメント

主翼には、翼に発生する空気力や、翼構造及び翼内搭載燃料による慣性力により、ねじりモーメントが生ずる。

図 5-10(a)は**翼構造の弾性軸**で、ねじりモーメントの中心軸であり、翼構造が決まれば機体姿勢や操縦とは関係なく一定である。

図 5-10(b)は**風圧中心**で、迎え角が大きくなると前方へ移動し、後縁フラップを下げると後方へ移動してその大きさも変化する。また、補助翼の操作でも前後に移動する。

図 5-10(c)は**翼の慣性力の中心**で、慣性力は翼構造重量及び翼内搭載残燃料重量（W）と垂直加速度（n）により変化する。

従って、風圧中心に働くＬと翼の慣性力中心に働く翼の慣性力により翼構造弾性軸まわりにねじりモーメントが生じるが、このモーメントに対して過度なねじれが生じないように、翼構造には十分な剛性が求められる。剛性が不足するとエルロン・リバーサル（翼のねじれによる補助翼の逆効き）やフラッタ（振動現象）等が発生することがある。

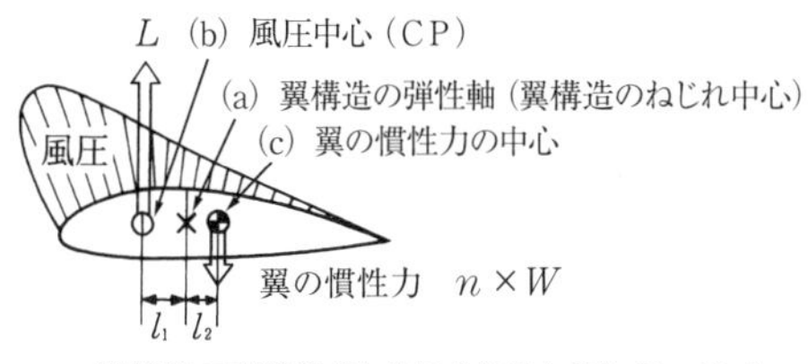

図 5-10　翼に加わるねじりモーメント

5-2-2　胴体の荷重

水平飛行中、胴体中央部は主翼によって支持されている。胴体には重力と慣性力が作用して、**せん断力**と**曲げモーメント**が生じる。また、後部胴体は垂直尾翼から横曲げとねじりを受ける。

A．胴体のせん断力

胴体のせん断力は、おおむね**図 5-11** のような分布になっている。せん断力は主に胴体側面のスキンが受け持つ。これはビーム（はり）のウェブがせん断力を受け持つのと同様である。せん断力は中央翼（センター・ウィング）部で最大になり、機首および尾部でゼロであるから、胴体側面のスキンは中央翼部に近づくほど厚くしておく必要がある。

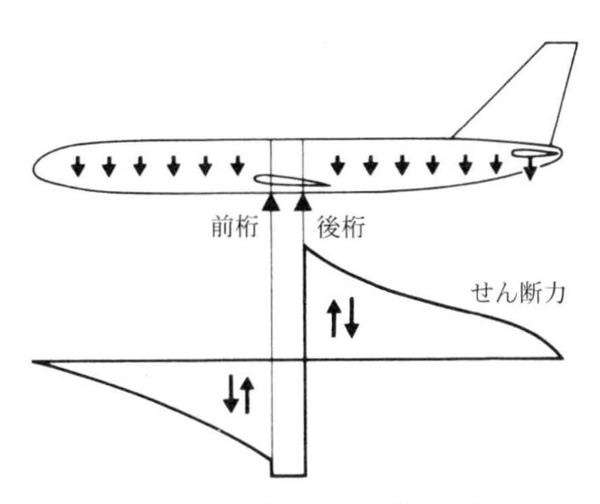

図 5-11　胴体のせん断力の例

B．胴体の曲げモーメント

胴体の曲げモーメントは、おおむね**図 5-12** のような分布になっている。この曲げモーメントを支持するために、胴体の上部と下部のスキンとストリンガは軸力（前後方向の引張と圧縮）

を受け持っている。これはビーム(はり)のコードが軸力を受け持つのと同様である。曲げモーメントは主翼の後桁部で最大になり、機首および尾部でゼロであるから、胴体上部と下部のスキンとストリンガは後桁に近い所ほど肉厚にしておく必要がある。

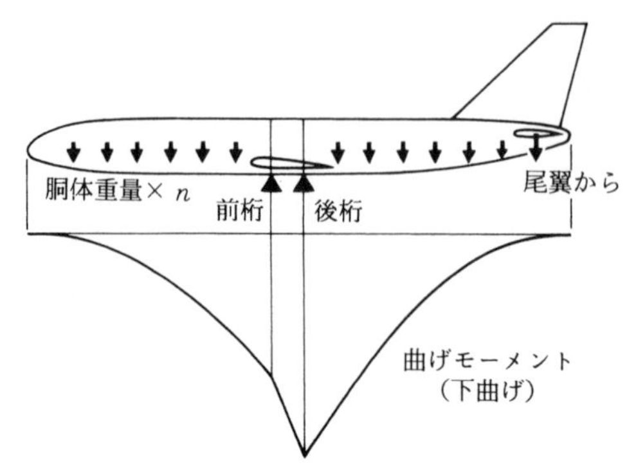

図 5-12　胴体の曲げモーメントの例

C. 胴体への垂直尾翼荷重

方向舵の操作や横風の突風により、垂直尾翼には**図 5-13** に示すような横方向の揚力が発生する。このため後部胴体には**横曲げモーメント**と**ねじりモーメント**が作用する。横曲げモーメントは尾部でゼロ、主翼の後桁部で最大になる。横曲げモーメントにより胴体側面のスキンとストリンガには軸力が発生する。一方、ねじりモーメントは後部胴体のどの位置でも同じ大きさである。ねじりモーメントは胴体スキンが受け持つ。胴体の半径とスキンのせん断力の積がねじりモーメントになるが、尾部の絞込みにより後ろほど胴体半径が小さくなるため、ねじれ強度を確保するために後部スキンの板厚を増すこともある。

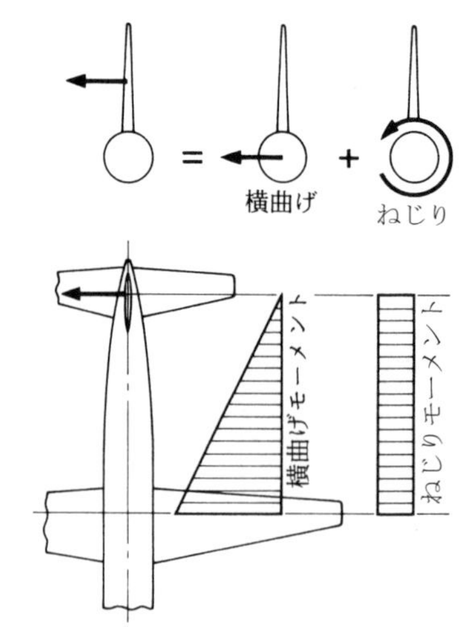

図 5-13　胴体への垂直尾翼荷重

5-3　水平尾翼と補助翼の荷重

5-3-1　水平尾翼の荷重

飛行機は主翼だけでは、縦方向に安定して飛ぶことは出来ない。主翼に働く揚力の中心を重心に合わせれば良さそうに思えるが、そうはいかない。揚力の中心は、迎え角が変わると前後してしまうばかりでなく、揚力の他に頭を上げたり、下げたりするモーメントが働くので、揚力を釣り合わせてもモーメントが残ってしまう。

主翼だけでは機体の迎え角が変わったときに、それを元に戻す力が働かない。主翼の翼型や平面形に独得の考慮を払えば、無尾翼機というものも成り立たない訳ではないが、一般には尾翼を使って飛行機を真直ぐ飛ぶようにしているのである。

水平尾翼には、このように機体に働く空気力と慣性力を釣り合わせて飛行機を真直ぐ飛ばす働きと、突風などで機体の姿勢が乱れたときにもとに戻して安定させる働きと、操縦者の操舵に伴って機体の姿勢を変えさせる働きがある。

水平尾翼は、このような働きを達成するために、主翼の運動荷重に対応する**釣合荷重**、突風による**突風荷重**、そして操舵によって機体姿勢が変化する間に生じる**操舵荷重**の３種類の荷重に耐えなければならない。

5-3-2　補助翼の荷重

補助翼を操舵すると、片側の主翼の揚力が増え、反対側の翼の揚力が減る。この偶力によって機体は横転を始める。そのままの操舵角を保っていると、横転速度はどんどん増えそうだが、下がっていく側の主翼は、横転によって下から風を受ける形になり、迎え角が増えて行き、反対側は迎え角が減って行く。この迎え角増減に伴う空気力は横転を止める方向に働くので、両者のモーメントが釣り合ったところで、機体は**一定の角速度**で横転を続けるようになる。これを**定常横揺れ状態**という。

定常状態になるまで横揺れ慣性力が発生し、この荷重は小型機ではほとんど問題にならないが、多発機のエンジン取付部や翼下増槽をつける様な機体では考慮しておかなくてはならない。

一般に横揺れ運動では、主翼の主構造の強度を定めるような値にはならない。問題になるのは、主翼とその支持構造に対する非対称荷重の影響である。非対称荷重については、耐空性審査要領3-2-9 にＡ類は片側の主翼空気荷重の 100%、反対側にその 60% が、Ｎ類とＵ類は片側の主翼空気荷重の 100%、反対側にその 75% が働くものとして規定している。

同様に、補助翼自体については耐空性審査要領 3-6-1 に規定している。補助翼荷重で第一に注意しなければならないのは、主翼のねじれである。補助翼によって主翼がねじれ、変形するのは避けられないが、その値を正しく考慮しないと、補助翼の効きは高速で著しく低下する。

5-4　地上荷重

飛行機は空中では主翼に働く揚力で支えられているが、地上では着陸装置によって支えられる。また、水上機ではフロートや艇体の浮力によって支えられることになる。荷重は着陸時の衝撃だけでなく、日常の荷重や力の伝わり方が一変するので、激しい運動をしないとか、突風を受けないからといって安心できない。耐空性審査要領には、地上荷重について細かい規定があるが、それだけでは不十分な場合がある。たとえば、地上停止中に後ろから風を受けると操縦翼面が壊れたり、雪が積もって尻もちをついたりする事もある。機体はどう扱われるか、設計者はどう扱って欲しいと考えたか、設計、運用両面の細かい配慮が、特に地上荷重には大切である。

5-4-1　降下率と荷重倍数

飛行機が着陸するときは、必ず垂直方向の速度、つまり地面にぶつかる方向の速度をもっている。この速度を**降下率**という。降下率は翼面荷重によって異なるが、設計値として 10 ft/s 以上である必要はないが、7 ft/s 以下であってはならないと定められている。

着陸の荷重で大切なことは、この接地時の衝撃の大きいこともあるが、主翼の揚力で飛んでいた飛行中とは力の伝わり方、荷重の加わり方が全く違うことである。

着陸時の、緩衝装置の働きで決まる脚に加わる**制限地面反力荷重倍数**と、機体の各部構造にかかる**慣性荷重倍数**は等しくないことや、回転慣性によって生じるgが意外に大きいという面倒な問題が発生するメカニズムを少なくとも理解しておく必要がある。

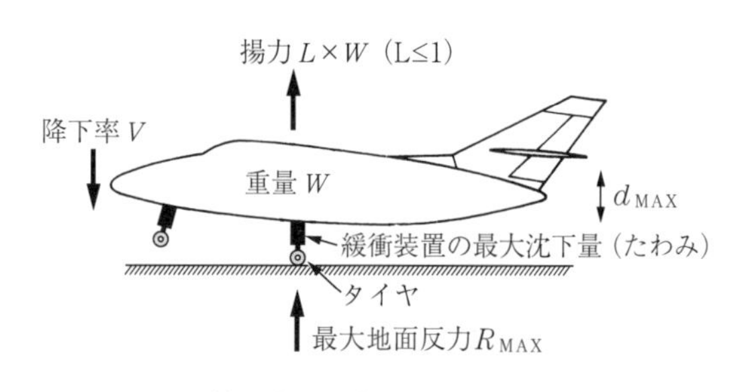

接地時の運動エネルギ

$$\frac{1}{2} \times \frac{W}{g} \times V^2$$

接地後の位置エネルギ

$$(W - L \times W) \times d_{MAX}$$

図 5-14　機体接地前後のエネルギ

図 5-14 にある着陸衝撃時、主翼にL×W（Lは揚力の機体重量に対する比：L ≦ 1）の揚力が残っている重量Wの機体が、降下率Vで接地して緩衝支柱が最大沈下（たわみ）量 d_{MAX} で縮み、その間に地面から最大地面反力 R_{MAX} を受けたとする。

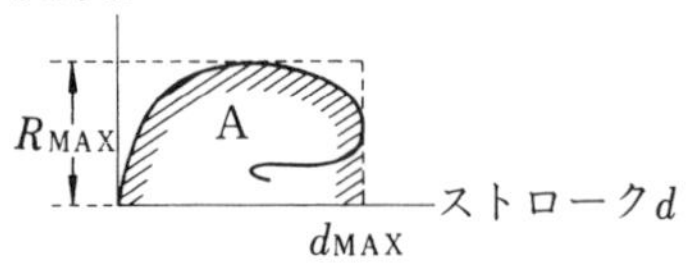

反力R

R_{MAX}　A　ストロークd

d_{MAX}

η：緩衝効率（0.7～0.8）$= \dfrac{A}{R \times d}$

緩衝装置が吸収したエネルギ

$\eta \times R_{MAX} \times d_{MAX}$

図 5-15　着陸装置の落下試験成績

A．接地時の機体の運動エネルギーは、$\frac{1}{2}\times\frac{W}{g}\times V^2$

B．揚力が働いている機体の接地後の位置エネルギーは、(W － L×W)×d_{MAX}

C．緩衝支柱が吸収したエネルギーは、$\eta\times d_{MAX}\times R_{MAX}$（$\eta$：緩衝効率 0.7～0.8）

（**図 5-15** に示すタイヤや緩衝装置を持つ着陸装置のストローク d と反力 R との関係を参照）

緩衝装置が吸収したエネルギーは、接地時の機体の運動エネルギーと、揚力が働いている機体の接地時の位置エネルギーの合計である。

従って、$\eta\times R_{MAX}\times d_{MAX}$

$$=\frac{1}{2}\times\frac{W}{g}\times V^2+(W-L\times W)\times d_{MAX} \quad \cdots\cdots (5\text{-}8)$$

D．地面反力荷重倍数 n_r は $\frac{最大地面反力}{機体重量}=\frac{R_{MAX}}{W}$ であるので、

(5-8) 式の両辺を $\eta\times d_{MAX}\times W$ で割ると、

$$n_r=\frac{最大地面反力}{機体重量}=\frac{R_{MAX}}{W}=\frac{1}{\eta}\times\{\frac{V^2}{2\times g\times d_{MAX}}+(1-L)\} \quad \cdots\cdots (5\text{-}9)$$

E．慣性荷重倍数 n は、構造各部にかかる慣性荷重であり、地面からの反力荷重だけでなく、主翼に残っている揚力も考慮しなければならないので、n ＝ n_r ＋ L となる

地面反力荷重倍数 n_r は、降下率 V の自乗に比例し、緩衝装置の沈下（たわみ）量 d に反比例する。設計に用いる制限地面反力荷重倍数は、設計最大重量において 2.0 以上、慣性荷重倍数は、設計最大重量において 2.67 以上でなければならない。

5-4-2　ショック・ストラット（緩衝支柱）に加わるスピンアップ荷重とスプリングバック荷重

ショック・ストラット加わる荷重は、上下方の降下率と前進力に対する摩擦力から求めた釣合荷重だけを用いただけでは不十分である。脚柱の前後方向の弾性変形による振動状態を考慮して、その変位状況と上下荷重を組み合わせないと強度不足となる。

飛行機が着陸しようとして車輪が接地すると、車輪は急に回転を始めるが、タイヤ自身の回転慣性力に妨げられ、タイヤの円周速度が機速に一致するまでは若干の時間が必要であり、その間にタイヤと地面の間に滑りを生じ、後向き反力を発生する。この荷重をスピンアップ荷重という。

スプリングバック荷重というのは、スピンアップによって後方に変位していた脚柱が、後向き反力の減少によって前方に跳ね返ってきたときの荷重である。脚柱が前方に一杯に変位したときに、ちょうど上下の地面反力荷重倍数も最大になると想定して計算する。

5-5　非常着陸

機体構造は、各運用状態において安全でなければならないが、非常着陸のときでも可能な限り乗客や、乗員が安全であるように注意が払われていなければならない。非常着陸のときは座席、安全ベルト、肩ベルト（Shoulder Harness）が乗客や乗員を保護してくれる。

5-5-1　非常着陸による終極慣性力の方向と大きさ

非常着陸による慣性力には様々な方向がある。ある降下率で地面と衝突して降下率が急に0になるので当然下向き慣性力を受け、急減速による前方慣性力受ける。脚が折れて機首や主翼が接地したり、転覆したりすると、上方や側方にも慣性力を受けるが、一番大きいのは前方慣性力である。**表5-2**に示すそれぞれの方向から、終極慣性力を搭乗者（乗客及び乗組員）が受けたとしても、すべての搭乗者を保護するように耐空性審査要領に規定されている。

表5-2　終極慣性力

耐空類別	A　類	N，U，C類	T　類
上　　方	4.5*g*	3.0*g*	3.0*g*
前　　方	9.0*g*	9.0*g*	9.0*g*
側　　方	1.5*g*	1.5*g*	機体構造3.0*g*、座席とその取付部4.0*g*
下　　方	6.0*g*	6.0*g*	6.0*g*
後　　方	——	——	1.5*g*

5-5-2　終極慣性力

機体構造がどの程度衝撃を吸収出来るかによって、乗客および乗員に生ずる慣性力は大きく異なるが、人体の耐え得る慣性力に従って安全ベルト、肩ベルト、座席及び座席取付部の強度が規定されている。後向き座席では、前方慣性力は人の背中や頭部に均等に分布されるので、ごく短い時間では50 g程度、肩と腰を支える肩ベルトをつけた前向き座席では25〜40 g程度まで、安全ベルトを装着している前向き座席では10 g、またはそれ以上のgに耐えられるといわれている。このような人の肉体的限度から、現在のような各方向の終極慣性力が決められている。

5-5-3　客室の重量物

搭乗者を負傷させるおそれのある客室の重量物は、**表5-3**の終極慣性力を受けるものとして取付け強度を設計する。客室後方胴体内部に支持される発動機やその補機、支持構造は、前方終極慣性力18 gプラス最大離陸推力に耐えるか、発動機架が損傷してもそれが客室内に入り込み、突き出さないようにする。輸送Tは、客室内の機器、荷物及びその他の質量の大きなものについて、これらが壊れ固縛が解けたときに、搭乗者へ直接危害を及ぼしたり、燃料タンク・配管等を壊し、周囲の機器の損傷により火災や爆発の危険の原因になったり、非常脱出装置を破壊しないように搭載しなければならない。このような搭載が不可能な場合（胴体に発動機や補助動力装置の搭載等）は、**表 5-3** の最終慣性力に耐えなければならないとなっている。

表 5-3

耐空類別	A，U，N，C類	T　類
上　方	3.0g	3.0g
前　方	18.0g	9.0g
側　方	4.5g	機体構造 3.0g、座席とその取付部 4.0g
下　方	———	6.0g
後　方	———	1.5g

5-5-4　座席、安全ベルト、肩ベルト

座席、安全ベルトや肩ベルトは、搭乗者の保持や保護のために重要なもので、正しく使用されていることが設計する上での前提条件となっている。

A．座席、安全ベルト肩ベルトの強度

普通N、実用U、曲技Aでは飛行及び地上荷重状態に対応する最大荷重倍数を受けたとき、少なくとも 97.5 kg（215 lb）の重量の搭乗者を保持するように、非常着陸の動的状態試験で 77 kg（170 lb）の重量で搭乗者を模擬して搭乗者を保護するように設計する。輸送C、Tでは飛行及び地上荷重状態（非常着陸状態・動的状態試験を含む）に対応する最大荷重倍数を受けたとき、搭乗者又は使用者 1 名当たり 77 kg（170 lb）として設計する。(耐空性審査要領第Ⅱ部 3-9-1 及び 4-7-8、第Ⅲ部 3-8-1 及び 4-6-8 参照)。

注：この規定は座席やベルトの強度に関するものであり、積載重量の計算に当たっては、N、C及びT類は 77 kg、UおよびA類は 87 kgとして算定する。

乗員用の座席には、操縦力を操縦装置にかけたときに生ずる反力に対しても設計する。(耐空性審査要領第Ⅱ部 4-7-8-6、第Ⅲ部 4-6-8-6 b 参照)。

B．座席取付部及び安全ベルト肩ベルト取付部の強度

座席の機体構造への取付部、安全ベルトや肩ベルトの取付部の強度は、非常着陸時の終極慣性力に係数 1.33 を乗じることとなっている。

C．安全ベルト（Safety Belts）

安全ベルトは国土交通大臣の承認をうけたもの、又はこれに相当する規格（米国の TSO-C 22 等）に合格したものを使用する。日本製の安全ベルトは国土交通大臣の仕様承認を受けたものでなければ使用できない。

前方座席では、搭乗者の頭部に物体が当たり障害を与えることを防止する安全ベルトと肩ベ

ルトを組合せて装備することが必須条件になっている。

安全ベルトの試験は、仕様承認を取得する際などに行われるが、主な試験項目は布地の終極荷重試験、組立品の制限荷重試験、着脱金具作動試験等がある。

（以下、余白）

索　　引

ア行

カ行

サ行

タ行

ナ行

ハ行

マ行

ヤ行

ラ・ワ行

資料提供：
　ボーイング
　エアバス
　ボンバルディア

本書の記載内容についての御質問やお問合せは、公益社団法人日本航空技術協会　教育出版部まで、文書、電話、eメールなどにてご連絡ください。

2004年3月20日 第1版 第1刷 発行
2007年3月31日 第2版 第1刷 発行
2008年3月31日 第2版 第2刷 発行
2009年3月31日 第2版 第3刷 発行
2010年3月31日 第2版 第4刷 発行
2012年3月31日 第3版 第1刷 発行
2014年3月31日 第3版 第3刷 発行
2016年3月31日 第4版 第1刷 発行
2019年2月28日 第4版 第2刷 発行
2020年3月31日 第5版 第1刷 発行
2021年2月26日 第5版 第2刷 発行

航空工学講座　第2巻

飛行機構造

2007©編　者　公益社団法人　日本航空技術協会
発行所　公益社団法人　日本航空技術協会
〒144-0041　東京都大田区羽田空港 1-6-6
電話　東京　(03)3747-7602
FAX　東京　(03)3747-7570
振替口座　00110-7-43414
URL　https://www.jaea.or.jp

印刷所　株式会社　丸井工文社

Printed in Japan

—無断　複写・複製を禁じます—

ISBN978-4-909612-07-6